ARTHUR H. MATTHEWS   NIKOLA TESLA

DIE WAND DES LICHTS

NIKOLA TESLA UND DAS VENUSIANISCHE RAUMSCHIFF X-12

HESPER VERLAG

Originaltitel: The Wall of Light - Nikola Tesla and the Venusian Space-Ship
Bilder und Text von Arthur H. Matthews, E.E

Übersetzt von Elisa Bell
Cover und Layout von Elisa Bell

ISBN: 978-3-943413-41-0

TESLA 1942

Teil I

DAS LEBEN VON TESLA (VON **NIKOLA** TESLA)

VORWORT

ARTHUR **HENRY** MATTHEWS, E. E.

Wie hat der größte Erfinder der Welt erfunden? Wie hat er eine Erfindung ausgeführt? Was für eine Mentalität hatte dieser Wundermensch? War sein frühes Leben so alltäglich wie das der meisten Jungen? Was war die frühe Ausbildung dieses Mannes aus dem Weltraum? War er ein Erdenmensch? Stammt er vom Planeten Venus? Wurde er auf einem Raumschiff geboren? Die Antworten auf diese und viele andere Fragen finden Sie in dieser Geschichte von den Lippen dieses Mannes selbst.

In dieser Autobiographie über seine frühe Jugend erhalten wir einen guten Einblick in das wunderbare Leben, das dieser Mann führte. Es liest sich wie ein Märchen, aber so seltsam es auch sein mag, es ist wahr. Tesla war kein gewöhnlicher Sterblicher. Er führte ein bezauberndes Leben - von den Ärzten mindestens dreimal aufgegeben, blieb er selbst mit sechzig und siebzig Jahren ein junger Mann; mit einem Gehirn, das am Tag seines Todes genauso scharfsinnig war (falls er tatsächlich starb, denn viele glauben, dass er es nicht war). Er sagte immer, er würde das Alter von hundertfünfzig Jahren erreichen, vielleicht lebt er also noch auf der Venus? Das mag jetzt leicht zu glauben sein, denn wenn der Mensch eine Rakete zum Mond oder zur Venus bauen kann, gibt es keinen Grund, daran zu zweifeln, dass die Wissenschaft auf diesem Planeten dem Menschen auf der Erde um eintausend Jahre voraus sein könnte. Wir wissen, dass Raumschiffe zu allen Zeiten auf der Erde gelandet sind. Tesla sagte, er glaube, dass er vom Planeten Venus komme, und während der Landung eines Raumschiffs auf meinem Grundstück sagten die Mitglieder dieses Schiffs, dass Tesla ein Kind der Venus sei. Tesla wird Ihnen in seinen eigenen Worten sagen, was er glaubt. Lesen Sie die Geschichte mit Sorgfalt;

zwischen den Zeilen ist, wie Sie sehen werden, viel Platz. Er hatte ein großes Laster - seine Großzügigkeit. Er hätte der reichste Mann der Welt sein können. Er machte und verbrauchte Millionen. Er war ein Idealist höchsten Ranges, und für solche Männer bedeutet Geld selbst nur wenig.

KAPITEL I

MEIN FRÜHES LEBEN:

Die fortschreitende Entwicklung des Menschen hängt entscheidend von Erfindungen ab. Sie ist das wichtigste Produkt seines kreativen Gehirns. Sein Endzweck ist die vollständige Beherrschung des Geistes über die materielle Welt, die Nutzbarmachung der Naturkräfte für menschliche Bedürfnisse. Dies ist die schwierige Aufgabe des Erfinders, die oft missverstanden und nicht belohnt wird. Aber er findet reichlich Ausgleich in der gefälligen Ausübung seiner Kräfte und in dem Wissen, zu jener außerordentlich privilegierten Klasse zu gehören, ohne die die Rasse im erbitterten Kampf gegen erbarmungslose Elemente längst untergegangen wäre. Was mich selbst betrifft, so hatte ich bereits mehr als mein volles Maß an dieser erlesenen Freude; so viel, dass mein Leben viele Jahre lang von ständiger Verzückung geprägt war. Es wird mir zugeschrieben, dass ich einer der härtesten Arbeiter bin, und vielleicht bin ich das auch, wenn Denken gleichbedeutend mit Arbeit ist, denn ich habe ihr fast meine ganzen wachen Stunden gewidmet. Aber wenn Arbeit nach einer starren Regel als eine bestimmte Leistung in einer bestimmten Zeit interpretiert wird, dann bin ich vielleicht der schlimmste Müßiggänger.

Jede Anstrengung unter Zwang erfordert ein Opfer an Lebensenergie. Ich habe nie einen solchen Preis bezahlt. Im Gegenteil, ich bin durch meine Gedanken gediehen. Bei dem Versuch, eine zusammenhängende und getreue Schilderung meiner Aktivitäten in dieser Geschichte meines Lebens zu geben, muss ich, wenn auch widerwillig, auf den Eindrücken meiner Jugend und den Umständen und Ereignissen verweilen, die für meine Karriere ausschlaggebend waren. Unsere ersten Bemühungen sind rein instinktive Eingebungen einer lebhaften und undisziplinierten Phantasie. Je älter wir werden, desto mehr setzt sich die Vernunft durch, und wir werden immer systematischer und gestaltender. Aber diese frühen Impulse, die nicht sofort produktiv sind, sind von größter Wichtigkeit und können unser Schicksal selbst bestimmen. In der Tat habe ich jetzt das Gefühl, dass ich, wenn ich sie verstanden und kultiviert hätte, anstatt sie zu unterdrücken, meinem Vermächtnis an die Welt einen wesentlichen Mehrwert hinzugefügt hätte. Aber erst als ich die Männlichkeit erlangt hatte, wurde mir klar, dass ich ein Erfinder war.

Dafür gab es eine Reihe von Ursachen. Erstens hatte ich einen Bruder, der außergewöhnlich begabt war; eines jener seltenen Mentalitätsphänomene, die durch biologische Untersuchungen nicht erklärt werden konnten. Sein vorzeitiger Tod hat meine Erdeneltern untröstlich zurückgelassen. (Ich werde meine Bemerkung über meine Erdeneltern später erklären.) Wir besaßen ein Pferd, das uns von einem lieben Freund geschenkt worden war. Es war ein prächtiges Tier arabischer Rasse, das eine fast menschliche Intelligenz besaß und von der ganzen Familie gepflegt und gestreichelt wurde und meinem Vater einmal unter bemerkenswerten Umständen das Leben rettete.

Mein Vater war in einer Winternacht zu einer dringenden Aufgabe gerufen worden, und während er die von Wölfen belagerten Berge überquerte, bekam das Pferd Angst und rannte davon, wobei es ihn gewaltsam zu Boden warf. Es kam blutend und erschöpft zu Hause an, aber nachdem der Alarm ausgelöst worden war, eilte es sofort wieder los, kehrte an den Ort zurück, und bevor der Suchtrupp weit auf dem Weg war, wurde es von meinem Vater, der das Bewusstsein wiedererlangt hatte und wieder aufgestiegen war, ohne zu merken, dass er mehrere Stunden im Schnee gelegen hatte. Dieses Pferd war für die Verletzungen meines Bruders verantwortlich, an denen er starb. Ich war Zeuge der tragischen Szene, und obwohl seither so viele Jahre vergangen sind, hat mein visueller Eindruck davon nichts von seiner Kraft verloren. Die Rückbesinnung auf seine Verletzungen ließ jede Anstrengung meinerseits im Vergleich dazu langweilig erscheinen.

Ich bin also mit wenig Selbstvertrauen aufgewachsen.

Wie ich bereits erwähnt habe, waren dies vielleicht meine seltsamsten und unerklärlichsten Erfahrungen. Sie traten meist dann ein, wenn ich mich in einer gefährlichen oder beunruhigenden Situation befand oder wenn ich sehr aufgekratzt war. In einigen Fällen habe ich gesehen, wie die ganze Luft um mich herum mit Zungen von lebendigen Flammen gefüllt war. Ihre Spannung nahm nicht ab, sondern nahm mit der Zeit zu und erreichte anscheinend ein Maximum, als ich etwa fünfundzwanzig Jahre alt war.

Als ich 1883 in Paris war, schickte mir ein bekannter französischer Hersteller eine Einladung zu einer Schieß-Expedition, die ich annahm. Ich war lange Zeit in der Fabrik eingesperrt, und die frische Luft hatte eine wunderbar belebende Wirkung auf mich. Als ich in jener Nacht in die Stadt zurückkehrte, hatte ich das positive Gefühl, dass mein Gehirn Feuer gefangen hatte. Ich sah ein Licht, als ob sich eine kleine Sonne darin befände, und ich verbrachte die ganze Nacht damit, meinen gequälten Kopf mit kalten Kompressionen zu behandeln. Schließlich nahmen die Blitze in ihrer Häufigkeit und Stärke ab, aber es dauerte mehr als drei Wochen, bis sie vollständig abgeklungen waren. Als mir eine zweite Einladung ausgesprochen wurde, lautete meine Antwort: Nein! Diese leuchtenden Phänomene manifestieren sich noch immer von Zeit zu Zeit, wenn mir eine neue Idee einfällt, die Möglichkeiten eröffnet, aber sie sind nicht mehr aufregend, da sie von relativ geringer Intensität sind. Wenn ich die Augen schließe, beobachte ich unweigerlich zuerst einen Hintergrund von sehr dunklem und gleichmäßigem Blau, nicht unähnlich dem Himmel in einer klaren, aber sternlosen Nacht. In wenigen Sekunden wird dieses Feld mit unzähligen funkelnden Grünflocken belebt, die in mehreren Schichten angeordnet sind und auf mich zukommen. Dann erscheint auf der rechten Seite ein wunderschönes Muster aus zwei Systemen paralleler und eng beieinander liegender Linien, die im rechten Winkel zueinanderstehen, in allen möglichen Farben, wobei Gelb, Grün und Gold vorherrschen. Dieses Bild bewegt sich langsam über das Gesichtsfeld und verschwindet in etwa zehn Sekunden auf der linken Seite und hinterlässt einen Boden von eher unangenehmem und trägem Grau, der schnell einem wogenden Wolkenmeer weicht, das scheinbar versucht, sich in lebendige Formen zu formen. Es ist merkwürdig, dass ich keine Form in dieses Grau projizieren kann, bevor die zweite Phase erreicht ist. Jedes Mal, bevor ich einschlafe, huschen mir Bilder von Personen oder Gegenständen vor den Augen vorbei. Wenn ich sie sehe, weiß ich, dass ich dabei bin, das Bewusstsein zu verlieren. Wenn sie abwesend sind und sich weigern zu kommen, bedeutet das eine schlaflose Nacht.

Inwieweit die Phantasie in meinem frühen Leben eine Rolle gespielt hat, kann ich veranschaulichen durch eine weitere merkwürdige Erfahrung.

Wie die meisten Kinder liebte ich das Springen und entwickelte ein intensives Verlangen, mich in der Luft zu halten. Gelegentlich umgab ein starker Wind reichlich geladen mit Sauerstoff, der aus den Bergen geblasen wurde, meinen Körper, der so leicht wie Kork wurde, und dann konnte ich springen und für lange Zeit im Raum schweben. Es war eine entzückende Sensation und meine Enttäuschung war groß, wenn es vorbei war.

Während dieser Zeit nahm ich viele seltsame Vorlieben, Abneigungen und Gewohnheiten an, einige, die sich auf äußere Eindrücke zurückführen lassen, während andere nicht zur Rechenschaft gezogen werden können. Ich hatte eine heftige Abneigung gegen Ohrringe von Frauen, aber andere Ornamente, wie Armbänder, haben mir je nach Design mehr oder weniger gefallen. Der Anblick einer Perle hätte mir fast einen Anfall verursacht, aber ich war fasziniert vom Glitzern der Kristalle oder Objekte mit scharfen Kanten und ebenen Oberflächen. Ich würde nicht die Haare von andere Menschen berühren, außer wenn man mir einen Revolver an den Kopf hielte. Ich hätte Fieber bekommen, wenn ich einen Pfirsich anschauen müsste, und wenn ein Stück Kampfer irgendwo im Haus war, das verursachte mir die größten Unannehmlichkeiten. Selbst jetzt bin ich nicht unempfindlich gegenüber einigen dieser beunruhigenden Impulse. Wenn ich kleine Papierquadrate in eine Schale fallen lasse, die mit Flüssigkeit gefüllt ist, spüre ich immer einen eigenartigen und schrecklichen Geschmack im Mund. Ich zählte die Schritte auf meinen Spaziergängen und berechnete den kubischen Inhalt von Suppentellern, Kaffeetassen und Stücken vom Essen, sonst war mein Essen ungenießbar. Alle wiederholten Handlungen oder Operationen, die ich ausgeführt habe, mussten durch drei teilbar sein, und wenn ich sie verfehlt hatte, fühlte ich mich gezwungen, alles noch einmal zu tun, auch wenn es Stunden dauerte.

Bis zum Alter von acht Jahren war mein Charakter schwach und schwankend. Ich hatte weder Mut noch Kraft, eine feste Entschlossenheit zu entwickeln. Meine Gefühle kamen in Wellen und Wogen und schwankten unaufhörlich zwischen den Extremen. Meine Wünsche waren von verzehrender Kraft, und wie die Köpfe der Hydra vervielfachten sie sich. Ich wurde von Gedanken an Schmerz im Leben und Tod und religiöser Angst unterdrückt. Ich wurde von einem abergläubischen Glauben beeinflusst und lebte in ständiger Furcht vor dem Geist des Bösen, vor Geistern und Ogern und anderen unheiligen Ungeheuern der Dunkelheit. Dann kam auf einmal eine gewaltige Veränderung, die den Verlauf meiner gesamten Existenz veränderte.

Von allen Dingen mochte ich Bücher am liebsten. Mein Vater hatte eine große Bibliothek, und wann immer es mir möglich war, versuchte ich, meine Leidenschaft für das Lesen zu befriedigen. Er erlaubte es nicht und flippte aus vor Wut, wenn er mich auf frischer Tat ertappte. Er versteckte die Kerzen, wenn er merkte, dass ich heimlich las. Er wollte nicht, dass ich mir die Augen verdarb. Aber ich besorgte mir Talg, fertigte den Docht an und goss die Stäbchen in Zinnformen, und jede Nacht verstopfte ich das Schlüsselloch und die Risse und las, oft bis zum Morgengrauen, wenn alle anderen schliefen und meine Mutter mit ihrer anstrengenden täglichen Arbeit begann.

Einmal stieß ich auf einen Roman mit dem Titel "Aoafi" (der Sohn von Aba), eine serbische Übersetzung des bekannten ungarischen Schriftstellers Josika. Diese Arbeit weckte irgendwie meine schlummernden Willenskräfte, und ich begann, Selbstkontrolle zu üben. Zuerst verblassten meine Vorsätze wie Schnee im April, aber nach kurzer Zeit besiegte ich meine Schwäche und empfand eine Freude, die ich nie zuvor gekannt hatte - die, zu tun, was ich wollte.

Im Laufe der Zeit wurde mir diese energische geistige Übung zur zweiten Natur. Zu Beginn mussten meine Wünsche gedämpft werden, aber nach und nach wurden Wunsch und Wille identisch. Nach Jahren solcher Disziplin erlangte ich eine so vollständige Beherrschung über mich selbst, dass ich mit Leidenschaften spielte, die für einige der stärksten Männer Zerstörung bedeuteten. In einem gewissen Alter erkrankte ich an einer Spielmanie, die meine Eltern sehr beunruhigte. Sich zu einem Kartenspiel hinzusetzen, war für mich die Quintessenz des Vergnügens. Mein Vater führte ein vorbildliches Leben und konnte die sinnlose Verschwendung von Zeit und Geld, der ich frönte, nicht entschuldigen. Ich hatte eine starke Entschlossenheit, aber meine Philosophie war schlecht. Ich sagte zu ihm: "Ich kann aufhören, wann immer ich will, aber lohnt es sich, das aufzugeben, was ich mir mit den Freuden des Paradieses erkaufen würde?" Bei häufigen Gelegenheiten machte er seinem Ärger und seiner Verachtung Luft, aber meine Mutter war anders. Sie verstand den Charakter der Menschen und wusste, dass die eigene Rettung nur durch eigene Anstrengungen erreicht werden konnte. Ich erinnere mich, dass sie eines Nachmittags, als ich mein ganzes Geld verloren hatte und mich nach einem Spiel sehnte, mit einer Rolle Rechnungen zu mir kam und sagte: "Geh und amüsier dich. Je früher wir alles verlieren, was wir besitzen, desto besser wird es sein. Ich weiß, dass du darüber hinwegkommen wirst." Sie hatte Recht. Ich besiegte meine Leidenschaft auf der Stelle und bedauerte nur, dass sie nicht hundertmal so stark gewesen war. Ich besiegte nicht nur jede Sehnsucht, sondern riss sie aus meinem Herzen, um nicht einmal eine Spur von Verlangen zu hinterlassen.

Seit dieser Zeit ist mir jede Form des Glücksspiels ebenso gleichgültig wie das Zähneknirschen. Während einer anderen Zeit rauchte ich exzessiv und drohte meine Gesundheit zu zerstören.

Dann setzte sich mein Wille durch, und ich hörte nicht nur auf, sondern vernichtete jedes Verlangen danach. Vor langer Zeit litt ich an Herzbeschwerden, bis ich mir vormachte, dass es an der unschuldigen Tasse Kaffee lag, die ich jeden Morgen trank. Ich hörte sofort auf, obwohl ich gestehe, dass es keine leichte Aufgabe war. Auf diese Weise überprüfte und zügelte ich andere Gewohnheiten und Leidenschaften und habe nicht nur meinem Leben vorgedient, sondern auch eine immense Befriedigung aus dem gewonnen, was die meisten Männer als Entbehrung und Opfer ansehen würden.

Nach Abschluss des Studiums am Polytechnischen Institut und an der Universität hatte ich einen kompletten Nervenzusammenbruch, und während die Krankheit andauerte, beobachtete ich viele Phänomene, seltsame und unglaubliche.

KAPITEL II

Ich werde kurz auf diese außerordentlichen Erfahrungen eingehen, weil sie für Studenten der Psychologie und Physiologie von Interesse sein könnten und weil diese Zeit der Qualen für meine geistige Entwicklung und meine spätere Arbeit von größter Bedeutung war. Aber es ist unerlässlich, zunächst die Umstände und Bedingungen zu beschreiben, die ihnen vorausgingen und in denen ihre teilweise Erklärung zu finden sein könnte.

Von Kindheit an war ich gezwungen, meine Aufmerksamkeit auf mich selbst zu richten. Das hat mir viel Leid zugefügt, aber für meine heutige Sicht war es ein Segen im Verborgenen, denn es hat mich gelehrt, den unschätzbaren Wert der Introspektion für die Bewahrung des Lebens wie auch als Mittel zum Erreichen von Zielen zu schätzen. Der Druck der Besatzung und der unaufhörliche Strom von Eindrücken, der durch alle Tore des Wissens in unser Bewusstsein strömt, machen die moderne Existenz in vielerlei Hinsicht gefährlich. Die meisten Menschen sind so sehr in die Betrachtung der Außenwelt vertieft, dass sie völlig vergessen, was sich in ihnen selbst abspielt. Der vorzeitige Tod von Millionen Menschen ist in erster Linie auf diese Ursache zurückzuführen. Selbst unter denen, die Vorsicht walten lassen, ist es ein häufiger Fehler, imaginäre Gefahren zu vermeiden und die wirklichen Gefahren zu ignorieren. Und was für einen Einzelnen gilt, gilt mehr oder weniger auch für ein Volk als Ganzes.

Abstinenz war nicht immer nach meinem Geschmack, aber ich finde reichlich Belohnung in den angenehmen Erfahrungen, die ich jetzt mache. Nur in der Hoffnung, mich zu meinen Grundsätzen und Überzeugungen zu bekehren, werde ich mich an ein oder zwei davon erinnern.

Vor kurzem bin ich in mein Hotel zurückgekehrt. Es war eine bitterkalte Nacht, der Boden war rutschig, und ein Taxi war nicht zu bekommen. Einen halben Block hinter mir folgte ein anderer Mann, der offensichtlich genauso darauf bedacht war wie ich, in Deckung zu gehen. Plötzlich stiegen meine Beine in die Luft. Im selben Augenblick gab es in meinem Gehirn einen Geistesblitz.

Die Nerven reagierten, die Muskeln zogen sich zusammen. Ich schwang mich um180 Grad und landete auf meinen Händen. Ich nahm meinen Spaziergang wieder auf, als ob nichts geschehen wäre, als der Fremde mich einholte. „Wie alt sind Sie?", fragte er und betrachtete mich kritisch.

"Oh, etwa neunundfünfzig", antwortete ich. „Und weiter?"

"Nun", sagte er, "ich habe das schon eine Katze tun sehen, aber noch nie einen Mann."

Vor etwa einem Monat wollte ich eine neue Brille bestellen und ging zu einem Augenarzt, der mich den üblichen Tests unterzog. Er schaute mich ungläubig an, als ich mit Leichtigkeit die kleinste Schrift in beträchtlicher Entfernung ablesen konnte. Aber als ich ihm sagte, ich sei über sechzig, keuchte er vor Erstaunen. Freunde von mir bemerken oft, dass meine Anzüge mir passen wie Handschuhe, aber sie wissen nicht, dass meine gesamte Kleidung nach Maßen gefertigt ist, die vor fast fünfzehn Jahren genommen und nie geändert wurden. Während desselben Zeitraums hat sich mein Gewicht um kein einziges Pfund verändert. In diesem Zusammenhang erzähle ich vielleicht eine lustige Geschichte. Eines Abends, im Winter 1885, betraten Mr. Edison, Edward H. Johnson, der Präsident der Edison-Beleuchtungskompanie, Mr. Batchellor, der Leiter des Werkes, und ich selbst einen kleinen Ort gegenüber der 65 Firth Avenue, wo sich die Büros des Unternehmens befanden. Jemand schlug vor, Gewichte zu raten, und ich wurde veranlasst, auf eine Waage zu treten. Edison kannte mich genau und sagte: "Tesla wiegt 152 Pfund. Auf eine Unze genau" und er lag richtig. Ohne alles wog ich 142 Pfund, und das ist immer noch mein Gewicht. Ich flüsterte Mr. Johnson zu: "Wie ist es möglich, dass Edison mein Gewicht so genau erraten konnte?

"Nun", sagte er und senkte seine Stimme, "ich werde es Ihnen vertraulich sagen, aber Sie dürfen nichts sagen. Er war lange Zeit in einem Schlachthof in Chicago beschäftigt, wo er jeden Tag Tausende von Schweinen wog. Das ist der Grund."

Herr Freund, der ehrenwerte Chauncey M. Dupew, erzählte von einem Engländer, dem er eine seiner originellen Anekdoten entlockte und der mit verwirrender Miene zuhörte, aber ein Jahr später laut auflachte. Ich gebe offen zu, dass ich länger gebraucht habe, um Johnsons Witz zu verstehen. Nun ist mein Wohlbefinden einfach das Ergebnis einer vorsichtigen und maßvollen Lebensweise, und das vielleicht Erstaunlichste ist, dass ich in meiner Jugend dreimal durch Krankheit zu einem hoffnungslosen körperlichen Wrack wurde und von Ärzten aufgegeben wurde. Mehr noch, durch Unwissenheit und Unbeschwertheit geriet ich in alle möglichen Schwierigkeiten, Gefahren und Kratzer, aus denen ich mich wie durch Zauberei befreite. Ich wurde ein Dutzend Mal fast ertränkt, wurde fast bei lebendigem Leib gekocht und verpasste nur knapp die Einäscherung. Ich wurde begraben, verloren und eingefroren. Ich hatte haarsträubende Ausbrüche von verrückten Hunden, Schweinen und anderen wilden Tieren. Ich durchlebte schreckliche Krankheiten und traf auf alle möglichen seltsamen Missgeschicke, und dass ich heute gesund und munter bin, scheint wie ein Wunder. Doch wenn ich mich an diese Vorfälle erinnere, bin ich überzeugt, dass meine Erhaltung nicht ganz zufällig, sondern tatsächlich das Werk göttlicher Macht war. Das Bestreben eines Erfinders ist im Wesentlichen die Rettung von Leben. Ganz gleich, ob er Kräfte einsetzt, Geräte verbessert oder neue Bequemlichkeiten und Annehmlichkeiten schafft, er trägt zur Sicherheit unserer Existenz bei. Er ist auch besser als der Durchschnittsmensch qualifiziert, sich in Gefahr zu schützen, denn er ist aufmerksam und einfallsreich. Wenn ich keinen anderen Beweis dafür hätte, dass ich in gewissem Maße solche Qualitäten besäße, würde ich ihn in diesen persönlichen Erfahrungen finden. Der Leser wird es selbst beurteilen können, wenn ich ein oder zwei Fälle erwähne.

Bei einer Gelegenheit, als ich etwa vierzehn Jahre alt war, wollte ich einige Freunde erschrecken, die mit mir baden waren. Mein Plan war, unter eine lange schwimmende Struktur zu tauchen und am anderen Ende leise herauszuschlüpfen. Schwimmen und Tauchen kamen für mich so natürlich wie bei einer Ente, und ich war zuversichtlich, dass ich dieses Kunststück vollbringen konnte. Dementsprechend tauchte ich ins Wasser und drehte mich um, als ich außer Sichtweite war, und bewegte mich rasch auf die andere Seite zu. In dem Glauben, dass ich mich sicher hinter der Struktur befand, stieg ich an die Oberfläche, doch zu meinem Entsetzen stieß ich auf einen Balken. Natürlich tauchte ich schnell ab und ging mit schnellen Schlägen vorwärts, bis mein Atem zu versiegen begann. Als ich mich zum zweiten Mal erhob, kam mein Kopf wieder in Kontakt mit einem Balken. Ich begann zu verzweifeln. Wie auch immer, mit all meiner Energie unternahm ich einen dritten verzweifelten Versuch, aber das Ergebnis war dasselbe. Die Qualen des unterdrückten Atmens wurden unerträglich, mein Gehirn taumelte, und ich fühlte, wie ich versank. In diesem Moment, als meine Situation hoffnungslos schien, erlebte ich einen dieser Lichtblitze, und die Struktur über mir erschien vor meinem geistigen Auge. Ich bemerkte oder vermutete, dass zwischen der Wasseroberfläche und den Brettern, die auf den Balken lagen, ein kleiner Zwischenraum war, und als ich fast bewusstlos war, schwebte ich auf, drückte meinen Mund nahe an die Bretter und konnte ein wenig Luft einatmen, die sich unglücklicherweise mit einem Wasserstrahl vermischte, der mich fast erstickte. Mehrere Male wiederholte ich diese Prozedur wie in einem Traum, bis mein Herz, das in einem schrecklichen Tempo raste, sich beruhigte und ich zur Ruhe kam. Danach unternahm ich eine Reihe erfolgloser Tauchgänge, wobei ich das Gefühl, zu tauchen, völlig verloren hatte, aber schließlich gelang es mir, aus der Falle zu entkommen, als meine Freunde mich bereits aufgegeben hatten und nach meinem Körper fischten. Diese Badesaison wurde mir durch Leichtsinn verdorben, aber ich vergaß bald die Lektion, und nur zwei Jahre später geriet ich in eine noch schlimmere missliche Lage.

Es gab eine große Getreidemühle mit einem Damm auf der anderen Seite des Flusses in der Nähe der Stadt, in der ich zu dieser Zeit studierte. In der Regel lag die Wasserhöhe nur zwei oder drei Zentimeter über dem Damm, und dorthin zu schwimmen war ein nicht sehr gefährlicher Sport, dem ich oft frönte. Eines Tages ging ich allein zum Fluss, um mich wie üblich zu amüsieren. Als ich mich in der Nähe des Mauerwerks befand, wie auch immer, stellte ich mit Schrecken fest, dass das Wasser aufgestiegen war und mich schnell mitgerissen hatte. Ich versuchte zu entkommen, aber es war zu spät. Glücklicherweise konnte ich mich davor retten, über die Mauer gefegt zu werden, indem ich mich mit beiden Händen an der Mauer festhielt. Der Druck gegen meine Brust war groß, und ich war kaum in der Lage, meinen Kopf über der Oberfläche zu halten. Keine Menschenseele war in Sicht, und meine Stimme ging im Getöse des Sturzes verloren. Langsam und allmählich wurde ich erschöpft und unfähig, die Belastung länger auszuhalten. Gerade als ich loslassen wollte, um gegen die Felsen unten geschleudert zu werden, sah ich in einem Lichtblitz ein vertrautes Diagramm, das hydraulische Prinzip, dass der Druck einer in Bewegung befindlichen Flüssigkeit proportional zur exponierten

Fläche ist, und ich drehte mich automatisch auf die linke Seite. Wie von Zauberhand wurde der Druck reduziert, und ich fand es in dieser Position vergleichsweise einfach, der Kraft des Stroms zu widerstehen. Aber die Gefahr bestand für mich immer noch. Ich wusste, dass ich früher oder später zum Damm getragen werden würde, da keine Hilfe mich rechtzeitig erreichen konnte, selbst wenn ich aufgefallen wäre. Jetzt bin ich beidhändig, aber damals war ich Linkshänder und hatte vergleichsweise wenig Kraft in meinem rechten Arm. Aus diesem Grund traute ich mich nicht, mich auf die andere Seite umzudrehen, um mich auszuruhen, und mir blieb nichts anderes übrig, als meinen Körper langsam am Damm entlang zu schieben. Ich musste mich von der Mühle, der mein Gesicht zugewandt war, entfernen, da die Strömung dort viel schneller und tiefer war. Es war eine lange und schmerzhafte Tortur, und ich war kurz davor, an ihrem Ende zu scheitern, denn ich wurde mit einer Vertiefung im Mauerwerk konfrontiert. Ich schaffte es, mit dem letzten Gramm meiner Kräfte darüber hinwegzukommen, und fiel in Ohnmacht, als ich das Ufer erreichte, wo man mich fand. Ich hatte mir die gesamte Haut von der linken Seite gerissen, und es dauerte mehrere Wochen, bis das Fieber abgeklungen war und es mir gut ging. Dies sind nur zwei von vielen Fällen, aber sie mögen ausreichen, um zu zeigen, dass ich ohne den Instinkt des Erfinders nicht überlebt hätte, um die Geschichte zu erzählen.

Interessierte Menschen haben mich oft gefragt, wie und wann ich zu erfinden begann. Dies kann ich nur aus meiner jetzigen Erinnerung beantworten, denn der erste Versuch, an den ich mich erinnere, war recht ehrgeizig, denn es ging um die Erfindung einer Apparatur und einer Methode. Ersterer wurde von mir erwartet, aber der zweite war originell. So geschah es, dass einer meiner Spielkameraden mit einem Haken und einem Angelgerät in die Positur kam, was im Dorf für ziemliche Aufregung sorgte, und am nächsten Morgen begannen alle "Frösche zu fangen". Ich wurde allein gelassen und verließ den Flügel, um mich mit diesem Jungen zu streiten. Ich hatte noch nie einen richtigen Haken gesehen und stellte ihn mir als etwas Wunderbares vor, das mit besonderen Eigenschaften ausgestattet war und war verzweifelt, nicht dazuzugehören. Von der Not getrieben, ergriff ich irgendwie ein Stück weichen Eisendraht, hämmerte das Ende zwischen zwei Steinen zu einer scharfen Spitze, bog es in Form und befestigte es an einer starken Schnur. Dann schnitt ich eine Stange ab, sammelte einige Köder und ging hinunter zum Bach, wo es Frösche in Hülle und Fülle gab. Aber ich konnte keine fangen und war fast entmutigt, als es mir einfiel, den leeren Haken vor einem auf einem Stumpf sitzenden Frosch baumeln zu lassen. Zuerst brach er zusammen, aber nach und nach wölbten sich seine Augen aus und wurden blutunterlaufen, er schwoll auf das Doppelte seiner normalen Größe an und machte ein bösartiges Schnappen am Haken. Sofort zog ich ihn hoch. Ich versuchte immer wieder das Gleiche, und die Methode erwies sich als unfehlbar. Als meine Kameraden, die trotz ihrer feinen Ausrüstung nichts gefangen hatten, zu mir kamen, waren sie grün vor Neid. Lange Zeit behielt ich mein Geheimnis für mich und genoss das Monopol, aber schließlich gab ich dem Geist von Weihnachten nach. Jeder Junge konnte dann dasselbe tun, und der folgende Sommer brachte den Fröschen Unheil.

Bei meinem nächsten Versuch scheine ich unter dem ersten instinktiven Impuls, der mich später beherrschte, gehandelt zu haben - die Energien der Natur in den Dienst des Menschen zu stellen. Ich tat dies mit Hilfe von Maikäfern oder Junikäfern, wie sie in Amerika genannt werden, die in diesem Land ein wahrer Schädling waren und manchmal durch das schiere Gewicht ihrer Körper die Äste von Bäumen abbrachen. Die Sträucher waren bei ihnen schwarz. Ich befestigte bis zu vier von ihnen an einem Querbalken, der drehbar auf einer dünnen Spindel angeordnet war, und übertrug die Bewegung desselben auf eine große Scheibe, um so eine beträchtliche "Kraft" zu erhalten. Diese Geschöpfe waren bemerkenswert effizient, denn sobald sie einmal gestartet waren, hatten sie keinen Sinn mehr zu stoppen und wirbelten stundenlang weiter, und je heißer es war, desto härter arbeiteten sie. Alles ging gut, bis ein seltsamer Junge an den Ort kam. Er war der Sohn eines pensionierten Offiziers der österreichischen Armee. Dieser Bengel fraß Maikäfer bei lebendigem Leibe und genoss sie, als wären sie die feinsten Austern. Dieser ekelhafte Anblick beendete meine Bemühungen auf diesem vielversprechenden Gebiet, und seither habe ich nie wieder einen Maikäfer oder irgendein anderes Insekt berühren können.

Danach, glaube ich, habe ich mich verpflichtet, die Uhren meines Großvaters auseinanderzunehmen und zusammenzubauen. Bei der ersten Operation war ich immer erfolgreich, aber bei der zweiten scheiterte ich oft. So kam es, dass er meine Arbeit auf eine nicht allzu heikle Art und Weise plötzlich zum Stillstand brachte, und es dauerte dreißig Jahre, bis ich wieder ein anderes Uhrwerk in Angriff nahm.

Kurz darauf begann ich mit der Herstellung einer Art Knallkanone, die aus einem hohlen Rohr, einem Kolben und zwei Hanfpflöcken bestand. Beim Abfeuern der Pistole wurde der Kolben gegen den Magen gedrückt und der Schlauch mit beiden Händen schnell zurückgeschoben. Die Luft zwischen den Pfropfen wurde zusammengepresst und auf eine hohe Temperatur gebracht, und einer von ihnen wurde mit einer lauten Meldung ausgestoßen. Die Kunst bestand darin, aus den hohlen Stängeln, die sich in unserem Garten befanden, einen Schlauch mit dem richtigen Durchmesser auszuwählen. Mit diesem Gewehr kam ich sehr gut zurecht, aber meine Aktivitäten störten die Fensterscheiben in unserem Haus und stießen auf schmerzhafte Entmutigung.

Wenn ich mich recht erinnere, schnitzte ich damals Schwerter aus Fellstücken, die ich bequem beschaffen konnte. Zudieser Zeit stand ich unter dem Einfluss der serbischen Nationaldichtung und war voller Bewunderung für die Leistungen dieser Helden. Ich verbrachte Stunden damit, meine Feinde in Form von Maisstängeln niederzumähen, was die Ernten ruinierte und mir mehrere Schläge von meiner Mutter einbrachte. Außerdem waren diese nicht von der formellen Art, sondern die echte Ware.

All das und mehr hatte ich hinter mir, bevor ich sechs Jahre alt war und ein Jahr Grundschule in dem Dorf Smiljan durchlaufen hatte, in dem meine Familie lebte. Zu diesem Zeitpunkt zogen wir in die kleine Stadt Gospic, die sich ganz in der Nähe befand. Dieser Wohnortwechsel war für mich wie ein Unglück. Es brach mir fast das Herz, mich von unseren Tauben, Hühnern und Schafen zu trennen; und von unserer prächtigen Gänseherde, die sich am Morgen in die Wolken erhob und bei Sonnenuntergang in Kampfformation von den Futterplätzen zurückkehrte, so perfekt, dass sie ein Geschwader der besten Flieger der Gegenwart in den Schatten gestellt hätte. In unserem neuen Haus war ich nur ein Gefangener, der die seltsamen Menschen beobachtete, die ich durch die Fensterläden sah. Meine Schüchternheit war so groß, dass ich lieber einem brüllenden Löwen gegenübergestanden hätte als einem der Stadtburschen, die umherstreiften. Meine schwerste Prüfung kam jedoch am Sonntag, als ich mich verkleiden und dem Gottesdienst beiwohnen musste. Dort hatte ich einen Unfall, bei dem allein der Gedanke daran mein Blut noch Jahre danach wie saure Milch kräuselte. Es war mein zweites Abenteuer in einer Kirche. Nicht lange davor wurde ich für eine Nacht in einer alten Kapelle auf einem unzugänglichen Berg begraben, die nur einmal im Jahr besucht wurde. Es war eine schreckliche Erfahrung, aber diese war noch schlimmer.

Es gab eine wohlhabende Dame in der Stadt, eine gute, aber aufgeblasene Frau, die in der Regel prachtvoll bemalt und gekleidet mit einer riesigen Schleppe und Bediensteten in die Kirche kam. Eines Sonntags war ich gerade mit dem Läuten der Glocke im Glockenturm fertig und eilte die Treppe hinunter, als diese großartige Dame herausfegte und ich auf ihre Schleppe sprang. Sie riss mit einem reißenden Geräusch ab, das wie eine Musketensalve klang, die von rohen Rekruten abgefeuert wurde. Mein Vater war außer sich vor Wut. Er gab mir einen leichten Klaps auf die Wange, die einzige körperliche Strafe, die er mir je verhängt hat, aber ich spüre sie heute noch. Die Peinlichkeit und die Verwirrung, die darauffolgten, sind unbeschreiblich. Ich wurde praktisch geächtet, bis etwas anderes geschah, das mich in der Wertschätzung der Gemeinschaft erlöste.

Ein geschäftstüchtiger junger Kaufmann hatte eine Feuerwehr organisiert. Ein neues Feuerwehrauto wurde angeschafft, Uniformen zur Verfügung gestellt und die Männer für Dienst und Parade gedrillt. Das Fahrzeug war wunderschön rot und schwarz lackiert. Eines Nachmittags wurde die offizielle Probefahrt vorbereitet, und die Maschine wurde auf den Fluss transportiert. Die gesamte Bevölkerung wurde Zeuge des großen Spektakels. Als alle Reden und Zeremonien beendet waren, wurde das Kommando zum Pumpen gegeben, aber nicht ein Tropfen Wasser kam aus der Düse. Die Professoren und Experten versuchten vergeblich, das Problem zu lokalisieren. Als ich am Ort des Geschehens ankam, war das Zischen komplett. Ich kannte den Mechanismus nicht und wusste so gut wie nichts über den Luftdruck, aber instinktiv fühlte ich nach dem Ansaugschlauch im Wasser und stellte fest, dass er kollabiert war. Als ich in den Fluss watete und ihn öffnete, stürzte das Wasser heraus, und nicht wenige Sonntagskleider wurden vernichtet. Archimedes, der nackt durch die Straßen von Syrakus rannte und lautstark Eureka rief, machte keinen größeren Eindruck als ich. Ich wurde auf den Schultern getragen und war der Held des Tages.

Nachdem ich mich in der Stadt niedergelassen hatte, begann ich einen Jahrgangskurs in der so genannten Normalschule, der mich auf mein Studium am College oder Realgymnasium vorbereitete. Während dieser Zeit setzten sich meine jungenhaften Bemühungen und Heldentaten sowie meine Schwierigkeiten fort.

Unter anderem erlangte ich die im Land einzigartige Auszeichnung des Meisterkrähenfängers. Meine Vorgehensweise war äußerst einfach. Ich ging in den Wald, versteckte mich in den Büschen und imitierte den Ruf der Vögel. Gewöhnlich erhielt ich mehrere Antworten, und in kurzer Zeit flatterte eine Krähe in das Gebüsch in meiner Nähe hinunter. Danach brauchte ich nur noch ein Stück Pappe zu werfen, um ihre Aufmerksamkeit abzulenken, aufzuspringen und sie zu packen, bevor sie sich aus dem Unterholz befreien konnte. Auf diese Weise konnte ich so viele fangen, wie ich wollte. Aber einmal passierte etwas, was mich dazu brachte, sie erneut zu sehen. Ich hatte ein schönes Vogelpärchen gefangen und wollte mit einem Freund nach Hause zurückkehren. Als wir den Wald verließen, hatten sich Tausende von Krähen versammelt, die schrecklichen Lärm machten. In wenigen Minuten erhoben sie sich auf der Verfolgung und umzingelten uns bald. Der Spaß dauerte so lange, bis ich plötzlich einen Schlag auf den Hinterkopf bekam, der mich zu Boden warf. Dann griffen sie mich heftig an. Ich sah mich gezwungen, die beiden Vögel freizulassen, und war froh, mich meinem Freund anzuschließen, der sich in eine Höhle geflüchtet hatte.

Im Schulzimmer gab es einige mechanische Modelle, die mich interessierten und meine Aufmerksamkeit auf Wasserturbinen lenkten. Ich baute viele davon und fand große Freude daran, sie zu bedienen. Wie außergewöhnlich mein Leben war, mag ein Vorfall verdeutlichen. Mein Onkel hatte keine Verwendung für diese Art von Zeitvertreib und tadelte mich mehr als einmal. Ich war fasziniert von einer Beschreibung der Niagarafälle, die ich gelesen hatte, und stellte mir in meiner Phantasie ein Riesenrad vor, das an den Fällen entlanglief. Ich sagte meinem Onkel, dass ich nach Amerika gehen und diesen Plan ausführen würde. Dreißig Jahre später sah ich meine Ideen in Niagara verwirklicht und staunte über das unergründliche Geheimnis des Geistes.

Ich fertigte alle möglichen anderen Konstruktionen und Geräte an, aber unter ihnen waren die von mir hergestellten Arbalests 2 die besten. Wenn meine Pfeile abgeschossen wurden, verschwanden sie aus dem Sichtfeld und durchquerten aus nächster Nähe eine ein Zentimeter dicke Pinienplanke. Durch das ständige Spannen der Bogen entwickelte ich eine Haut auf meinem Stumpf, die der eines Krokodils glich, und ich frage mich oft, ob es dieser Übung zu verdanken ist, dass ich heute noch Kopfsteinpflaster verdauen kann![3] Auch kann ich meine Darbietungen mit der Schleuder, mit der ich im *Hippodrom* eine atemberaubende Ausstellung hätte geben können, nicht schweigend übergehen. Und nun werde ich von einem meiner Kunststücke mit diesem einzigartigen Kriegsgerät berichten, das die Leichtgläubigkeit des Lesers aufs Äußerste strapazieren wird.

Ich hatte geübt, während ich mit meinem Onkel am Fluss entlanglief. Die Sonne ging unter, die Forellen waren verspielt, und von Zeit zu Zeit schoss eine in die Luft, ihr glitzernder Körper war scharf gegen einen vorspringenden Felsen in der Ferne abgegrenzt.

Natürlich hätte jeder Junge unter diesen günstigen Bedingungen einen Fisch angeln können, aber ich unternahm eine viel schwierigere Aufgabe, und ich sagte meinem Onkel bis ins kleinste Detail voraus, was ich zu tun gedachte. Ich wollte einen Stein schleudern, um den Fisch zu treffen, seinen Körper gegen den Stein drücken und ihn in zwei Hälften schneiden. Kaum war es gesagt, schon war es getan. Mein Onkel sah mich fast zu Tode erschrocken an und behauptete ehemals "Vaderetra Satanae", und es dauerte einige Tage, bis er wieder mit mir sprach. Andere Aufzeichnungen, wie großartig sie auch sein mögen, werden in den Hintergrund treten, aber ich habe das Gefühl, dass ich mich tausend Jahre lang friedlich auf meinen Lorbeeren ausruhen könnte.

KAPITEL III

WIE TESLA "DAS ROTIERENDE MAGNETFELD" KONZIPIERT HAT.

Im Alter von zehn Jahren trat ich in die richtige Turnhalle ein, die eine neue und ziemlich gut ausgestattete Einrichtung war. Im Fachbereich Physik gab es verschiedene Modelle von klassischen wissenschaftlichen Apparaten, elektrische und mechanische. Die Vorführungen und Experimente, die von Zeit zu Zeit von den Ausbildern durchgeführt wurden, faszinierten mich und waren zweifellos ein starker Anreiz zum Erfinden. Ich mochte auch leidenschaftlich gern mathematische Studien und gewann oft das Lob des Professors für schnelle Berechnungen. Das lag daran, dass ich mir die Fähigkeit angeeignet hatte, die Zahlen zu visualisieren und die Operation auszuführen, und zwar nicht im üblichen intuitiven Menschen, sondern wie im wirklichen Leben. Bis zu einem gewissen Grad der Komplexität war es für mich völlig gleich, ob ich die Symbole auf die Tafel schrieb oder sie vor meiner geistigen Vision heraufbeschwor. Aber das Freihandzeichnen, dem viele Stunden des Kurses gewidmet waren, war ein Ärgernis, das ich nicht ertragen konnte. Das war ziemlich bemerkenswert, da die meisten Mitglieder der Familie sich darin auszeichneten. Vielleicht war meine Abneigung einfach auf die Vorliebe zurückzuführen, die ich in ungestörten Gedanken fand. Wären da nicht ein paar außergewöhnlich dumme Jungen gewesen, die überhaupt nichts tun konnten, wäre meine Bilanz am schlimmsten gewesen.

Es war ein ernsthaftes Handicap, denn unter dem damals bestehenden Bildungsregime war das Zeichnen obligatorisch, dieser Mangel drohte meine ganze Karriere zu verderben, und mein Vater hatte erhebliche Schwierigkeiten, mich von einer Klasse in die andere zu schieben.

Im zweiten Jahr an dieser Institution wurde ich von der Idee besessen, durch gleichmäßigen Luftdruck kontinuierliche Bewegung zu erzeugen. Die Pumpe, von der ich erzählte, hatte meine jugendliche Phantasie entfacht und mich mit den grenzenlosen Möglichkeiten eines Vakuums bedrängt. Ich verzweifelte in meinem Wunsch, diese unerschöpfliche Energie nutzbar zu machen, aber lange Zeit tappte ich im Dunkeln. Schließlich kristallisierte sich mein Bestreben jedoch in einer Erfindung heraus, die mir ermöglichen sollte, das zu erreichen, was kein anderer Sterblicher jemals versuchte. Stellen Sie sich einen auf zwei Lagern frei drehbaren Zylinder vor, der teilweise von einem rechteckigen Trog umgeben ist, der perfekt zu ihm passt. Die offene Seite des Troges ist durch eine Trennwand verschlossen, so dass das Zylindersegment innerhalb des Gehäuses diesen in zwei Abteile unterteilt, die durch luftdichte Schiebeverbindungen vollständig voneinander getrennt sind. Da eine dieser Kammern abgedichtet und ein für Allemal entlüftet ist, während die andere offenbleibt, würde sich eine fortwährende Rotation des Zylinders ergeben. Zumindest dachte ich das.

Ein Holzmodell wurde mit unendlicher Sorgfalt konstruiert und angepasst, und als ich die Pumpe auf einer Seite anlegte und tatsächlich beobachtete, dass es beim Drehen eine Zehntel-Dichte gab, war ich vor Freude wie im Delirium. Mechanisches Fliegen war das Einzige, was ich erreichen wollte, obwohl ich mich immer noch entmutigend an einen schlimmen Sturz erinnerte, den ich erlitt, als ich mit einem Regenschirm von der Spitze eines Gebäudes sprang. Früher hatte ich mich jeden Tag durch die Luft in entfernte Regionen transportiert, aber ich konnte nicht verstehen, wie ich das geschafft hatte. Jetzt hatte ich etwas Konkretes, eine Flugmaschine mit nichts weiter als einer rotierenden Welle, schlagenden Flügeln und einem Vakuum von unbegrenzter Macht.[1] Von da an machte ich meine täglichen Luftausflüge in einem Fahrzeug von Komfort und Luxus, wie es König Salomo angemessen gewesen wäre. Es dauerte Jahre, bis ich begriff, dass der atmosphärische Druck rechtwinklig zur Zylinderoberfläche wirkte und dass die leichte Drehkraft, die ich beobachtete, auf ein Leck zurückzuführen war. Obwohl dieses Wissen nach und nach kam, hat es mir einen schmerzlichen Schock versetzt.

Kaum hatte ich meinen Kurs am Realgymnasium abgeschlossen, war ich mit einer gefährlichen Krankheit, oder besser gesagt, einer ganzen Menge davon, niedergeschlagen, und mein Zustand wurde so verzweifelt, dass ich von den Ärzten aufgegeben wurde. Während dieser Zeit durfte ich ständig lesen und erhielt Bücher aus dem öffentlichen Archiv, das mir zur Klassifizierung der Werke und zur Erstellung von Katalogen anvertraut worden war.

Eines Tages wurden mir ein paar Bände neuer Literatur überreicht, wie ich sie noch nie zuvor gelesen hatte und die so fesselnd waren, dass sie mich meinen hoffnungslosen Zustand völlig vergessen ließen. Es waren die frühen Werke von Mark Twain, und ihnen ist vielleicht die wundersame Genesung zu verdanken, die folgte. Jahre später, als ich Mr. Clements traf und wir eine Freundschaft zwischen uns schlossen, erzählte ich ihm von diesem Erlebnis und war erstaunt zu sehen, wie dieser große Mann des Lachens in Tränen ausbrach.

Meine Studien wurden am höheren Realgymnasium in Carlstadt, Kroatien, fortgesetzt, wo eine meiner Tanten wohnte. Sie war eine vornehme Dame, die Ehefrau eines Obersts, der ein altes Schlachtross war, das an vielen Schlachten teilgenommen hatte.

Ich kann die drei Jahre, die ich in ihrem Haus verbracht habe, nie vergessen. Keine Festung in Kriegszeiten unterlag einer strengeren Disziplin. Ich wurde gefüttert wie ein Kanarienvogel. Alle Mahlzeiten waren von höchster Qualität und köstlich zubereitet, aber in der Menge tausendprozentig knapp. Die von meiner Tante geschnittenen Schinkenscheiben waren wie Taschentücher. Wenn der Oberst etwas Substantielles auf meinen Teller legte, schnappte sie es weg und sagte aufgeregt zu ihm: "Sei vorsichtig. Niko ist sehr empfindlich."

Ich hatte einen unersättlichen Appetit und litt wie Tantalus.[2]

Aber ich lebte in einer für die damalige Zeit und die damaligen Verhältnisse ungewohnten Atmosphäre von Raffinesse und künstlerischem Geschmack. Das Land war niedrig und sumpfig, und das Malaria-Fieber verließ mich dort nie, trotz der enormen Mengen an Chinin, die ich konsumierte.[3] Gelegentlich stieg der Fluss an und trieb ein Heer von Ratten in die Gebäude, die alles verschlangen, bis hin zu den Bündeln wilden Paprikas. Diese Schädlinge waren für mich eine willkommene Ablenkung. Ich dünnte ihre Reihen mit allen möglichen Mitteln aus, was mir die wenig beneidenswerte Auszeichnung des Rattenfängers in der Gemeinde einbrachte. Endlich aber war mein Kurs abgeschlossen, das Elend endete, und ich erhielt das Reifezeugnis, das mich an den Scheideweg brachte.

In all diesen Jahren hatten meine Eltern nie in ihrer Entschlossenheit nachgelassen, mich zur Umarmung des Klerus zu bewegen, allein der Gedanke daran erfüllte mich mit Schrecken.[4] Unter dem anregenden Einfluss meines Physikprofessors, der ein genialer Mann war und die Prinzipien oft durch Apparate seiner eigenen Erfindung demonstrierte, hatte ich mich intensiv für die Elektrizität interessiert. Darunter erinnere ich mich an ein Gerät in Form einer frei drehbaren Glühbirne mit Zinnfolienbeschichtung, das sich beim Anschluss an eine statische Maschine schnell drehen sollte. Es ist mir unmöglich, eine adäquate Vorstellung von der Gefühlsintensität zu vermitteln, die ich erlebte, als ich Zeuge seiner Ausstellungen dieser mysteriösen Phänomene wurde. Jeder Eindruck erzeugte tausend Echos in meinem Kopf. Ich wollte mehr von dieser wunderbaren Kraft wissen; ich sehnte mich nach Experimenten und Untersuchungen und fand mich mit schmerzendem Herzen mit dem Unvermeidlichen ab. Gerade als ich mich auf die lange Reise nach Hause vorbereitete, erhielt ich die Nachricht, dass mein Vater wünschte, dass ich auf eine Schießexpedition gehe. Es war ein merkwürdiger Wunsch, da er dieser Art von Sport immer heftig widersprochen hatte. Aber ein paar Tage später erfuhr ich, dass die Cholera in diesem Bezirk wütete, und ich nutzte eine Gelegenheit, um unter Missachtung der Wünsche meiner Eltern nach Gospic zurückzukehren. Es ist unglaublich, wie absolut unwissend die Menschen über die Ursachen dieser Geißel waren, die das Land in Abständen von fünfzehn bis zwanzig Jahren heimsuchte. Sie dachten, dass die tödlichen Erreger durch die Luft übertragen werden, und füllten sie mit stechenden Gerüchen und Rauch. In der Zwischenzeit tranken sie das verseuchte Wasser und starben zu Hauf. Ich zog mir die schreckliche Krankheit noch am Tag meiner Ankunft zu, und obwohl ich die Krise überlebte, war ich neun Monate lang ans Bett gefesselt und konnte mich kaum bewegen. Meine Energie war völlig erschöpft, und zum zweiten Mal fand ich mich an der Schwelle zum Tod wieder.

In einer der Sinkperioden, die für die letzte gehalten wurde, stürzte mein Vater in den Raum. Ich sehe noch immer sein bleiches Gesicht, wie er versuchte, mich in Tönen anzufeuern, die entgegen seiner Überzeugung waren. "Vielleicht", sagte ich, "kann ich gesund werden, wenn Sie mich Ingenieurwesen studieren lassen". "'Du wirst an die beste technische Hochschule der Welt gehen', antwortete er feierlich, und ich wusste, dass er es ernst meinte. Eine schwere Last wurde mir vom Herzen genommen, aber die Erleichterung wäre zu spät gekommen, wenn es nicht eine wunderbare Heilung gegeben hätte, die durch ein bitteres Abkochen einer eigenartigen Bohne herbeigeführt wurde. Zum Erstaunen aller erwachte ich zum Leben wie ein anderer Lazarus. Mein Vater bestand darauf, dass ich mich ein Jahr lang gesund und körperlich im Freien bewegen solle, was ich nur widerwillig akzeptierte. Die meiste Zeit dieses Jahres streifte ich in den Bergen umher, ausgestattet mit einer Jägerkleidung und einem Bündel Bücher, und dieser Kontakt mit der Natur machte mich sowohl körperlich als auch geistig stärker. Ich dachte und plante und konzipierte viele Ideen, die in der Regel trügerisch waren. Die Vision war klar genug, aber das Wissen um die Prinzipien war sehr begrenzt.

In einer meiner Erfindungen schlug ich vor, Briefe und Pakete in kugelförmigen Behältern von ausreichender Festigkeit, die dem hydraulischen Druck standhalten, durch ein U-Boot-Rohr über die Meere zu befördern. Die Pumpanlage, die das Wasser durch das Rohr drücken sollte, war genau berechnet und konstruiert, und alle anderen Einzelheiten wurden sorgfältig ausgearbeitet. Nur ein unbedeutendes Detail, das keinen Zusammenhang dazu hatte, wurde leichtfertig abgetan. Ich ging von einer willkürlichen Geschwindigkeit des Wassers aus und, was noch wichtiger ist, es machte mir Freude, es hoch zu machen und so zu einer beeindruckenden Leistung zu gelangen, die sich auf fehlerfreie Berechnungen stützte. Nachfolgende Überlegungen über den Widerstand von Rohren gegen den Flüssigkeitsstrom veranlassten mich jedoch dazu, diese Erfindung zum Allgemeingut zu erklären.

Ein weiteres meiner Projekte bestand darin, einen Ring um den Äquator zu bauen, der natürlich freischweben und in seiner Drehbewegung von reaktionären Kräften aufgehalten werden könnte, so dass man sich mit einer Geschwindigkeit von etwa tausend Meilen pro Stunde fortbewegen könnte, was mit der Eisenbahn nicht machbar wäre. Der Leser wird lächeln. Der Plan war schwer auszuführen, das gebe ich zu, aber nicht annähernd so schlimm wie die eines bekannten New Yorker Professors, der die Luft aus den glühenden in die gemäßigten Zonen pumpen wollte, völlig vergesslich der Tatsache, dass der Herr eine gigantische Maschine zu diesem Zweck bereitgestellt hatte.

Ein weiteres, weitaus wichtigeres und attraktiveres Schema war die Gewinnung von Energie aus der Rotationsenergie irdischer Körper. Ich hatte entdeckt, dass Objekte auf der Erdoberfläche aufgrund der täglichen Rotation des Globus von demselben abwechselnd in und gegen die Richtung der Translationsbewegung getragen werden. Daraus ergibt sich eine große Veränderung der Eigendynamik, die auf die denkbar einfachste Weise genutzt werden könnte, um in jeder bewohnbaren Region der Welt Antriebskraft zu erzeugen. Ich finde keine Worte, um meine Enttäuschung zu beschreiben, als ich später erkannte, dass ich mich in der Zwangslage des Archimedes befand, der vergeblich nach einem Fixpunkt im Universum suchte. Am Ende meines Urlaubs wurde ich auf die POLY-TEQHNIC-Schule in Gratz in der Steiermark (Österreich) geschickt, die mein Vater als eine der ältesten und renommiertesten Institute ausgewählt hatte. Das war der Moment, auf den ich sehnsüchtig gewartet hatte, und ich begann mein Studium unter guten Vorzeichen und mit dem festen Entschluss zum Erfolg. Meine bisherige Ausbildung lag über dem Durchschnitt, was auf die Lehrtätigkeit meines Vaters und die Möglichkeiten, die sich mir boten, zurückzuführen war. Ich hatte mir die Kenntnis mehrerer Sprachen angeeignet und watete durch die Bücher mehrerer Bibliotheken und sammelte mehr oder weniger nützliche Informationen. Dann wiederum konnte ich zum ersten Mal meine Fächer nach Belieben wählen, und das freihändige Zeichnen sollte mich nicht mehr stören.

Ich hatte mir vorgenommen, meinen Eltern eine Überraschung zu bereiten, und während des gesamten ersten Jahres begann ich regelmäßig um drei Uhr morgens mit der Arbeit und arbeitete bis elf Uhr abends weiter, ohne Sonn- und Feiertage auszuschließen. Da die meisten meiner Kommilitonen die Dinge leichtnahmen, stellte ich natürlich alle Aufzeichnungen in den Schatten. Im Laufe des Jahres legte ich neun Prüfungen ab, und die Professoren meinten, ich hätte mehr als die höchsten Qualifikationen verdient. Bewaffnet mit ihren schmeichelhaften Zeugnissen ging ich in Erwartung eines Triumphes für eine kurze Pause nach Hause und war gedemütigt, als mein Vater diese hart erkämpften Auszeichnungen auf die leichte Schulter nahm.

Das hätte meinen Ehrgeiz fast zunichte gemacht; aber später, nachdem er gestorben war, musste ich ein Paket mit Briefen finden, die die Professoren ihm geschrieben hatten, dass ich durch Überarbeitung sterben würde, wenn er mich nicht aus der Anstalt entfernen würde. Danach widmete ich mich vor allem der Physik, der Mechanik und den mathematischen Studien und verbrachte meine Freizeit in den Bibliotheken.

Ich hatte eine regelrechte Manie, alles zu beenden, was ich begonnen hatte, was mich oft in Schwierigkeiten brachte. Einmal begann ich die Werke von Voltaire zu lesen, als ich zu meiner Bestürzung erfuhr, dass es fast hundert große Bände im Kleingedruckten gab, die dieses Monster geschrieben hatte, während es zweiundsiebzig Tassen schwarzen Kaffee pro Tag trank. Es musste getan werden, aber als ich das letzte Buch beiseitelegte, war ich sehr froh und sagte: "Nie mehr!"

Meine Ausstellung im ersten Jahr hatte mir die Anerkennung und Freundschaft mehrerer Professoren eingebracht. Darunter Professor Rogner, der arithmetische Fächer und Geometrie lehrte, Professor Poeschl, der den Lehrstuhl für Theoretische und Experimentalphysik innehatte, und Dr. Alle, der Integralrechnung lehrte und sich auf Differentialgleichungen spezialisierte. Dieser Wissenschaftler war der brillanteste Dozent, dem ich je zugehört habe. Er interessierte sich besonders für meine Progresse und blieb oft für ein oder zwei Stunden im Hörsaal und gab mir Probleme, die ich lösen musste, worüber ich mich sehr freute. Ich erklärte ihm eine Flugmaschine, die ich mir ausgedacht hatte; keine illusionäre Erfindung, sondern eine auf soliden, wissenschaftlichen Prinzipien beruhende, die durch meine Turbine realisierbar geworden ist und der Welt bald zur Verfügung stehen wird. Die beiden Professoren Rogner und Poeschl waren neugierige Männer. Ersterer hatte eine eigenartige Art, sich auszudrücken, und wann immer er das tat, gab es einen Aufstand, gefolgt von einer langen und peinlichen Pause. Prof. Poeschl war ein methodischer und gründlich geerdeter Deutscher. Er hatte riesige Füße und Hände wie Bärentatzen, aber alle seine Experimente wurden gekonnt, mit uhrmacherischer Präzision und ohne Fehlschlag ausgeführt. Es war im zweiten Jahr meines Studiums, als wir eine Gramoe Dymame aus Paris erhielten, die die Hufeisenform eines laminierten Feldmagneten und einen drahtgewickelten Anker mit einem Kommutator hatte. Er wurde angeschlossen und es wurden verschiedene Auswirkungen der Ströme gezeigt. Während Prof. Poeschl Vorführungen machte, lief die Maschine mit einem Motor, die Bürsten machten Probleme und funkten schlecht, und ich beobachtete, dass es möglich sein könnte, einen Motor ohne diese Geräte zu betreiben. Aber er erklärte, dass dies nicht möglich sei, und erwies mir die Ehre, einen Vortrag zu diesem Thema zu halten, an dessen Ende er bemerkte, "Mr. Tesla mag große Dinge vollbringen, aber er wird dies sicherlich niemals tun. Es wäre gleichbedeutend damit, eine gleichmäßige Zugkraft, wie die der Schwerkraft, in eine rotierende Kraft umzuwandeln. Es ist ein Perpetuum Mobile, eine unmögliche Idee."

Aber der Instinkt ist etwas, das über das Wissen hinausgeht. Wir verfügen zweifellos über bestimmte feinere Fasern, die uns in die Lage versetzen, Wahrheiten wahrzunehmen, wenn die logische Deduktion oder jede andere willentliche Anstrengung des Gehirns vergeblich ist.

Eine Zeit lang schwankte ich, beeindruckt von der Autorität des Professors, aber bald war ich überzeugt, dass ich Recht hatte, und nahm die Aufgabe mit all dem Feuer und der grenzenlosen Zuversicht der Jugend an. Ich begann, indem ich mir zunächst in meinem Kopf eine Doppelstrommaschine vorstellte, sie laufen ließ und dem wechselnden Stromfluss in der Armatur folgte. Dann stellte ich mir einen Wechselstromgenerator vor und untersuchte die Fortschritte, die in ähnlicher Weise stattfinden. Als nächstes wollte ich Systeme aus Motoren und Generatoren visualisieren und sie auf verschiedene Weise betreiben.

Die Bilder, die ich sah, waren für mich vollkommen real und greifbar. Meine gesamte Amtszeit in Gratz verlief in intensiven, aber fruchtlosen Bemühungen dieser Art, und ich kam fast zu dem Schluss, dass das Problem unlösbar war.

Im Jahr 1880 ging ich nach Prag in Böhmen und erfüllte den Wunsch meines Vaters, meine Ausbildung an der dortigen Universität zu vervollständigen. In dieser Stadt machte ich einen entscheidenden Vorstoß, der darin bestand, den Kommutator von der Maschine zu lösen und die Phänomene unter diesem neuen Aspekt, aber immer noch ohne Ergebnis, zu studieren. Im Jahr darauf änderte sich plötzlich meine Lebensanschauung.

Mir wurde klar, dass meine Eltern wegen mir zu große Opfer gebracht hatten, und ich beschloss, sie von dieser Last zu befreien. Die Welle des amerikanischen Telefons hatte gerade den europäischen Kontinent erreicht, und das System sollte in Budapest, Ungarn, installiert werden. Es schien eine ideale Gelegenheit zu sein, zumal ein Freund unserer Familie an der Spitze des Unternehmens stand.

Hier erlitt ich den vollständigen Zusammenbruch der Nerven, von dem ich gesprochen habe. Was ich in der Zeit dieser Krankheit erlebt habe, übertrifft jeden Glauben. Mein Seh- und Hörvermögen war immer außergewöhnlich. Ich konnte Gegenstände in der Ferne deutlich erkennen, während andere keine Spur von ihnen sahen. Mehrere Male in meiner Kindheit rettete ich die Häuser unserer Nachbarn vor dem Feuer, indem ich die schwachen knisternden Geräusche hörte, die ihren Schlaf nicht störten, und um Hilfe rief. Im Jahre 1899, als ich über vierzig Jahre alt war und in Colorado lebte, hörte ich in einer Entfernung von 550 Meilen sehr deutlich Donnerschläge. Die Grenze des Vorsprechens für meine jungen Assistenten betrug kaum mehr als 150 Meilen. Mein Ohr war also über dreizehnmal empfindlicher, doch war ich zu dieser Zeit sozusagen steintaub im Vergleich zur Schärfe meines Hörens unter der nervlichen Belastung.

In Budapest konnte ich das Ticken einer Uhr hören, zwischen mir und dem Zeitmesser lagen drei Räume. Eine Fliege, die auf einem Tisch im Raum landete, verursachte einen dumpfen Schlag in meinem Ohr. Eine Kutsche, die in einigen Kilometern Entfernung vorbeifuhr, erschütterte mich ziemlich am ganzen Körper. Das Pfeifen einer zwanzig oder dreißig Meilen entfernten Lokomotive ließ die Bank oder den Stuhl, auf dem ich saß, so stark vibrieren, dass der Schmerz unerträglich war. Der Boden unter meinen Füßen zitterte ständig. Ich musste mein Bett auf Gummikissen stützen, um überhaupt Ruhe zu finden. Die brüllenden Geräusche von nah und fern erzeugten oft den Effekt von gesprochenen Worten, die mich erschreckt hätten, wenn ich nicht in der Lage gewesen wäre, sie in ihre akkumulierten Bestandteile aufzulösen. Die Sonnenstrahlen, wenn sie periodisch abgefangen würden, würden Schläge von solcher Wucht auf mein Gehirn verursachen, dass sie mich betäuben würden. Ich musste all meine Willenskraft aufbringen, um unter einer Brücke oder einem anderen Bauwerk hindurchzukommen, da ich einen erdrückenden Druck auf den Schädel verspürte. Im Dunkeln fühlte ich mich wie eine Fledermaus und konnte die Anwesenheit eines Objekts in einer Entfernung von drei Metern an einem seltsamen, unheimlichen Gefühl auf der Stirn erkennen. Mein Puls schwankte von einigen wenigen bis zu zweihundertundsechzig Schlägen und alle Gewebe des Körpers zuckten und zitterten, was vielleicht am schwersten zu ertragen war.

Ein renommierter Arzt, der mir täglich große Dosen Kaliumbromid verabreichte, erklärte, meine Krankheit sei einzigartig und unheilbar.

Es ist mein ewiges Bedauern, dass ich zu dieser Zeit nicht unter der Beobachtung von Experten der Physiologie und Psychologie stand. Ich klammerte mich verzweifelt an das Leben, erwartete aber nie, mich davon zu erholen. Kann jemand glauben, dass ein so hoffnungsloses physisches Wrack jemals in einen Mann von erstaunlicher Stärke und Zähigkeit verwandelt werden könnte, der in der Lage ist, achtunddreißig Jahre fast ohne einen Tag Unterbrechung zu arbeiten und sich körperlich und geistig immer noch stark und frisch zu fühlen? Das ist mein Fall. Ein starker Wunsch zu leben und die Arbeit fortzusetzen, und die Hilfe eines treuen Freundes, eines Sportlers, haben dieses Wunder vollbracht. Meine Gesundheit kehrte zurück und mit ihr die Kraft des Geistes.

Als ich das Problem erneut angriff, bedauerte ich fast, dass der Kampf bald zu Ende sein würde. Ich hatte so viel Energie zur Verfügung. Wenn ich die Aufgabe verstand, dann nicht mit einer Entschlossenheit, wie sie Männer oft an den Tag legen. Bei mir war es ein heiliges Gelübde, eine Frage von Leben und Tod. Ich wusste, dass ich zugrunde gehen würde, wenn ich versagen würde. Jetzt fühlte ich, dass die Schlacht gewonnen war. Zurück in den Tiefen des Gehirns war die Lösung, aber ich konnte sie noch nicht nach außen hin zum Ausdruck bringen.

Eines Nachmittags, der in meiner Erinnerung immer präsent ist, genoss ich mit meinem Freund einen Spaziergang im Stadtpark und trug Gedichte vor. In diesem Alter kannte ich ganze Bücher auswendig, Wort für Wort. Eines davon war Goethes 'Faust'. Die

Sonne ging gerade unter und erinnerte mich an die glorreiche Passage,

„*Sie rückt und weicht, der Tag ist überlebt,*
Dort eilt sie hin und fördert neues Leben.
Oh dass kein Flügel mich vom Boden hebt,
Ihr nach und immer nach zu streben!
Ein schöner Traum, indessen sie entweicht.
Ach! Zu des Geistes Flügeln wird so leicht
Kein körperlicher Flügel sich gesellen."

Als ich diese inspirierenden Worte aussprach, schlug die Idee wie ein Blitz ein, und in einem Augenblick wurde die Wahrheit enthüllt. Ich zeichnete mit einem Stock auf den Sand, das Diagramm tauchte sechs Jahre später in meiner Ansprache vor dem American Institute der Elektroingenieure auf, und meine Begleiter haben sie perfekt verstanden. Die Bilder, die ich sah, waren wunderbar und klar und hatten die Festigkeit von Metall und Stein, so sehr, dass ich ihm sagte: "Sehen Sie meinen Motor hier; sehen Sie, wie ich ihn umdrehe. Ich kann nicht anfangen, meine Gefühle zu beschreiben. Pygmalion, der seine Statue zum Leben erwachen sah, hätte nicht tiefer bewegt sein können. Tausend Geheimnisse der Natur, auf die ich vielleicht zufällig gestoßen wäre, hätte ich für das gegeben, was ich ihr gegen alle Widrigkeiten und unter Gefahr für meine Existenz abgerungen hatte."

KAPITEL IV

Eine Zeit lang habe ich mich ganz der intensiven Freude an Bildmaschinen und dem Erfinden neuer Formen hingegeben. Es war ein seelischer Glückszustand, so vollständig, wie ich ihn im Leben noch nie erlebt hatte. Die Ideen kamen in einem ununterbrochenen Strom, und die einzige Schwierigkeit, die ich hatte, war, sie festzuhalten. Die Apparate, die ich mir vorstellte, waren für mich absolut real und in jedem Detail greifbar, bis hin zu den kleinsten Spuren und Abnutzungserscheinungen. Ich stellte mir mit Freude vor, wie die Motoren ständig laufen, denn auf diese Weise bot sich dem geistigen Auge ein faszinierenderer Anblick. Wenn die natürliche Neigung sich zu einem leidenschaftlichen Verlangen entwickelt, rückt man in Siebenmeilenstiefeln zum Ziel vor. In weniger als zwei Monaten hatte ich praktisch alle Arten von Motoren und Modifikationen des Systems entwickelt, die heute mit meinem Namen identifiziert werden und die unter vielen anderen Namen auf der ganzen Welt verwendet werden. Vielleicht war es Schicksal, dass die Notwendigkeiten des Daseins eine vorübergehende Einstellung dieser verzehrenden Tätigkeit des Geistes gebieten.

BERUFSERFAHRUNG IN EUROPA:

Ich kam nach Budapest aufgrund eines verfrühten Berichts über das Telefonunternehmen, und wie es die Ironie des Schicksals so wollte, musste ich eine Stelle als Zeichner im Zentralen Telegrafenamt der ungarischen Regierung annehmen, und zwar zu einem Gehalt, das ich als mein Privileg betrachte, das ich nicht preisgeben darf. Glücklicherweise gewann ich bald das Interesse des Oberinspektors und wurde danach für Berechnungen, Entwürfe und Kostenvoranschläge im Zusammenhang mit neuen Anlagen eingesetzt, bis die Telefonzentrale in Betrieb genommen wurde und ich die Leitung derselben übernahm. Das Wissen und die praktische Erfahrung, die ich im Laufe dieser Arbeit gewann, waren sehr wertvoll, und die Anstellung gab mir viele Möglichkeiten zur Ausübung meiner erfinderischen Fähigkeiten. Ich nahm mehrere Verbesserungen am Apparat der Zentralstation vor und perfektionierte einen Telefonrepeater oder -verstärker, der nie patentiert oder öffentlich beschrieben wurde, der mir aber auch heute noch zugutekommen würde. In Anerkennung meiner effizienten

Hilfe bot mir der Organisator des Bestattungsunternehmens, Herr Fuskas, bei der Veräußerung seines Geschäfts in Budapest eine Stelle in Paris an, die ich gerne annahm.

PARIS:

Ich kann nie den tiefen Eindruck vergessen, den diese magische Stadt in meinem Kopf hinterlassen hat. Nach meiner Ankunft streifte ich noch einige Tage lang durch die Straßen, völlig verwirrt von dem neuen Spektakel. Die Attraktionen waren zahlreich und unwiderstehlich, aber leider wurden die Einnahmen sofort nach Erhalt ausgegeben. Als Herr Fuskas mich fragte, wie ich in der neuen Atmosphäre zurechtkomme, beschrieb ich die Situation treffend in der Aussage, dass "die letzten neunundzwanzig Tage des Monats die schwierigsten sind". Ich führte ein ziemlich anstrengendes Leben in einer Art und Weise, die man heute als "Rooseveltsche Mode" bezeichnen würde. Jeden Morgen ging ich, unabhängig vom Wetter, vom Boulevard St. Marcel, wo ich wohnte, zu einem Badehaus an der Seine; ich tauchte ins Wasser, drehte siebenundzwanzig Mal eine Schleife auf dem Rundweg und ging dann eine Stunde zu Fuß, um Ivry zu erreichen, wo sich die Fabrik des Unternehmens befand. Dort konnte ich um halb acht ein Holzhacker-Frühstück einnehmen und dann sehnsüchtig auf die Mittagspause warten, während ich in der Zwischenzeit harte Nüsse für den Werksleiter, Herrn Charles Batchellor, knackte, der ein enger Freund und Assistent von Edison war.[1] Hier wurde ich mit einigen Amerikanern in Kontakt gebracht, die sich aufgrund meiner Kenntnisse in Billard ziemlich in mich verliebt hatten! Diesen Männern erklärte ich meine Erfindung, und einer von ihnen, Herr D. Cunningham, Vorarbeiter der "mechanischen Abteilung", bot an, eine Aktiengesellschaft zu gründen. Der Vorschlag erschien mir in höchstem Maße komisch. Ich hatte nicht die leiseste Ahnung, was das bedeutete, außer dass es eine amerikanische Art war, die Dinge zu tun. Aber daraus wurde nichts, und in den nächsten Monaten musste ich in Frankreich und Deutschland von einem Ort zum anderen reisen, um die Übel der Kraftwerke zu heilen.

STRASBURG, ELSASS-LORAIN, AUTOMATISCHE ELEKTRISCHE REGLER, 1883:

Nach meiner Rückkehr nach Paris legte ich einem der Verwalter der Gesellschaft, Herrn Rau, einen Plan zur Verbesserung ihrer Dynamos vor und erhielt die Gelegenheit dazu. Mein Erfolg war vollkommen, und die hocherfreuten Direktoren gewährten mir das Privileg, automatische Regulatoren zu entwickeln, die sehr gefragt waren. Kurz danach gab es einige Probleme mit der Beleuchtungsanlage, die im neuen Bahnhof in Straßburg im Elsass installiert worden war. Die Verkabelung war defekt, und anlässlich der Eröffnungsfeierlichkeiten wurde ein großer Teil einer Wand durch einen Kurzschluss herausgesprengt, direkt in Anwesenheit des alten Kaisers Wilhelm I. Aufgrund meiner Kenntnisse der deutschen Sprache und meiner früheren Erfahrungen wurde ich mit der schwierigen Aufgabe betraut, die Dinge wieder ins Lot zu bringen, und Anfang 1883 fuhr ich auf dieser Mission nach Straßburg.

Einige der Vorfälle in dieser Stadt haben in meinem Gedächtnis eine unauslöschliche Spur hinterlassen. Durch einen merkwürdigen Zufall lebten einige der Männer, die später Ruhm erlangten, zu dieser Zeit dort. In späteren Jahren pflegte ich zu sagen: "In dieser alten Stadt gab es Bakterien von großer Größe. Andere fingen sich die Krankheit ein, aber ich entkam!"

Die praktische Arbeit, die Korrespondenz und die Konferenzen mit den Beamten beschäftigten mich Tag und Nacht, aber sobald es mir möglich war, nahm ich in einer mechanischen Werkstatt gegenüber dem Bahnhof den Bau eines einfachen Motors in Angriff, nachdem ich zu diesem Zweck einiges Material aus Paris mitgebracht hatte. Die Durchführung des Versuchs verzögerte sich jedoch bis zum Sommer desselben Jahres, als ich endlich die Genugtuung hatte, die Drehung durch Wechselströme verschiedener Phasen und ohne Schleifkontakte oder Kommutator zu sehen, wie ich es mir ein Jahr zuvor vorgestellt hatte. Es war ein exquisites Vergnügen, aber nicht zu vergleichen mit dem Freudentaumel nach der ersten Enthüllung.

Zu meinen neuen Freunden gehörte der ehemalige Bürgermeister der Stadt, Herr Sauzin, den ich mit dieser und anderen Erfindungen von mir bereits in gewissem Maße vertraut gemacht hatte und um dessen Unterstützung ich mich bemühte. Er war mir aufrichtig ergeben und stellte mein Projekt mehreren wohlhabenden Personen vor, doch die zu meiner Enttäuschung nicht auf Resonanz stießen. Er wollte mir auf jede erdenkliche Weise helfen, und das Herannahen des ersten Juli 1917 erinnert mich zufällig an eine Art von "Hilfe", die ich von diesem charmanten Mann erhielt, die zwar nicht finanzieller Art war, aber dennoch geschätzt wurde. Im Jahre 1870, als die Deutschen in das Land einmarschierten, hatte Herr Sauzin einen großen Teil des St. Estephe von 1801 eingeschenkt, und er kam zu dem Schluss, dass er keinen würdigeren Menschen als mich kannte, um dieses kostbare Getränk zu trinken.

Dies ist, wie ich sagen darf, einer der unvergesslichen Vorfälle, auf die ich mich bezogen habe. Mein Freund drängte mich, so bald wie möglich nach Paris zurückzukehren und dort Unterstützung zu suchen. Dies wollte ich unbedingt tun, aber meine Arbeit und die Verhandlungen zogen sich wegen allerlei kleinlicher Hindernisse, auf die ich stieß, so sehr in die Länge, dass mir die Situation manchmal aussichtslos erschien. Um eine Vorstellung von der deutschen Gründlichkeit und "Effizienz" zu vermitteln, darf ich hier eine etwas komische Erfahrung berichten.

Eine Glühlampe mit 16 Lichtpunkten sollte in einem Flur aufgestellt werden, und nach der Wahl des richtigen Standorts befahl ich dem 'Monteur', die Drähte zu verlegen. Nachdem er eine Weile gearbeitet hatte, kam er zu dem Schluss, dass der Ingenieur konsultiert werden müsse, und dies wurde getan. Letzterer erhob mehrere Einwände, stimmte aber schließlich zu, dass die Lampe zwei Zentimeter von der von mir zugewiesenen Stelle entfernt aufgestellt werden sollte, von wo aus die Arbeit weiterging. Dann wurde der Ingenieur besorgt und sagte mir, dass Inspektor Averdeck benachrichtigt werden sollte. Diese wichtige Person wurde angerufen, er recherchierte, diskutierte und entschied, dass die Lampe zwei Zentimeter zurückgesetzt werden sollte, was die Stelle war, die ich markiert hatte. Es dauerte nicht lange, wie auch immer, bis Averdeck selbst kalte Füße bekam und mir mitteilte, dass er Oberinspektor Hieronimus über die Angelegenheit informiert habe und dass ich seine Entscheidung abwarten solle. Es dauerte mehrere Tage, bis der Oberinspektor sich von anderen dringenden Aufgaben befreien konnte, aber schließlich traf er ein, und es folgte eine zweistündige Debatte, in der er beschloss, die Lampe zwei

Zentimeter weiter zu verschieben. Meine Hoffnungen, dass dies der letzte Akt war, wurden zerschlagen, als der Oberinspektor zurückkam und zu mir sagte: "Regierungsrat Funke ist so speziell, dass ich es nicht wagen würde, ohne seine ausdrückliche Zustimmung einen Auftrag zur Aufstellung dieser Lampe zu erteilen." Demzufolge wurden Vorkehrungen für einen Besuch dieses großen Mannes getroffen. Wir begannen früh am Morgen mit dem Aufräumen und Polieren, und als Funke mit seinem Gefolge kam, wurde er feierlich empfangen. Nach zweistündiger Beratung rief er plötzlich aus: "Ich muss gehen!" und wies auf einen Platz an der Decke und befahl mir, die Lampe dorthin zu stellen. Es war genau die Stelle, die ich ursprünglich gewählt hatte: So ging es von Tag zu Tag mit Variationen, aber ich wurde davon abgehalten, um jeden Preis etwas zu erreichen, und am Ende wurden meine Bemühungen belohnt.

Im Frühjahr 1884 waren alle Differenzen bereinigt, die Anlage für den Betrieb akzeptiert, und ich kehrte mit erfreulicher Vorfreude nach Paris zurück. Einer der Verwalter hatte mir für den Fall meines Erfolges eine liberale Entschädigung versprochen, sowie eine faire Berücksichtigung der Verbesserungen, die ich an ihren Dynamos vorgenommen hatte, und ich hoffte, eine beträchtliche Summe zu realisieren. Es gab drei Verwalter, die ich der Einfachheit halber als A, B und C benennen werde. Als ich A anrief, sagte er mir, dass B das Sagen habe. Dieser Herr dachte, dass nur C entscheiden könne, und dieser war sich ziemlich sicher, dass A allein die Macht habe, zu handeln. Nach mehreren Runden dieses Circulus viciosus dämmerte es mir, dass meine Belohnung ein Schloss in Spanien war.

Das völlige Scheitern meiner Versuche, Kapital für die Entwicklung zu beschaffen, war eine weitere Enttäuschung, und als Herr Batchellor mich drängte, nach Amerika zu gehen, um die Edison-Maschinen neu zu entwerfen, beschloss ich, mein Glück im Land des goldenen Versprechens zu versuchen. Aber die Chance wurde fast verpasst.

Ich verflüssigte mein bescheidenes Vermögen, sicherte mir eine Unterkunft und fand mich am Bahnhof wieder, als der Zug abfuhr: In diesem Moment stellte ich fest, dass mein Geld und meine Fahrkarten weg waren. Was zu tun war, war die Frage ...

Herkules hatte viel Zeit zum Nachdenken, aber ich musste mich entscheiden, während ich neben dem Zug herlief, wobei in meinem Gehirn gegensätzliche Gefühle wie Kondensatorschwingungen aufstiegen. Entschlossenheit, unterstützt durch Geschicklichkeit, siegte in letzter Sekunde, und nachdem ich die übliche Erfahrung gemacht hatte, die so trivial wie unangenehm war, gelang es mir, mich mit den Überresten meiner Habseligkeiten, einigen Gedichten und Artikeln, die ich geschrieben hatte, und einem Paket von Berechnungen, die sich auf Lösungen eines unlösbaren Integrals und meine Flugmaschine bezogen, nach New York einzuschiffen. Während der Reise saß ich die meiste Zeit am Heck des Schiffes und wartete auf eine Gelegenheit, jemanden aus einem nassen Grab zu retten, ohne den geringsten Gedanken an Gefahr. Später, als ich etwas von dem praktischen amerikanischen Sinn aufgesogen hatte, zitterte ich bei der Erinnerung und staunte über meine frühere Torheit. Die Begegnung mit Edison war ein denkwürdiges Ereignis in meinem Leben. Ich war erstaunt über diesen wunderbaren Mann, der ohne frühe Vorteile und wissenschaftliche Ausbildung so viel erreicht hatte. Ich hatte ein Dutzend Sprachen studiert, mich in Literatur und Kunst vertieft und meine besten Jahre in Bibliotheken verbracht und alles Mögliche gelesen, was mir in die Hände fiel, von Newtons "Principia" bis zu den Romanen von Paul de Kock, und ich hatte das Gefühl, dass der größte Teil meines Lebens vergeudet worden war. Aber es dauerte nicht lange, bis ich erkannte, dass es das Beste war, was ich hätte tun können. Innerhalb weniger Wochen hatte ich das Vertrauen von Edison gewonnen, und so kam es auf diese Weise zustande.

Bei der S.S. Oregon, dem damals schnellsten Passagierdampfer, waren beide Beleuchtungsmaschinen deaktiviert und die Abfahrt verzögerte sich. Da die Superkonstruktion nach ihrer Installation gebaut worden war, war es unmöglich, sie aus dem Laderaum zu entfernen. Die Notlage war ernst, und Edison war sehr verärgert. Am Abend nahm ich die notwendigen Instrumente mit und ging an Bord des Schiffes, auf dem ich die Nacht verbrachte. Die Dynamos waren in schlechtem Zustand, hatten mehrere Kurzschlüsse und Brüche, aber mit der Hilfe der Besatzung gelang es mir, sie in einen guten Zustand zu bringen. Um fünf Uhr morgens, als ich die Fifth Avenue auf dem Weg zum Geschäft passierte, traf ich Edison mit dem Chargenmeister, und einige von ihnen kehrten nach Hause zurück, um sich zur Ruhe zu setzen. „Hier wird gesagt, unser Pariser lief nachts herum", sagte er. Als ich ihm erzählte, dass ich aus dem Oregon kam und beide Maschinen repariert hatte, sah er mich schweigend an und ging ohne ein weiteres Wort weg. Aber als er etwas weiter gegangen war, hörte ich ihn sagen: "Chargenmeister, das ist ein guter Mann." Und von diesem Zeitpunkt an hatte ich volle Freiheit bei der Leitung der Arbeit. Fast ein Jahr lang waren meine regulären Arbeitszeiten von 10.30 Uhr bis 5 Uhr am nächsten Morgen ohne Ausnahme. Edison sagte zu mir: "Ich hatte viele fleißige Assistenten, aber du schießt den Vogel ab." Während dieser Zeit hatte ich vierundzwanzig verschiedene Typen von Standardmaschinen mit kurzen Kernen und einheitliches Muster, das die alten ersetzt hat. Der Manager hatte mir für die Erledigung dieser Aufgabe fünfzigtausend Dollar versprochen, aber es stellte sich heraus, dass es sich um einen Scherz handelte. Dies versetzte mir einen schmerzlichen Schock, und ich trat von meinem Posten zurück.

ERSTE FIRMA:

Unmittelbar danach traten einige Leute mit dem Vorschlag an mich heran, ein Bogenlampenunternehmen unter meinem Namen zu gründen, dem ich zustimmte. Hier bot sich schließlich die Gelegenheit, den Motor zu entwickeln, aber als ich das Thema an meine neuen Mitarbeiter herantrug, sagten sie: "Nein, wir wollen die Bogenlampe. Ihr Wechselstrom interessiert uns nicht." 1886 wurde mein System der Bogenbeleuchtung perfektioniert und für die Fabrik- und Kommunalbeleuchtung übernommen, und ich war frei, hatte aber nichts anderes als eine schön gravierte Aktienurkunde von hypothetischem Wert. Dann folgte eine Zeit des Kampfes in dem neuen Medium, für das ich nicht geeignet war, aber die Belohnung kam am Ende, und im April 1887 wurde die TESLA Electric Co. gegründet, die ein Labor und Einrichtungen zur Verfügung stellte. Die Motoren, die ich dort baute, waren genau so, wie ich sie mir vorgestellt hatte. Ich versuchte nicht, das Design zu verbessern, sondern gab lediglich die Bilder so wieder, wie sie meiner Vision entsprachen, und der Betrieb verlief immer so, wie ich es mir vorgestellt hatte.

WESTINGHOUSE & PITTSBURGH, KURZER AUFENTHALT:, KEIN WECHSELSTROM.

Zu Beginn des Jahres 1888 wurde mit der Westing-House-Gesellschaft eine Vereinbarung über die Herstellung der Motoren in großem Maßstab getroffen. Aber es waren noch große Schwierigkeiten zu überwinden. Mein System basierte auf der Verwendung niederfrequenter Ströme, und die Westinghouse-Experten hatten 133 Zyklen mit dem Ziel eingeführt, sich Vorteile bei der Umwandlung zu sichern. Sie wollten nicht von ihren Standardgeräten abweichen, und meine Bemühungen mussten sich auf die Anpassung des Motors an diese Bedingungen konzentrieren. Eine weitere Notwendigkeit bestand darin, einen Motor herzustellen, der in der Lage war, bei dieser Frequenz auf zwei Drähten effizient zu laufen, was keine leichte Aufgabe war.

Da meine Dienste in Pittsburgh jedoch Ende 1889 nicht mehr unverzichtbar waren, kehrte ich nach New York zurück und nahm die experimentelle Arbeit in einem Laboratorium in der Grand Street wieder auf, wo ich sofort mit der Konstruktion von Hochfrequenzmaschinen begann. Die Konstruktionsprobleme auf diesem unerforschten Gebiet waren neu und recht eigenartig, und ich stieß auf viele Schwierigkeiten. Ich lehnte die Drosselspule (Inductor) ab, da ich befürchtete, dass er nicht die perfekten Sinuswellen liefern könnte, die für die Resonanzwirkung so wichtig waren. Wäre das nicht gewesen, hätte ich mir viel Arbeit ersparen können. Ein weiteres entmutigendes Merkmal des Hochfrequenzgenerators schien die Unbeständigkeit der Drehzahl zu sein, die seine Verwendung ernsthaft einzuschränken drohte. Ich hatte es bereits vor der American Institution of Electrical Engineers in meinen Demonstrationen festgestellt, dass der Ton mehrmals verloren ging und neu eingestellt werden musste, und sah noch nicht voraus, was ich lange danach entdeckte - ein Mittel, eine solche Maschine mit einer so konstanten Geschwindigkeit zu betreiben, dass sie zwischen den Extremen der Belastung nicht mehr als einen kleinen Bruchteil einer Umdrehung schwankte. Aus vielen anderen Überlegungen heraus erschien es wünschenswert, eine einfachere Vorrichtung zur Erzeugung elektrischer Schwingungen zu erfinden.

1856 hatte Lord Kelvin die Theorie der Kondensatorentladung enthüllt, aber es wurde keine praktische Anwendung dieses wichtigen Wissens gemacht. Ich sah die Möglichkeiten und nahm die Entwicklung von Induktionsapparaten nach diesem Prinzip in Angriff. Mein Fortschritt war so schnell, das dies mir ermöglichte, bei meinem Vortrag im Jahr 1891 eine Spule vorzustellen, die über 5 Zoll funkte. Bei dieser Gelegenheit erzählte ich den Ingenieuren ganz offen von einem Defekt, der bei der Umwandlung durch die neue Methode auftrat, nämlich dem Verlust in der Funkenstrecke. Nachfolgende Untersuchungen zeigten, dass der Wirkungsgrad unabhängig vom verwendeten Medium - sei es Luft, Wasserstoff, Quecksilber, Öl oder ein Elektronenstrom - der gleiche ist. Dies ist ein Gesetz, das der Regelung der Umwandlung von mechanischer Energie sehr ähnlich ist. Wir können ein Gewicht von einer bestimmten Höhe vertikal nach unten fallen lassen oder es auf irgendeinem verschlungenen Weg auf die untere Ebene tragen; es ist unerheblich, was den Arbeitsaufwand betrifft. Glücklicherweise ist dieser Nachteil jedoch nicht fatal, denn bei richtiger Proportionierung der Schwingkreise wird ein Wirkungsgrad von 85 Prozent erreicht. Seit meiner frühen Ankündigung der Erfindung hat sie universelle Verwendung gefunden und in vielen Abteilungen eine Revolution ausgelöst, aber eine noch größere Zukunft steht ihr noch bevor.

Als ich im Jahr 1900 starke Entladungen von 1.000 Fuß Höhe erhielt und eine Strömung um den Globus blitzte[3], wurde ich an den ersten winzigen Funken erinnert, den ich in meinem Labor in der Grand Street beobachtete, und war begeistert von Empfindungen, die denen glichen, die ich fühlte, als ich das rotierende Magnetfeld entdeckte.

KAPITEL V

DIE ENTDECKUNG DER TESLASPULE UND DES TRANSFORMATORS
(DER GRUNDLEGENDE TEIL JEDES RADIOS UND JEDER FERNSEHSENDUNG)

Wenn ich die Ereignisse meines vergangenen Lebens Revue passieren lasse, wird mir klar, wie subtil die Einflüsse sind, die unser Schicksal bestimmen. Eine Begebenheit aus meiner Jugend mag zur Veranschaulichung dienen. An einem Wintertag gelang es mir, zusammen mit den anderen Jungen einen steilen Berg zu besteigen. Der Schnee war ziemlich tief, und ein warmer Südwind machte ihn gerade für unsere Zwecke geeignet. Wir amüsierten uns, indem wir Bälle warfen, die eine bestimmte Strecke hinunterrollten und dabei mehr oder weniger Schnee sammelten, und wir versuchten, uns gegenseitig in diesem Sport zu übertreffen. Plötzlich sah man, wie ein Ball die Grenze überschritt, zu enormen Ausmaßen anschwoll, bis er so groß wie ein Haus wurde und mit einer Wucht, die den Boden erzittern ließ, donnernd in das darunter liegende Tal stürzte. Ich sah gebannt zu, unfähig zu verstehen, was geschehen war. Wochenlang lag danach das Bild der Lawine vor meinen Augen, und ich fragte mich, wie etwas so Kleines zu einer so gewaltigen Größe heranwachsen konnte.

Seit dieser Zeit hat mich die Vergrößerung von schwachen Aktionen fasziniert, und als ich Jahre später die experimentelle Untersuchung der mechanischen und elektrischen Resonanz aufnahm, war ich von Anfang an sehr interessiert. Möglicherweise hätte ich ohne diesen frühen starken Eindruck den kleinen Funken, den ich mit meiner Spule erhielt, nicht weiterverfolgt und nie meine beste Erfindung entwickelt, deren wahre Geschichte ich erzählen werde.

Viele technische Männer, die in ihren Spezialabteilungen sehr fähig sind, aber von einem pedantischen Geist beherrscht werden und kurzsichtig sind, haben behauptet, dass ich der Welt außer dem Induktionsmotor wenig von praktischem Nutzen gegeben habe. Dies ist ein schwerwiegender Fehler. Eine neue Idee darf nicht nach ihren unmittelbaren Ergebnissen beurteilt werden. Mein alternierendes System der Kraftübertragung kam auf psychologische Weise zustande, als eine lange gesuchte Antwort auf drängende industrielle Fragen, und obwohl wie üblich erhebliche Widerstände überwunden und gegensätzliche Interessen ausgeglichen werden mussten, konnte die kommerzielle Einführung nicht lange hinausgezögert werden. Vergleichen Sie nun diese Situation mit der, mit der zum Beispiel meine Turbinen konfrontiert sind. Man sollte meinen, dass eine so einfache und schöne Erfindung, die viele Merkmale eines idealen Motors besitzt, auf einmal übernommen werden sollte, und zweifellos würde sie das unter ähnlichen Bedingungen auch tun. Aber die voraussichtliche Wirkung des Drehfeldes bestand nicht darin, bestehende Maschinen wertlos zu machen, sondern ihnen im Gegenteil einen zusätzlichen Wert zu verleihen. Das System bot sich sowohl für neue Unternehmen als auch für die Verbesserung der alten an. Meine Turbine ist eine Weiterentwicklung eines ganz anderen Charakters. Es handelt sich um eine radikale Abweichung in dem Sinne, dass ihr Erfolg die Aufgabe der antiquierten Typen von Antriebsmaschinen bedeuten würde, für die Milliarden von Dollar ausgegeben wurden. Unter solchen Umständen muss der Fortschritt langsam sein, und das vielleicht größte Hindernis sind die vorurteilsbehafteten Meinungen, die in den Köpfen der Experten durch die organisierte Opposition entstehen.

Erst neulich hatte ich ein entmutigendes Erlebnis, als ich meinen Freund und ehemaligen Assistenten Charles F. Scott, jetzt Professor für Elektrotechnik in Yale, traf. Ich hatte ihn schon lange nicht mehr gesehen und war froh, in meinem Büro Gelegenheit zu einem kleinen Gespräch zu haben. Unser Gespräch trieb natürlich an meiner Turbine vorbei, und ich erhitzte mich in hohem Maße. „Scott", behauptete ich früher, von der Vision einer glorreichen Zukunft mitgerissen, "meine Turbine wird alle Wärmekraftmaschinen der Welt verschrotten". Scott streichelte sein Kinn und schaute nachdenklich weg, als ob er eine gedankliche Berechnung anstellte. "Das wird einen ganz schönen Haufen Schrott verursachen", sagte er und ging ohne ein weiteres Wort.

Diese und andere Erfindungen von mir waren jedoch nichts weiter als Schritte in bestimmte Richtungen. Bei ihrer Entwicklung folgte ich einfach dem angeborenen Instinkt, die gegenwärtigen Geräte zu verbessern, ohne besondere Rücksicht auf unsere weitaus dringenderen Notwendigkeiten. Der Vergrößerungssender war das Produkt jahrelanger Arbeit, deren Hauptzweck die Lösung von

Problemen war, die für die Menschheit unendlich wichtiger sind als die bloße industrielle Entwicklung. Wenn ich mich recht erinnere, führte ich im November 1890 ein Laborexperiment durch, das eines der außergewöhnlichsten und spektakulärsten war, das je in den Jahrbüchern der Wissenschaft aufgezeichnet wurde. Bei der Untersuchung des Verhaltens hochfrequenter Ströme hatte ich mich davon überzeugt, dass ein elektrisches Feld von ausreichender Intensität in einem Raum erzeugt werden kann, um elektrodenlose Vakuumröhren zu beleuchten. Dementsprechend wurde ein Transformator gebaut, um die Theorie zu testen, und der erste Versuch erwies sich als ein wunderbarer Erfolg. Es ist schwer zu verstehen, was diese seltsamen Phänomene damals bedeuteten. Wir sehnen uns nach neuen Empfindungen, aber bald werden wir ihnen gegenüber gleichgültig. Die Wunder von gestern sind heute alltägliche Erscheinungen. Als meine Röhren zum ersten Mal öffentlich ausgestellt wurden, wurden sie mit einem Erstaunen betrachtet, das unmöglich zu beschreiben ist. Aus allen Teilen der Welt erhielt ich dringende Einladungen, und es wurden mir zahlreiche Ehrungen und andere schmeichelhafte Anreize geboten, die ich ablehnte. Aber 1892 wurde die Nachfrage unwiderstehlich, und ich ging nach London, wo ich vor der Institution der Elektroingenieure einen Vortrag hielt.

Es war meine Absicht gewesen, sofort nach Paris aufzubrechen, um einer ähnlichen Verpflichtung nachzukommen, aber Sir James Dewar bestand auf meinem Erscheinen vor der Königlichen Institution. Ich war ein Mann von fester Entschlossenheit, erlag aber leicht den energischen Argumenten des großen Schotten. Er stieß mich auf einen Stuhl und goss ein halbes Glas mit einer wunderbaren braunen Flüssigkeit aus, die in allen möglichen schillernden Farben funkelte und nach Nektar schmeckte. "Nun", sagte er, "sitzen Sie in Faradays Stuhl und genießen den Whisky, den er früher getrunken hat" (was mich nicht sehr interessierte, da ich meine Meinung über starke Getränke geändert hatte). Am nächsten Abend gab ich eine Vorführung vor der Royal Institution, an deren Ende sich Lord Rayleigh an die Zuhörer wandte, und seine großzügigen Worte gaben mir den ersten Anstoß zu diesen Bemühungen. Ich floh aus London und später aus Paris, um Gefälligkeiten zu entgehen, die auf mich herabregneten, und reiste in meine Heimat, wo ich eine äußerst schmerzhafte Tortur und Krankheit durchmachte.

Als ich wieder gesund war, begann ich, Pläne für die Wiederaufnahme der Arbeit in Amerika zu formulieren. Bis zu diesem Zeitpunkt war mir nie bewusst, dass ich eine besondere Gabe der Entdeckung besaß, aber Lord Rayleigh, den ich immer als idealen Mann der Wissenschaft betrachtete, hatte dies gesagt, und wenn das der Fall war, dann sollte ich mich auf eine vernünftige große Idee konzentrieren.

Zu dieser Zeit, wie zu vielen anderen Zeiten in der Vergangenheit, richteten sich meine Gedanken auf die Lehre meiner Mutter. Das Geschenk der geistigen Kraft kommt von Gott, dem göttlichen Wesen, und wenn wir unseren Geist auf diese Wahrheit konzentrieren, werden wir mit dieser großen Kraft in Einklang gebracht. Meine Mutter hatte mich gelehrt, alle Wahrheit in der Bibel zu suchen; deshalb widmete ich die nächsten Monate dem Studium dieses Werkes.

Eines Tages, als ich in den Bergen herumstreifte, suchte ich Schutz vor einem aufziehenden Sturm. Der Himmel wurde von dicken Wolken bedeckt, doch der Regen verzögerte sich, bis plötzlich ein Blitz und wenige Augenblicke später eine Sintflut aufkam. Diese Beobachtung gab mir zu denken. Es war offensichtlich, dass die beiden Phänomene als Ursache und Wirkung eng miteinander verbunden waren, und ein wenig Nachdenken brachte mich zu der Schlussfolgerung, dass die elektrische Energie, die im Niederschlag des Wassers enthalten ist, unerheblich ist, da die Funktion des Blitzes der eines empfindlichen Auslösers sehr ähnlich ist. Hier war eine erstaunliche Möglichkeit, etwas zu erreichen. Wenn es uns gelänge, elektrische Effekte in der erforderlichen Qualität zu erzeugen, könnten dieser ganze Planet und die Bedingungen der Existenz auf ihm transformiert werden. Die Sonne hebt das Wasser der Ozeane an, und Winde treiben es in entfernte Regionen, wo es in einem Zustand empfindlichsten Gleichgewichts bleibt. Wenn es in unserer Macht stünde, es zu stören, wann und wo immer es gewünscht wird, könnte dieser mächtige lebenserhaltende Strom nach Belieben kontrolliert werden. Wir könnten trockene Wüsten bewässern, Seen und Flüsse schaffen und Antriebskraft in unbegrenzter Menge zur Verfügung stellen. Dies wäre der effizienteste Weg, die Sonne für die Zwecke des Menschen nutzbar zu machen.

Die Vollendung hing von unserer Fähigkeit ab, elektrische Kräfte in der Größenordnung der Natur zu entwickeln.

Es schien mir ein hoffnungsloses Unterfangen, aber ich beschloss, es zu versuchen, und sofort nach meiner Rückkehr in die Vereinigten Staaten im Sommer 1892, nach einem kurzen Besuch bei meinen Freunden in Watford, England, wurde eine Arbeit begonnen, die für mich umso attraktiver war, als ein Mittel derselben Art für die erfolgreiche Übertragung von Energie ohne Drähte notwendig war.

Zu dieser Zeit nahm ich eine weitere sorgfältige Studie der Bibel vor und entdeckte den Schlüssel in der Offenbarung. Das erste erfreuliche Ergebnis wurde im Frühjahr des darauffolgenden Jahres erzielt, als ich mit meiner konischen Spule eine Spannung von etwa 100 000 000 Volt - hundert Millionen Volt - erreichte, was ich für das Voltalter eines Blitzes hielt. Bis zur Zerstörung des Labors durch einen Brand im Jahre 1895 wurden stetige Fortschritte erzielt, wie aus einem Artikel von T. C. Martyn zu entnehmen ist, der in der Aprilausgabe des Century Magazine erschien. Diese Katastrophe war in vielerlei Hinsicht ein Rückschlag, und der größte Teil des Jahres musste der Planung und dem Wiederaufbau gewidmet werden. Sobald es die Umstände jedoch erlaubten, kehrte ich zu dieser Aufgabe zurück.

Obwohl ich wusste, dass höhere elektrisch-motorische Kräfte mit Apparaten größerer Abmessungen erreichbar waren, hatte ich instinktiv die Vorstellung, dass das Ziel durch die richtige Konstruktion eines vergleichsweise kleinen und kompakten Transformators erreicht werden könnte. Bei der Durchführung von Versuchen mit einer Sekundärwicklung in Form einer flachen Spirale, wie in meinen Patenten dargestellt, überraschte mich das Fehlen von „Streamern", und es dauerte nicht lange, bis ich entdeckte, dass dies auf die Lage der Windungen und ihre gegenseitige Wirkung zurückzuführen war. Von dieser Beobachtung profitierend, entschied ich mich erneut für die Verwendung eines Hochspannungsleiters mit Windungen von beträchtlichem Durchmesser, die ausreichend voneinander getrennt sind, um die verteilte Kapazität niedrig zu halten und gleichzeitig eine übermäßige Ansammlung der Ladung an irgendeinem Punkt zu verhindern. Die Anwendungen dieses Prinzips ermöglichte es mir, einen Druck von über 100.000.000 Volt zu erzeugen, was ungefähr der Grenze entsprach, die kein Risiko darstellte. Ein Foto von meinem in meinem Labor in der Houston Street gebauten Sender wurde in der „Electrical Review" vom November 1898 veröffentlicht.

Um auf dieser Linie weiter voranzukommen, musste ich ins Freie gehen, und im Frühjahr 1899, nachdem ich die Vorbereitungen für die Errichtung einer drahtlosen Anlage abgeschlossen hatte, ging ich nach Colorado, wo ich mehr als ein Jahr blieb. Dort führte ich weitere Verbesserungen und Verfeinerungen ein, die es möglich machten, Ströme jeder gewünschten Spannung zu erzeugen. Wer sich dafür interessiert, findet einige Informationen zu den Experimenten, die ich dort durchgeführt habe, in meinem Artikel "Das Problem der Erhöhung der menschlichen Energie" im Century Magazine vom Juni 1900, auf das ich bereits bei einer früheren Gelegenheit hingewiesen habe.

Ich werde ganz explizit auf meinen Vergrößerungstransformator eingehen, damit er klar verstanden wird. Es handelt sich in erster Linie um einen Resonanztransformator mit einem Sekundärteil, bei dem die auf ein hohes Potential aufgeladenen Teile von beträchtlicher Fläche sind und im Raum entlang idealer Hüllflächen mit sehr großen Krümmungsradien und in angemessenen Abständen zueinander angeordnet sind, wodurch überall eine geringe elektrische Oberflächendichte gewährleistet ist, so dass selbst bei blankem Leiter keine Leckage auftreten kann. Er ist für jede Frequenz geeignet, von einigen wenigen bis zu vielen tausend Zyklen pro Sekunde, und kann zur Erzeugung von Strömen mit enormem Volumen und mäßigem Druck oder mit kleinerer Stromstärke und immenser elektromotorischer Kraft verwendet werden. Die maximale elektrische Spannung ist lediglich abhängig von der Krümmung der Oberflächen, auf denen sich die geladenen Elemente befinden, und deren Fläche. Nach meinen bisherigen Erfahrungen zu urteilen, gibt es keine Grenze für die mögliche Spannung, die entwickelt werden kann; jede Menge ist praktisch möglich. Andererseits können in der Antenne Ströme von vielen tausend Ampere erreicht werden. Für solche Leistungen ist eine Anlage von sehr moderaten Dimensionen erforderlich. Theoretisch reicht eine Klemme von weniger als 90 Fuß im Durchmesser aus, um eine elektromotorische Kraft in dieser Größenordnung zu entwickeln, während sie bei Antennen-strömen von 2.000 - 4.000 Ampere bei den üblichen Frequenzen nicht größer als 30 Fuß im Durchmesser sein muss. In einem engeren Sinne ist dieser drahtlose Sender ein Sender, bei dem die Hertzwellenstrahlung im Vergleich zur Gesamtenergie eine unermüdlich vernachlässigbare Größe ist, unter welcher Bedingung der Dämpfungsfaktor extrem klein ist und eine enorme Ladung in der erhöhten Kapazität gespeichert wird. Eine solche Schaltung kann dann mit Impulsen jeder Art, auch niederfrequenter Art, angeregt werden und ergibt sinusförmige und kontinuierliche Schwingungen wie bei einem Wechselstromgenerator. Im engsten Sinne des Wortes handelt es sich jedoch um einen Resonanztransformator, der nicht nur über diese Eigenschaften verfügt, sondern auch genau auf die Erdkugel und ihre elektrischen Konstanten und Eigenschaften abgestimmt ist, wodurch er bei der drahtlosen Energieübertragung hocheffizient und effektiv wird. Die Entfernung ist dann **ABSOLUT BESCHRÄNKT, DAS WESENTLICHE, KEINE DIMINIERUNG DER INTENSITÄT** der übertragenen Impulse. Es ist sogar möglich, die Impulse mit der Entfernung von der Ebene nach einem exakten mathematischen Gesetz ansteigen zu lassen. Diese Erfindung gehörte zu einer Reihe von Erfindungen, die in meinem "Weltsystem" der drahtlosen Übertragung enthalten sind, zu deren Kommerzialisierung ich mich bei meiner Rückkehr nach New York im Jahre 1900 verpflichtete:

Was die unmittelbaren Ziele meines Unternehmens anbelangt, so wurden sie in einer technischen Erklärung aus jener Zeit klar umrissen, aus der ich zitiere: "Das Welt-System ist das Ergebnis einer Kombination mehrerer origineller Entdeckungen, die der Erfinder im Laufe langer kontinuierlicher Forschung und Experimente gemacht hat. Es ermöglicht nicht nur die augenblickliche und präzise drahtlose Übertragung jeglicher Art von Signalen, Nachrichten oder Zeichen in alle Teile der Welt, sondern auch die Verbindung der bestehenden Telegraphen-, Telefon- und anderen Signalstationen untereinander, ohne dass deren derzeitige Ausrüstung geändert werden muss. Auf diese Weise kann z.B. ein Telefonteilnehmer hier jeden anderen Teilnehmer auf der Erde anrufen und mit ihm sprechen. Ein preiswerter Empfänger, nicht größer als eine Uhr, wird es ihm ermöglichen, an jedem beliebigen Ort, ob zu Land oder zu Wasser, eine Rede oder Musik zu hören, die an einem vernünftigen anderen Ort, wie weit entfernt er auch sein mag, gehalten wird."

Diese Beispiele werden nur angeführt, um eine Vorstellung von den Möglichkeiten dieses großen wissenschaftlichen Fortschritts zu vermitteln, der die Entfernung vernichtet und diesen perfekten natürlichen Leiter, die Erde, für all die unzähligen Zwecke verfügbar macht, die der menschliche Erfindergeist für einen Leitungsdraht gefunden hat. Ein weitreichendes Ergebnis davon ist, dass jedes Gerät, das über einen oder mehrere Drähte (in offensichtlich beschränktem Abstand) betrieben werden kann, ebenfalls ohne künstliche Leiter und mit der gleichen Leichtigkeit und Genauigkeit in Entfernungen betätigt werden kann, denen keine anderen Grenzen gesetzt sind als die, die durch die physikalischen Dimensionen der Erde vorgegeben sind. Auf diese Weise werden nicht nur völlig neue Felder für die kommerzielle Nutzung durch diese ideale Übertragungsart erschlossen, sondern die alten enden auch weitestgehend. Das Weltsystem beruht auf der Anwendung der folgenden wichtigen Erfindungen und Entdeckungen:

DEM TESLA-TRANSFORMATOR:

Dieser Apparat erzeugt elektrische Vibrationen (ppp33), die so revolutionär sind, wie es Schießpulver in der Kriegsführung war. Ströme, die um ein Vielfaches stärker sind als alle jemals auf die übliche Weise erzeugten Ströme und Funken von über hundert Fuß Länge, wurden vom Erfinder mit einer solchen Anleitung erzeugt.

DER VERGRÖSSERNDE SENDER:

Dies ist Teslas beste Erfindung, ein eigentümlicher Transformator, der speziell für die Anregung der Erde ausgelegt ist, die bei der Übertragung elektrischer Energie während der astronomischen Beobachtung des Teleskops im Vordergrund steht. Mit Hilfe dieser wunderbaren Vorrichtung hat er bereits elektrische Bewegungen von größerer Intensität als die eines Blitzes erzeugt und einen Strom, der ausreicht, um mehr als zweihundert Glühlampen zu zünden, um die Erde herumgeleitet.

DAS DRAHTLOSE TESLA-SYSTEM:

Dieses System umfasst eine Reihe von Verbesserungen und ist die einzige bekannte Möglichkeit, elektrische Energie wirtschaftlich und drahtlos an eine Anlage zu übertragen. Sorgfältige Tests und Messungen in Verbindung mit einer vom Erfinder in Colorado errichteten Erlebnisstation von großer Aktivität haben gezeigt, dass Leistung in jeder gewünschten Menge übertragen werden kann, wenn nötig deutlich über den Globus, mit einem Verlust von nicht mehr als einigen Prozenten.

DIE KUNST DER INDIVIDUALISIERUNG:

Diese Erfindung von Tesla ist für das primitive Tuning, was die verfeinerte Sprache für den unartikulierten Ausdruck ist. Sie ermöglicht die Übertragung von Signalen oder Botschaften, die sowohl im aktiven als auch im passiven Aspekt absolut geheim und exklusiv sind, d.h. nicht störend und frei von Interferenzen, also geheim. Jedes Signal ist wie ein Individuum von unverwechselbarer Identität, und es gibt praktisch keine Begrenzung der Anzahl der Stationen oder Instrumente, die ohne die geringste gegenseitige Störung gleichzeitig betrieben werden können.

DIE TERRESTRISCHEN STATIONÄREN WELLEN:

Diese wunderbare Entdeckung, so die volkstümliche Erklärung, bedeutet, dass die Erde auf elektrische Schwingungen definierter Tonhöhe reagiert, so wie eine Stimmgabel auf bestimmte Schallwellen. Diese besonderen elektrischen Schwingungen, die in der Lage sind, den Globus mächtig zu erregen, bieten sich für unzählige Verwendungen an, die kommerziell und in vielerlei anderer Hinsicht von großer Bedeutung sind. Das "'erste Weltsystemraftwerk" kann in neun Monaten in Betrieb genommen werden. Mit diesem Kraftwerk wird es möglich sein, elektrische Aktivitäten von bis zu zehn Millionen Pferdestärken zu erreichen, und es ist so ausgelegt, dass es so viele technische Errungenschaften wie möglich ohne entsprechenden Aufwand ermöglichen wird. Darunter sind die folgenden:

1) Die Verbindung bestehender Telegraphenzentralen oder -büros auf der ganzen Welt;

2) Die Einrichtung eines geheimen und nicht eingreifenden Telegraphendienstes der Regierung;

3) Die Zusammenschaltung aller gegenwärtigen Telefonzentralen oder Büros auf dem Globus;

4) Die universelle Verbreitung von allgemeinen Nachrichten per Telegraph oder Telefon, in Verbindung mit der Presse;

5) Die Einrichtung eines solchen "Weltsystems" der Intelligenzübertragung für den ausschließlich privaten Gebrauch;

6) Die Vernetzung und der Betrieb aller Börsenticker der Welt;

7) Die Errichtung eines weltweiten Systems der Musikverteilung usw.

8) Die universelle Registrierung der Zeit durch billige Uhren, die die Stunde mit astronomischer Präzision anzeigen und keinerlei Aufmerksamkeit erfordern;

9) Die weltweite Übertragung von maschinen- oder handgeschriebenen Zeichen, Briefen, Schecks usw;

10) Die Einrichtung eines universellen Seedienstes, der es den Nautikern aller Schiffe ermöglicht, perfekt und ohne Vorbeifahren zu steuern, den genauen Standort, die Uhrzeit und die Geschwindigkeit zu bestimmen, Kollisionen und Katastrophen zu verhindern usw;

11) Die Einweihung eines Weltdrucksystems zu Land und zu Wasser;

12) Die Weltreproduktion von fotografischen Bildern und allen Arten von Zeichnungen oder Aufzeichnungen ..."

ÖFFENTLICHE DEMONSTRATION:

Ich schlug auch vor, eine Demonstration in der drahtlosen Übertragung von Energie in kleinem Maßstab durchzuführen, aber ausreichend, um überzeugend zu sein. Darüber hinaus verwies ich auf andere und unvergleichlich wichtigere Anwendungen meiner Entdeckungen, die zu einem späteren Zeitpunkt offengelegt werden. Auf Long Island wurde eine Anlage mit einem 187 Fuß hohen Turm mit einem kugelförmigen Terminal von etwa 68 Fuß Durchmesser gebaut. Diese Abmessungen reichten für die Übertragung praktisch jeder Energiemenge aus. Ursprünglich waren nur 200 bis 300 Kilowatt vorgesehen, aber ich beabsichtigte, später mehrere tausend Pferdestärken einzusetzen. Der Sender sollte einen Wellenkomplex mit besonderen Eigenschaften aussenden, und ich hatte mir eine einzigartige Methode der telefonischen Kontrolle jeder beliebigen Energiemenge ausgedacht. Der Turm wurde vor zwei Jahren (1917) zerstört, aber meine Projekte befinden sich in der Entwicklung, und ein weiteres, in einigen Merkmalen verbessertes Projekt wird gebaut werden.

Bei dieser Gelegenheit möchte ich dem weit verbreiteten Gerücht widersprechen, dass das Gebäude von der Regierung abgerissen wurde, was aufgrund der Kriegsbedingungen ein Vorurteil in den Köpfen derer hervorgerufen haben könnte, die nicht wissen, dass die Papiere, die mir vor dreißig Jahren die Ehre der amerikanischen Staatsbürgerschaft verliehen haben, immer in einem Safe aufbewahrt werden, während meine Orden, Diplome, Abschlüsse, Goldmedaillen und andere Auszeichnungen in alten Koffern verstaut sind. Hätte der Hafen eine Stiftung gehabt, wäre mir eine große Summe Geld zurückgezahlt worden, die ich für den Bau des Turms ausgegeben hätte. Im Gegenteil, es lag im Interesse der Regierung, sie zu erhalten, zumal sie es ermöglicht hätte, um nur ein wertvolles Ergebnis zu nennen, die Lage eines U-Bootes in jedem Teil der Welt zu bestimmen. Meine Anlage, meine Dienste und alle meine Verbesserungen standen den Beamten stets zur Verfügung, und seit dem Ausbruch des europäischen Konflikts habe ich unter Opfern an mehreren meiner Erfindungen gearbeitet, die sich auf die Luftnavigation, den Schiffsantrieb und die drahtlose Übertragung beziehen und die für das Land von größter Bedeutung sind. Diejenigen, die gut informiert sind, wissen, dass meine Ideen die Industrien der Vereinigten Staaten revolutioniert haben, und ich bin mir nicht bewusst, dass dort ein Erfinder lebt, der in dieser Hinsicht so viel Glück hatte wie ich - insbesondere was die Nutzung seiner Verbesserungen im Krieg betrifft.

Ich habe es bisher unterlassen, mich öffentlich zu diesem Thema zu äußern, da es mir unangemessen erschien, in persönlichen Angelegenheiten zu verweilen, während die Welt in großen Schwierigkeiten war. Ich möchte im Hinblick auf verschiedene Gerüchte, die mich erreicht haben, hinzufügen, dass Herr J. Pierpont Morgan sich nicht geschäftlich für mich interessierte, sondern in demselben großen Geist, in dem er vielen anderen Pionieren geholfen hat. Er hat sein großzügiges Versprechen buchstabengetreu eingehalten, und es wäre höchst unvernünftig gewesen, von ihm mehr zu erwarten. Er hatte höchste Achtung vor meinen Errungenschaften und gab mir jeden Beweis für sein volles Vertrauen in meine Fähigkeit, das zu erreichen, was ich mir vorgenommen hatte. Ich bin nicht gewillt, einigen engstirnigen und eifersüchtigen Personen die Satisfaktion zuzugestehen, meine Bemühungen zunichte gemacht zu haben. Diese Männer sind für mich nichts anderes als Mikroben einer scheußlichen Krankheit. Mein Projekt wurde durch Naturgesetze verzögert. Die Welt war darauf nicht vorbereitet. Es war der Zeit zu weit voraus, aber die gleichen Gesetze werden am Ende die Oberhand gewinnen und es zu einem triumphalen Erfolg machen.

KAPITEL VI

DER DRAHTLOSE SENDER
(DER GRUNDLEGENDE TEIL JEDES RADIOS UND JEDER FERNSEHSENDUNG)

Kein Thema, dem ich mich jemals gewidmet habe, hat eine solche Konzentration des Geistes erfordert und die feinsten Fasern meines Gehirns so gefährlich beansprucht, wie das System, dessen Grundlage der Vergrößerungssender ist. Ich habe die ganze Intensität und Kraft der Jugend in die Entwicklung der rotierenden Feldforschungen gesteckt, aber diese frühen Arbeiten hatten einen anderen Charakter. Sie waren zwar extrem anstrengend, aber sie erforderten nicht das scharfe und anspruchsvolle Urteilsvermögen, das beim Angriff auf die vielen Probleme des drahtlosen Funks geübt werden musste.

Trotz der in dieser Zeit seltenen körperlichen Ausdauer rebellierten die missbrauchten Nerven schließlich, und ich erlitt einen völligen Zusammenbruch, gerade als die Vollendung der langen und schwierigen Aufgabe fast in Sicht war. Zweifellos hätte ich später eine größere Strafe bezahlt, und sehr wahrscheinlich wäre meine Karriere vorzeitig beendet worden, wenn die Vorsehung mich nicht mit einer Sicherheitsvorrichtung ausgestattet hätte, die sich mit fortschreitendem Alter zu verbessern schien und unfehlbar zum Tragen kommt, wenn meine Kräfte am Ende sind. Solange sie funktioniert, bin ich sicher vor Gefahren durch Überlastung, die andere Erfinder bedrohen, und im Übrigen brauche ich keinen Urlaub, der für die meisten Menschen unentbehrlich ist. Wenn ich so gut wie verbraucht bin, mache ich es einfach wie die Schwarzen, die "natürlich einschlafen, während sich die Weißen Sorgen machen".

Um eine Theorie aus meiner Sphäre zu wagen, sammelt der Körper wahrscheinlich nach und nach eine bestimmte Menge irgendeines Giftstoffes an, und ich versinke in einen fast lethargischen Zustand, der auf die Minute genau eine halbe Stunde dauert. Beim Erwachen habe ich das Gefühl, dass die unmittelbar vorhergehenden Ereignisse sehr lange zurückliegen, und wenn ich versuche, den unterbrochenen Gedankengang fortzusetzen, verspüre ich eine regelrechte geistige Übelkeit. Unwillkürlich wende ich mich dann einer anderen Arbeit zu und bin überrascht über die Frische des Geistes und die Leichtigkeit, mit der ich Hindernisse überwinde, die mich zuvor verblüfft hatten. Nach Wochen oder Monaten kehrt meine Leidenschaft für die vorübergehend aufgegebene Erfindung

zurück, und ich finde immer wieder Antworten auf all die lästigen Fragen, mit kaum einer Anstrengung. In diesem Zusammenhang werde ich von einer außergewöhnlichen Erfahrung berichten, die für Psychologiestudenten von Interesse sein könnte.

Ich hatte mit meinem geerdeten Sender ein auffälliges Phänomen erzeugt und bemühte mich, seine wahre Bedeutung im Verhältnis zu den sich in der Erde ausbreitenden Strömen zu ermitteln. Es schien ein hoffnungsloses Unterfangen, und mehr als ein Jahr lang arbeitete ich unermüdlich, aber vergeblich. Dieses tiefgründige Studium nahm mich so vollständig in Anspruch, dass ich alles andere vergaß, sogar meine untergrabene Gesundheit. Endlich, als ich an dem Punkt war, an dem ich zusammenbrach, wendete die Natur das Konservierungsmittel an, das den tödlichen Schlaf herbeiführte. Als ich wieder zu Sinnen kam, stellte ich mit Bestürzung fest, dass ich nicht in der Lage war, Szenen aus meinem Leben zu visualisieren, außer denen der Kindheit, den allerersten, die in mein Bewusstsein eingedrungen waren. Merkwürdigerweise erschienen diese mit sternenklarer Deutlichkeit vor meinem inneren Auge und verschafften mir willkommene Erleichterung. Nacht für Nacht, wenn ich mich zurückzog, dachte ich an sie, und mehr und mehr wurde mir meine frühere Existenz offenbart. Das Bild meiner Mutter war immer die Hauptfigur in dem Schauspiel, das sich langsam entfaltete, und der verzehrende Wunsch, sie wiederzusehen, nahm allmählich Besitz von mir. Dieses Gefühl wurde so stark, dass ich beschloss, die Arbeit aufzugeben und meine Sehnsucht zu stillen, aber es fiel mir zu schwer, mich vom Laboratorium zu lösen, und es vergingen mehrere Monate, in denen es mir gelang, alle Eindrücke meines vergangenen Lebens bis zum Frühjahr 1892 wieder aufleben zu lassen. Auf dem nächsten Bild, das aus dem Nebel des Vergessens auftauchte, sah ich mich im Hotel de la Paix in Paris, wie ich gerade von einem meiner eigenartigen Schlafanfälle zu mir kam, der durch eine längere Anstrengung des

Gehirns verursacht worden war. Stellen Sie sich den Schmerz und den Kummer vor, den ich fühlte, als es mir in den Sinn kam, dass mir in diesem Augenblick eine Notiz überreicht wurde, die die traurige Nachricht enthielt, dass meine Mutter im Sterben lag. Ich erinnerte mich daran, wie ich den langen Heimweg ohne eine Stunde Ruhe angetreten hatte und wie sie nach wochenlangen Qualen verstarb.

Es war besonders bemerkenswert, dass während dieser ganzen Zeit der teilweise ausgelöschten Erinnerung alles, was das Thema meiner Forschung berührte, für mich voll und ganz lebendig war. Ich konnte mich an das kleinste Detail und die am wenigsten unbedeutenden Beobachtungen in meinen Experimenten erinnern und sogar Textseiten und komplexe mathematische Formeln aufsagen.

Ich glaube fest an ein Gesetz der Entschädigung. Die wahre Belohnung steht immer im Verhältnis zu der geleisteten Arbeit und den Opfern. Dies ist einer der Gründe, warum ich mir sicher bin, dass sich der Vergrößerungssender von allen meinen Erfindungen als die wichtigste und wertvollste für künftige Generationen erweisen wird. Zu dieser Voraussage veranlasst mich weniger der Gedanke an die kommerzielle und industrielle Revolution, die er sicherlich herbeiführen wird, als vielmehr die humanitären Folgen der vielen Errungenschaften, die er ermöglicht. Erwägungen des bloßen Nutzens wiegen wenig in der Waagschale gegenüber dem höheren Nutzen der Zivilisation. Wir sind mit unheilvollen Problemen konfrontiert, die nicht allein dadurch gelöst werden können, dass wir für unsere materielle Existenz sorgen, wie reichlich sie auch sein mag. Im Gegenteil, Fortschritte in dieser Richtung sind mit Gefahren und Risiken behaftet, die nicht weniger bedrohlich sind als diejenigen, die aus Mangel und Leid entstehen. Wenn wir die Energie der Atome freisetzen oder eine andere Möglichkeit entdecken würden, billige und unbegrenzte Macht an jedem beliebigen Punkt der Erde zu entwickeln, könnte diese Errungenschaft, anstatt ein Segen zu sein, der Menschheit eine Katastrophe bescheren, indem sie Zwietracht und Anarchie hervorruft, was letztlich zur Inthronisierung des verhassten Gewaltregimes führen würde. Das größte Wohl wird von technischen Verbesserungen kommen, die zur Vereinheitlichung und Harmonie neigen, und mein drahtloser Sender ist ein solcher von herausragender Bedeutung. Mit seinen Mitteln werden die menschliche Stimme und Ähnlichkeit überall reproduziert werden, und die Fabriken werden Tausende von Kilometern von den Wasserfällen, die die Energie liefern, entfernt sein. Luftmaschinen werden ohne Unterbrechung um die Erde herumgetrieben und die Energie der Sonne gesteuert, um Seen und Flüsse zu schaffen, die als Motive?? dienen und trockene Wüsten in fruchtbares Land verwandeln. Seine Einführung für telegraphische, telefonische und ähnliche Zwecke wird automatisch die statischen und alle anderen Interferenzen ausschalten, die derzeit der Anwendung der Drahtlostechnik enge Grenzen setzen. Dies ist ein aktuelles Thema, zu dem ein paar Worte nicht fehlen dürfen.

In den letzten zehn Jahren haben eine Reihe von Menschen arrogant behauptet, es sei ihnen gelungen, dieses Hindernis zu beseitigen. Ich habe alle beschriebenen Vorkehrungen sorgfältig geprüft und die meisten von ihnen getestet, lange bevor sie öffentlich bekannt gemacht wurden, aber das Ergebnis war einheitlich negativ. Die jüngste offizielle Erklärung der US-Marine mag vielleicht einige betörte Nachrichtenredakteure gelehrt haben, wie man diese Ankündigungen auf ihren tatsächlichen Wert hin beurteilt. In der Regel basieren die Versuche auf so trügerischen Theorien, dass ich, wann immer ich von ihnen Kenntnis erhalte, nicht umhin kann, in voller Ironie an sie zu denken. Vor kurzem wurde eine neue Entdeckung verkündet, die mit ohrenbetäubendem Trompetenschall verkündet wurde, aber es erwies sich als ein weiterer Fall, bei dem ein Berg eine Maus hervorbrachte. Das erinnert mich an einen aufregenden Vorfall, der sich vor Jahren ereignete, als ich meine Experimente mit hochfrequenten Strömen durchführte.

Steve Brodie war gerade von der Brooklyn Bridge gesprungen. Das Kunststück wurde seither von Nachahmern vulgarisiert, aber der erste Bericht elektrisierte New York. Ich war damals sehr beeindruckt und sprach oft von dem wagemutigen Springer. An einem heißen Nachmittag verspürte ich das Bedürfnis, mich zu erfrischen, und trat in eine der beliebten dreißigtausend Institutionen dieser großen Stadt ein, wo ein köstliches zwölfprozentiges Getränk serviert wurde, das man heute nur noch bei einer Reise in die armen und verwüsteten Länder Europas zu sich nehmen kann. Die Besucherzahl war groß und nicht übermäßig hoch, und es wurde ein Thema diskutiert, das mir einen bewundernswerten

Auftakt zu der unbedachten Bemerkung gab: "Das habe ich gesagt, als ich von der Brücke sprang." Kaum hatte ich diese Worte geäußert, fühlte ich mich als Begleiter des Timothens, im Gedicht Schillers. In einem Augenblick gab es ein Pandämonium, und ein Dutzend Stimmen riefen: "Es ist Brodie!" Ich warf einen Vierteldollar auf den Tresen und rannte zur Tür, aber die Menge war mir dicht auf den Fersen und rief: "Halt, Steve!", was wohl missverstanden wurde, denn viele versuchten, mich aufzuhalten, als ich verzweifelt zu meinem Zufluchtsort rannte. Glücklicherweise gelang es mir, über eine Feuertreppe in das Laboratorium zu gelangen, wo ich meinen Mantel ablegte, mich als fleißiger Schmied tarnte und die Schmiede in Gang setzte. Aber diese Vorsichtsmaßnahmen erwiesen sich als unnötig, da ich meinen Verfolgern entkommen war. Noch viele Jahre danach, nachts, wenn die Phantasie sich in Gespenster verwandelt, dachte ich oft, als ich mich auf das Bett warf, was mein Schicksal gewesen wäre, wenn der Mob mich erwischt und herausgefunden hätte, dass ich nicht Steve Brodie war!

Nun scheint der Ingenieur, der vor kurzem vor einem technischen Gremium über ein neuartiges Mittel gegen Statik berichtet hat, das auf einem "bisher unbekannten Naturgesetz" beruht, ebenso leichtsinnig gewesen zu sein wie ich, als er behauptete, dass sich diese Störungen nach oben und unten ausbreiten, während sich die eines Senders entlang der Erde ausbreiten. Das würde bedeuten, dass ein Kondensator wie dieser Globus mit seiner gasförmigen Hülle in einer Weise geladen und entladen werden könnte, die den grundlegenden Lehren, die in jedem elementaren Lehrbuch der Physik dargelegt werden, völlig entgegengesetzt ist. Eine solche Annahme wäre schon zu Franklins Zeiten als falsch verurteilt worden, denn die diesbezüglichen Tatsachen waren damals bekannt, und die Identität zwischen der atmosphärischen Elektrizität und der von Maschinen entwickelten Elektrizität war vollständig geklärt. Offensichtlich verbreiten sich natürliche und künstliche Störungen durch die Erde und die Luft auf genau die gleiche Weise, und beide erzeugen elektromotorische Kräfte sowohl im horizontalen als auch im vertikalen Sinn. Störungen können mit den vorgeschlagenen Methoden nicht überwunden werden. Das ist die Wahrheit: In der Luft steigt das Potential um etwa fünfzig Volt pro Fuß Elevation, wodurch zwischen dem oberen und unteren Ende der Antenne ein Druckunterschied von zwanzig- oder sogar vierzigtausend Volt entstehen kann. Die Massen der geladenen Atmosphäre sind ständig in Bewegung und geben Elektrizität an den Leiter ab, nicht kontinuierlich, sondern eher störend, was in einem empfindlichen Telefonhörer ein knirschendes Geräusch erzeugt. Je höher der Anschluss und je größer der von den Drähten umschlossene Raum ist, desto ausgeprägter ist der Effekt, aber man muss verstehen, dass er rein lokaler Natur ist und wenig mit dem eigentlichen Problem zu tun hat.

Im Jahr 1900, als ich mein Drahtlossystem perfektionierte, bestand eine Form von Gerät aus vier Antennen. Diese wurden sorgfältig auf der gleichen Frequenz kalibriert und mehrfach mit dem Ziel verbunden, die Wirkung beim Empfang aus jeder Richtung zu vergrößern. Als ich den Ursprung der gesendeten Impulse feststellen wollte, wurde jedes diagonal angeordnete Paar in Reihe geschaltet, wobei eine Primärspule den Detektorkreis erregte. Im ersten Fall war der Ton im Telefon laut, im zweiten hörte er erwartungsgemäß auf - die beiden Antennen neutralisierten sich gegenseitig, aber die wahre Statik zeigte sich in beiden Fällen, und ich musste spezielle Vorbeugungsmittel entwickeln, die unterschiedliche Prinzipien verkörperten. Durch den Einsatz von Empfängern, die, wie von mir schon vor langer Zeit vorgeschlagen, an zwei Punkten des Bodens angeschlossen sind, wird diese durch die geladene Luft verursachte Störung, die in den Strukturen, wie sie jetzt gebaut werden, sehr schwerwiegend ist, aufgehoben, und außerdem wird die Haftung für alle Arten von Störungen wegen des Richtungscharakters der Schaltung auf etwa die Hälfte reduziert. Dies war völlig selbstverständlich, kam aber als Offenbarung für einige einfältige Drahtlos-Leute, deren Erfahrung sich auf Formen von Geräten beschränkte, die mit einer Axt hätten verbessert werden können, und sie haben die Haut des Bären entsorgt, bevor sie ihn töteten. Wenn es wahr wäre, dass Streuner solche Possen treiben, wäre es einfach, sie durch Empfang ohne Antenne loszuwerden. Tatsächlich aber ist ein in der Erde vergrabener Draht, der nach dieser Ansicht absolut immun sein sollte, anfälliger für gewisse Fremdimpulse als ein senkrecht in der Luft platzierter. Fairerweise kann man sagen, dass ein leichter Fortschritt erzielt wurde, aber nicht durch eine bestimmte Methode oder Vorrichtung. Er wurde einfach dadurch erreicht, dass man die enormen Strukturen erkannt hat, die zwar schlecht genug für die Übertragung, aber völlig ungeeignet für den Empfang sind, und dass man einen geeigneteren Empfängertyp gewählt hat. Wie ich bereits sagte, muss, um diese Schwierigkeit endgültig zu beseitigen, eine radikale Änderung des Systems vorgenommen werden, und je früher dies geschieht, desto besser.

Es wäre in der Tat katastrophal, wenn in dieser Zeit, in der die Kunst noch in den Kinderschuhen steckt und die große Mehrheit, selbst Experten nicht ausgenommen, keine Vorstellung von ihren letztendlichen Möglichkeiten hat, eine Maßnahme durch die Legislative gehetzt würde, die sie zu einem staatlichen Monopol macht. Dies wurde vor einigen Wochen von Sekretär Daniels vorgeschlagen, und zweifellos hat sich dieser angesehene Beamte mit aufrichtiger Überzeugung an den Senat und das Repräsentantenhaus gewandt. Aber die allgemeine Beweislage zeigt unmissverständlich, dass die besten Ergebnisse immer im gesunden kommerziellen Wettbewerb erzielt werden. Es gibt jedoch ausnahmsweise Gründe, warum der Mobilfunk die größtmögliche Entwicklungsfreiheit erhalten sollte. Erstens bietet er unermesslich größere und für die Verbesserung des menschlichen Lebens lebenswichtigere Aussichten als jede andere Erfindung oder Entdeckung in der Geschichte der Menschheit. Dann wiederum muss man verstehen, dass diese wunderbare Kunst in ihrer Gesamtheit hier entwickelt wurde und mit mehr Recht und Anstand als das Telefon, die Glühlampe oder das Flugzeug als "amerikanisch" bezeichnet werden kann.

Unternehmerische Presseagenten und Lagerarbeiter waren bei der Verbreitung von Fehlinformationen so erfolgreich, dass selbst eine so hervorragende Zeitschrift wie der Scientific American einem fremden Land die höchste Anerkennung zollt. Die Deutschen haben uns natürlich die Hertz-Wellen gegeben, und die russischen, englischen, französischen und italienischen Experten haben sie schnell zu Signalzwecken eingesetzt. Es war eine offensichtliche Anwendung des neuen Mittels und wurde mit der alten klassischen und nicht verbesserten Induktionsspule erreicht, kaum mehr als eine andere Art der Heliographie. Der Übertragungsradius war sehr begrenzt, das erzielte Ergebnis von geringem Wert, und die Hertzschen Schwingungen hätten als Mittel zur Übertragung von Intelligenz vorteilhaft durch Schallwellen ersetzt werden können, was ich 1891 befürwortete. Darüber hinaus wurden all diese Versuche drei Jahre, nachdem die Grundprinzipien des drahtlosen Systems, das heute allgemein verwendet wird, und seine leistungsfähigen Instrumente in Amerika klar beschrieben und entwickelt worden waren, unternommen.

Von diesen Hertzschen Geräten und Methoden ist heute keine Spur mehr vorhanden. Wir sind in die genau entgegengesetzte Richtung gegangen, und was getan wurde, ist das Ergebnis des Verstandes und der Bemühungen der Bürger dieses Landes. Die grundlegenden Patente sind ausgelaufen, und die Möglichkeiten stehen allen offen. Das Hauptargument des Sekretärs beruht auf Einmischung. Seiner Aussage zufolge, über die im New York Herald vom 29. Juli berichtet wurde, können Signale von einem mächtigen Sender in jedem Dorf der Welt abgefangen werden. Angesichts dieser Tatsache, die sich in meinen Experimenten von 1900 gezeigt hat, wäre es wenig sinnvoll, in den Vereinigten Staaten Beschränkungen aufzuerlegen.

Um Licht in diesen Punkt zu bringen, darf ich erwähnen, dass mich erst kürzlich ein seltsam aussehender Herr angerufen hat mit dem Ziel, meine Dienste beim Bau von Weltsendern in einem fernen Land in Anspruch zu nehmen. "Wir haben kein Geld", sagte er, "aber Wagenladungen aus massivem Gold, und wir werden Ihnen einen großzügigen Betrag geben." Ich sagte ihm, dass ich erst einmal sehen wolle, was mit meinen Erfindungen in Amerika gemacht wird, und damit endete das Interview. Aber ich bin zufrieden, dass gesunde dunkle Kräfte am Werk sind, und mit der Zeit wird die Aufrechterhaltung einer kontinuierlichen Kommunikation erschwert werden. Die einzige Abhilfe ist ein System, das gegen Unterbrechungen immun ist. Es wurde perfektioniert, es existiert, und alles, was nötig ist, ist, es in Betrieb zu nehmen.

Der schreckliche Konflikt steht noch immer ganz oben in den Köpfen, und vielleicht wird dem vergrößernden Sender als Angriffs- und Verteidigungsmaschine, insbesondere im Zusammenhang mit der TELAUTAMATIK die größte Bedeutung beigemessen werden. Diese Erfindung ist eine logische Folge von Beobachtungen, die in meiner Kindheit begonnen haben und mein ganzes Leben lang fortgesetzt wurden. Als die ersten Ergebnisse veröffentlicht wurden, erklärte die Electrical Review redaktionell, dass sie zu einem der "mächtigsten Faktoren für den Fortschritt und die Zivilisation der Menschheit" werden würde. Die Zeit ist nicht fern, wann sich diese Vorhersage erfüllen wird. In den Jahren 1898 und 1900 wurde sie von mir der Regierung angeboten und hätte angenommen werden können, wäre ich einer von denen gewesen, die zu Alexanders Hirten gehen würden, wenn sie von Alexander einen Gefallen erwarten:

Damals dachte ich wirklich, dass er den Krieg abschaffen würde, weil er unbegrenzt zerstörerisch ist und das persönliche Element des Kampfes ausschließt. Aber obwohl ich den Glauben an seine Möglichkeiten nicht verloren habe, haben sich meine Ansichten seitdem geändert. Krieg kann nicht vermieden werden, solange die physische Ursache für sein Wiederaufflammen nicht beseitigt ist, und das ist letztlich die gewaltige Ausdehnung des Planeten, auf dem wir leben. Nur durch die Vernichtung der Entfernung in jeder Hinsicht, wie die Übermittlung von Informationen, der Transport von Passagieren und Vorräten und die Übertragung von Energie, werden eines Tages Bedingungen geschaffen werden, die die Dauerhaftigkeit der freundschaftlichen Beziehungen gewährleisten. Was wir uns jetzt am meisten wünschen, ist ein engerer Kontakt und ein besseres Verständnis zwischen Einzelpersonen und Gemeinschaften überall auf der Erde und die Beseitigung jener fanatischen Hingabe an die erhabenen Ideale des nationalen Egoismus und Stolzes, die immer dazu neigt, die Welt in urzeitliche Barbarei und Streitigkeiten zu stürzen. Keine Liga oder parlamentarische Handlung irgendwelcher Art wird jemals eine solche Katastrophe verhindern können. Dies sind nur neue Mittel, um die Schwachen der Gnade der Starken auszusetzen.

Ich habe mich bereits vor vierzehn Jahren in dieser Hinsicht geäußert, als eine Kombination einiger weniger führender Regierungen, eine Art heiliges Bündnis, von dem verstorbenen Andrew Carnegie befürwortet wurde, der als der Vater dieser Idee angesehen werden kann, da er ihr mehr Publizität und Schwung verliehen hat als jeder andere vor den Bemühungen des Präsidenten. Es lässt sich zwar nicht leugnen, dass solche Aspekte für einige weniger glückliche Völker von materiellem Vorteil sein könnten, aber das angestrebte Hauptziel lässt sich damit nicht erreichen. Frieden kann nur als natürliche Folge der allgemeinen Aufklärung und der Verschmelzung der Rassen entstehen, und von dieser glückseligen Erkenntnis sind wir noch weit entfernt, denn nur wenige werden in der Tat die Realität - dass Gott den Menschen nach seinem Bilde schuf - zugeben, in welchem Fall alle Menschen der Erde gleich sind. In der Tat gibt es nur eine einzige Rasse, die viele Farben hat. Christus ist nur eine Person, doch von allen gleich angenommen. Also warum halten sich manche Menschen für besser als andere?

"Wenn ich die Welt von heute im Lichte des gigantischen Kampfes betrachte, den wir erlebt haben, bin ich von der Überzeugung erfüllt, dass den Interessen der Menschheit am besten gedient wäre, wenn die Vereinigten Staaten ihren Traditionen und Gott, dem sie vorgeben zu glauben, treu blieben und sich aus "verwickelnden Bündnissen" heraushalten würden." So wie es ist, geographisch weit entfernt von den Schauplätzen drohender Konflikte, ohne Anreiz zur territorialen Ausdehnung, mit unerschöpflichen Ressourcen und einer immensen Bevölkerung, die durch und durch vom Geist der Befreiung durchdrungen ist, befindet sich das Land in einer einzigartigen und privilegierten Position. Es ist daher in der Lage, seine kolossale Stärke und moralische Kraft zum Wohle aller unabhängig, vernünftiger und wirksamer als andere als Mitglied einer Liga auszuüben.

Ich habe über die Umstände meines frühen Lebens nachgedacht und von einem Leiden berichtet, das mich zu unablässigen Übungen der Phantasie und Selbstbeobachtung zwang. Diese geistige Aktivität, zunächst unfreiwillig unter dem Druck von Krankheit und Leiden, wurde allmählich zur zweiten Natur und führte mich schließlich zu der Erkenntnis, dass ich nur ein Automat war, der keinen freien Willen im Denken und Handeln hatte und lediglich auf die Kräfte der Umwelt reagierte. Unser Körper ist von so komplexer Struktur, die Bewegungen, die wir ausführen, sind so zahlreich und verwickelt und die äußeren Eindrücke auf unsere Sinnesorgane so zart und schwer fassbar, dass es für den Durchschnittsmenschen schwer ist, diese Tatsache zu erfassen. Doch nichts ist für den geschulten Forscher überzeugender als die mechanistische Theorie des Lebens, die vor dreihundert Jahren von Descartes in gewissem Umfang verstanden und vertreten wurde. Zu seiner Zeit waren viele wichtige Funktionen unseres Organismus unbekannt, und insbesondere in Bezug auf die Natur des Lichts und den Aufbau und die Funktionsweise des Auges tappten die Philosophen im Dunkeln.

In den letzten Jahren war der Fortschritt der wissenschaftlichen Forschung auf diesen Gebieten so groß, dass kein Zweifel an dieser Sichtweise besteht, zu der viele Werke veröffentlicht wurden. Einer ihrer fähigsten und eloquentesten Vertreter ist vielleicht Felix le Dantec, ehemaliger Assistent von Pasteur. Prof. Jacques Loeb hat bemerkenswerte Heliotropismus-Experimente durchgeführt und die Kontrollkraft des Lichts in niederen Organismenformen eindeutig nachgewiesen, und sein neuestes Buch "Forced Movements" ist eine Offenbarung. Aber während die Männer der Wissenschaft diese Theorie einfach wie jede andere anerkannte Theorie akzeptieren, ist sie für mich eine Wahrheit, die ich stündlich durch jede meiner Handlungen und Gedanken beweise. Das Bewusstsein des äußeren Eindrucks, der mich zu jeder Art von Anstrengung - physischer oder mentaler Art - veranlasst, ist in meinem Geist stets präsent. Nur in sehr seltenen Fällen, wenn ich mich in einem Zustand außergewöhnlicher Konzentration befand, hatte ich Schwierigkeiten, den ursprünglichen Impuls zu lokalisieren. Die weitaus größere Zahl von Menschen ist sich nie bewusst, was um sie herum und in ihrem Innern vor sich geht, und Millionen fallen einer Krankheit zum Opfer und sterben gerade deshalb vorzeitig: Die häufigsten, alltäglichen Vorkommnisse erscheinen ihnen geheimnisvoll und unerklärlich. Man kann eine plötzliche Welle der Traurigkeit empfinden und sich das Gehirn nach einer Erklärung zermartern, wenn man vielleicht bemerkt hat, dass sie durch eine Wolke verursacht wurde, die die Sonnenstrahlen abschneidet. Vielleicht sieht er das Bild eines ihm lieben Freundes unter Bedingungen, die er als sehr merkwürdig empfindet, wenn er erst kurz vorher auf der Straße an ihm vorbeigegangen ist oder sein Foto irgendwo gesehen hat. Wenn er einen Schlüsselbundknopf verliert, zetert und flucht er eine Stunde lang, ohne sich seine früheren Handlungen vorstellen und das Objekt direkt lokalisieren zu können. Mangelhafte Beobachtung ist lediglich eine Form der Ignoranz und verantwortlich für die vielen morbiden Vorstellungen und törichten Ideen, die vorherrschen. Es gibt nicht mehr als jede zehnte Person, die nicht an Telepathie und andere psychische Manifestationen, Spiritismus und die Gemeinschaft mit den Toten glaubt und die sich weigern würde, willigen oder unwilligen Betrügern zuzuhören.

Nur um zu veranschaulichen, wie tief diese Tendenz selbst in der klar denkenden amerikanischen Bevölkerung verwurzelt ist, möchte ich einen komischen Vorfall erwähnen. Kurz vor dem Krieg, als die Ausstellung meiner Turbinen in dieser Stadt in den Fachzeitschriften weit verbreitete Kommentare auslöste, rechnete ich damit, dass es unter den Herstellern ein Gerangel um die Erfindung geben würde, und ich hatte besondere Entwürfe von diesem Mann aus Detroit, der eine unheimliche Fähigkeit zur Ansammlung von Millionen hat. Ich war so zuversichtlich, dass er eines Tages auftauchen würde, dass ich dies meiner Sekretärin und meinen Assistenten gegenüber als sicher erklärte. Tatsächlich stellte sich eines schönen Morgens eine Gruppe von Ingenieuren der Ford Motor Company mit der Bitte vor, mit mir ein wichtiges Projekt zu besprechen. "Habe ich es Ihnen nicht gesagt", sagte ich triumphierend zu meinen Mitarbeitern, und einer von ihnen sagte: "Sie sind erstaunlich, Mr. Tesla. Alles kommt genau so heraus, wie Sie es vorhergesagt haben."

Sobald diese starrköpfigen Männer Platz genommen hatten, begann ich natürlich sofort, die wunderbaren Eigenschaften meiner Turbine zu preisen, als der Sprecher mich unterbrach und sagte: "Wir wissen das alles, aber wir sind auf einer besonderen Mission. Wir haben eine psychologische Gesellschaft zur Untersuchung psychischer Phänomene gegründet, und wir möchten, dass Sie sich uns bei diesem Vorhaben anschließen". Ich nehme an, dass diese Ingenieure nie wussten, wie nahe sie dran waren, aus meinem Büro entlassen zu werden.

Seit mir einige der größten Männer der damaligen Zeit, führende Persönlichkeiten der Wissenschaft, deren Namen unsterblich sind, gesagt haben, dass ich einen ungewöhnlichen Verstand besäße, habe ich all meine Denkfähigkeiten ungeachtet aller Opfer auf die Lösung großer Probleme gerichtet. Viele Jahre lang bemühte ich mich, das Rätsel des Todes zu lösen, und beobachtete eifrig jede Art von geistigem Hinweis. Aber nur einmal im Laufe meines Daseins habe ich eine Erfahrung gemacht, die mich vorübergehend als übernatürlich beeindruckt hat. Es war zum Zeitpunkt des Todes meiner Mutter.

Ich war durch Schmerzen und lange Wachsamkeit völlig erschöpft, und eines Nachts wurde ich zu einem Gebäude getragen, das etwa zwei Blocks von unserem Haus entfernt lag. Als ich dort hilflos lag, dachte ich, wenn meine Mutter sterben würde, während ich nicht an ihrem Bett lag, würde sie mir sicher ein Zeichen geben. Zwei oder drei Monate zuvor war ich in London in Begleitung meines verstorbenen Freundes Sir William Crookes, als über Spiritualismus gesprochen wurde, und ich stand unter dem vollen Einfluss dieser Gedanken. Ich hätte vielleicht nicht auf andere Männer geachtet, aber ich war empfänglich für seine Argumente, denn es war sein epochales Werk über strahlende Materie, das ich als Student gelesen hatte, das mich dazu brachte, die Elektrokarriere zu umarmen. Ich überlegte mir, dass die Bedingungen für einen Blick ins Jenseits am günstigsten waren, denn meine Mutter war eine geniale Frau, die sich besonders durch ihre Intuitionsfähigkeit auszeichnete. Während der ganzen Nacht war jede Faser meines Gehirns in Erwartung gespannt, aber nichts geschah bis zum frühen Morgen, als ich in einen Schlaf fiel, oder vielleicht in Ohnmacht fiel und eine Wolke sah, die Engelsfiguren von wunderbarer Schönheit trug, von denen eine mich liebevoll anblickte und allmählich die Züge meiner Mutter annahm. Die Erscheinung schwebte langsam durch den Raum und verschwand, und ich wurde von einem unbeschreiblich süßen Gesang vieler Stimmen geweckt. In diesem Augenblick überkam mich die Gewissheit, die mit Worten nicht auszudrücken ist, dass meine Mutter gerade gestorben war. Und das war wahr. Ich war nicht in der Lage, das ungeheure Gewicht der schmerzlichen Erkenntnis, die ich im Voraus erhalten hatte, zu verstehen, und schrieb einen Brief an Sir William Crookes, während ich noch unter der Herrschaft dieser Eindrücke und in schlechter körperlicher Verfassung war. Als ich mich erholte, suchte ich lange Zeit nach der äußeren Ursache dieser seltsamen Manifestation, und zu meiner großen Erleichterung gelang es mir nach vielen Monaten fruchtloser Bemühungen.

Ich hatte das Gemälde eines gefeierten Künstlers gesehen, das allegorisch eine der Jahreszeiten in Form einer Wolke mit einer Gruppe von Engeln darstellte, die tatsächlich in der Luft zu schweben schien, und das hatte mich stark beeindruckt. Es war genau dasselbe, das in meinem Traum erschien, mit Ausnahme des Bildnisses meiner Mutter. Die Musik kam vom Chor in der nahegelegenen Kirche bei der Frühmesse am Ostermorgen und erklärte alles in Übereinstimmung mit wissenschaftlichen Fakten zufriedenstellend.

Dies geschah vor langer Zeit, und seitdem hatte ich nie mehr den geringsten Grund, meine Ansichten über psychische und geistige Phänomene zu ändern, für die es keine Grundlage gibt. Der Glaube daran ist die natürliche Folge der intellektuellen Entwicklung. Religiöse Dogmen werden nicht mehr in ihrer orthodoxen Bedeutung akzeptiert, sondern jeder Einzelne klammert sich an den Glauben an eine wie auch immer geartete höchste Macht.

Wir alle müssen ein Ideal haben, das unser Verhalten bestimmt und unsere Zufriedenheit sichert, aber es ist unerheblich, ob es sich um ein Glaubensbekenntnis, Kunst, Wissenschaft oder etwas anderes handelt, solange es die Funktion einer entmaterialisierenden Kraft erfüllt. Für die friedliche Existenz der Menschheit als Ganzes ist es von wesentlicher Bedeutung, dass eine gemeinsame "Konzeption" vorherrschen sollte. Obwohl es mir nicht gelungen ist, Beweise für die Behauptungen von Psychologen und Spiritualisten zu erhalten, habe ich zu meiner vollen Zufriedenheit den Automatismus des Lebens bewiesen, nicht nur durch ständige Beobachtungen einzelner Handlungen, sondern noch schlüssiger durch gewisse Verallgemeinerungen. Diese laufen auf eine Entdeckung hinaus, die ich als den größten Moment für die menschliche Gesellschaft betrachte und auf die ich kurz eingehen werde.

Ich bekam die erste Ahnung von dieser erstaunlichen Wahrheit, als ich noch ein sehr junger Mann war, aber viele Jahre lang interpretierte ich das, was ich feststellte, einfach als Zufall. "Lahm, immer wenn entweder ich selbst oder eine Person, an der ich hing, oder eine Sache, der ich mich verschrieben hatte, von anderen in einer bestimmten Weise verletzt wurde, die im Volksmund am besten als die ungerechteste vorstellbare bezeichnet werden könnte, erlebte ich einen einzigartigen und undefinierbaren Schmerz, den ich in Ermangelung eines besseren Begriffs als "kosmisch" bezeichnet habe, und kurz darauf und ausnahmslos kamen diejenigen, die ihn zugefügt hatten, zu Kummer." Nach vielen solcher Fälle habe ich dies einer Reihe von Freunden anvertraut, die die Gelegenheit hatten, sich von der Theorie zu überzeugen, die ich nach und nach formuliert habe und die in den folgenden wenigen Worten dargelegt werden kann: Unsere Körper sind ähnlich aufgebaut und den gleichen äußeren Kräften ausgesetzt. Daraus ergibt sich die Ähnlichkeit der Reaktion und Übereinstimmung der allgemeinen Aktivitäten, auf denen all unsere sozialen und sonstigen Regeln und Gesetze beruhen.

Wir sind Automaten, die vollständig von den Kräften des Mediums gesteuert werden, die wie Korken auf der Wasseroberfläche herumgeschleudert werden, aber die Ergebnisse der Impulse von außen für den freien Willen halten. Die Bewegungen und anderen

Handlungen, die wir ausführen, sind immer lebenserhaltend, und da wir scheinbar ganz unabhängig voneinander sind, sind wir durch unsichtbare Verbindungen miteinander verbunden. Solange der Organismus in perfekter Ordnung ist, reagiert er genau auf die Agenten, die ihn anregen, aber in dem Moment, in dem es in einem Individuum eine geistige Umnachtung gibt, ist seine Selbsterhaltungskraft beeinträchtigt.

Jeder versteht natürlich, dass, wenn jemand taub wird, seine Augen geschwächt oder seine Gliedmaßen verletzt werden, die Chancen für seine weitere Existenz vermindert sind. Aber das gilt auch und vielleicht noch mehr für bestimmte Defekte im Gehirn, die den Automaten mehr oder weniger dieser lebenswichtigen Eigenschaft berauben und ihn in die Zerstörung stürzen lassen. Ein sehr feinfühliges und aufmerksames Wesen, dessen hochentwickelter Mechanismus intakt ist und das im Gehorsam gegenüber den wechselnden Bedingungen der Umwelt präzise handelt, ist mit einem transzendierenden mechanischen Sinn ausgestattet, der es ihm ermöglicht, Gefahren auszuweichen, die zu subtil sind, um direkt wahrgenommen zu werden. Wenn er mit anderen in Kontakt kommt, deren Kontrollorgane radikal defekt sind, setzt sich dieser Sinn durch, und er fühlt den "kosmischen" Schmerz.

Dies hat sich in Hunderten von Fällen bestätigt, und ich lade andere Naturstudenten ein, sich diesem Thema zu widmen, in der Überzeugung, dass durch gemeinsame und systematische Anstrengungen Ergebnisse von unkalkulierbarem Wert für die Welt erzielt werden können. Die Idee, einen Automaten zu bauen, um meine Theorie zu untermauern, kam mir schon früh, aber ich begann erst 1895 mit der aktiven Arbeit, als ich mit meinen Untersuchungen zum Drahtlosbetrieb begann. In den folgenden zwei oder drei Jahren konstruierte ich eine Reihe von Automaten, die aus der Ferne betätigt werden sollten, und stellte sie den Besuchern in meinem Laboratorium aus.

Im Jahre 1896 konstruierte ich jedoch eine komplette Maschine, die eine Vielzahl von Operationen ausführen konnte, aber die Vollendung meiner Arbeiten verzögerte sich bis Ende 1897.

Diese Maschine wurde in meinem Artikel in der Zeitschrift Century Magazine vom Juni 1900 und anderen Zeitschriften dieser Zeit illustriert und beschrieben, und als sie Anfang 1898 zum ersten

Mal gezeigt wurde, erregte sie eine Sensation, wie sie keine andere Erfindung von mir je hervorgebracht hat. Im November 1898 wurde mir ein Grundpatent auf die neuartige Kunst erteilt, aber erst nachdem der Oberprüfer nach New York gereist war und der Aufführung beiwohnte, denn was ich behauptete, schien unglaublich. Ich erinnere mich, dass, als ich später einen Beamten in Washington aufsuchte, um die Erfindung der Regierung anzubieten, er in Gelächter ausbrach, als ich ihm erzählte, was ich erreicht hatte. Niemand glaubte damals, dass auch nur die geringste Aussicht bestand, ein solches Gerät zu perfektionieren. Es ist bedauerlich, dass ich in diesem Patent, dem Rat meiner Anwälte folgend, darauf hingewiesen habe, dass die Steuerung durch einen einzigen Stromkreis und eine bekannte Form von Detektor beeinträchtigt wird, weil ich noch keinen Schutz für meine Methoden und Apparate zur Individualisierung erhalten hatte. Tatsächlich wurden meine Boote durch die gemeinsame Aktion mehrerer Schaltkreise kontrolliert, und Interferenzen jeder Art waren ausgeschlossen.

Im Allgemeinen verwendete ich Empfangskreise in Form von Schleifen, einschließlich Kondensatoren, weil die Entladungen meines Hochspannungs-Senders die Luft im (Laboratorium) ionisierten, so dass selbst eine sehr kleine Antenne der umgebenden Atmosphäre stundenlang Elektrizität entziehen konnte.

Nur um eine Vorstellung zu vermitteln, fand ich zum Beispiel heraus, dass eine Glühbirne von 12 Zoll Durchmesser, die hochgradig abgesaugt ist und einen einzigen Anschluss hat, an dem ein kurzer Draht befestigt ist, gut und gerne tausend aufeinanderfolgende Blitze abgeben würde, bevor die gesamte Luft im Labor neutralisiert ist. Die Schleifenform des Empfängers war für eine solche Störung nicht empfindlich, und es ist merkwürdig, dass sie zu diesem späten Zeitpunkt populär wird. In Wirklichkeit sammelt sie viel weniger Energie als die Antennen oder ein langes geerdetes Kabel, aber zufällig beseitigt sie eine Reihe von Defekten, die den heutigen drahtlosen Geräten eigen sind.

Bei der Vorführung meiner Erfindung vor Publikum wurden die Besucher aufgefordert, Fragen zu stellen, egal, wie sehr sie auch involviert waren, und der Automat würde sie durch Zeichen beantworten. Das galt damals als Magie, war aber extrem einfach, denn ich selbst war es, der die Antworten mittels des Gerätes gab. Zur gleichen Zeit wurde ein weiteres größeres telautomatisches

Boot gebaut, von dem ein Foto in der Nummer des elektrischen Experimentators vom Oktober 1919 gezeigt wurde. Es wurde durch Schleifen gesteuert, mit mehreren Windungen im Rumpf, der völlig wasserdicht und tauchfähig gemacht wurde. Der Apparat war ähnlich dem im ersten Experiment verwendeten, mit Ausnahme einiger von mir eingeführter Besonderheiten, wie z.b. Glühlampen, die einen sichtbaren Beweis für das einwandfreie Funktionieren der Maschine lieferten. Diese Automaten, die im Sichtbereich des Bedieners gesteuert wurden, waren jedoch die ersten und eher groben Schritte in der Entwicklung der Telautomatikkunst, wie ich sie mir vorgestellt hatte.

Die nächste logische Verbesserung war ihre Anwendung auf automatische Mechanismen jenseits der Sichtgrenzen und in großer Entfernung vom Kontrollzentrum, und ich habe mich seither immer für ihren Einsatz als Instrumente der Kriegsführung anstelle von Gewehren ausgesprochen. Wie wichtig dies ist, scheint nun anerkannt zu sein, wenn ich nach beiläufigen Ankündigungen durch die Presse urteilen soll, von Errungenschaften, von denen gesagt wird, dass sie außergewöhnlich sind, aber keinerlei Neuheitswert besitzen. In einer unvollkommenen Weise ist es mit den vorhandenen drahtlosen Anlagen möglich, ein Flugzeug zu starten, es einen bestimmten ungefähren Kurs verfolgen zu lassen und eine vernünftige Operation in einer Entfernung von vielen hundert Meilen durchzuführen. Eine solche Maschine kann auch auf verschiedene Weise mechanisch gesteuert werden, und ich habe keinen Zweifel daran, dass sie sich im Krieg als nützlich erweisen kann. Aber nach meinem besten Wissen gibt es heute keine Instrumente, mit denen ein solches Objekt auf präzise Weise erreicht werden könnte. Ich habe mich jahrelang mit dieser Angelegenheit befasst und Mittel entwickelt, die solche und größere Wunder leicht realisierbar machen.

Wie bereits bei einer früheren Gelegenheit erwähnt, habe ich als Student an der Universität eine Flugmaschine konzipiert, die sich von den heutigen unterscheidet. Das zugrundeliegende Prinzip war gut, konnte aber in Ermangelung einer Blütezeit mit ausreichend großer Aktivität nicht in die Praxis umgesetzt werden. In den letzten Jahren habe ich dieses Problem erfolgreich gelöst und plane nun Flugapparate ohne Stützflugzeuge, Querruder, Propeller und andere externe Anbauten, die immense Geschwindigkeiten erreichen können und sehr wahrscheinlich in naher Zukunft starke Argumente für den Frieden liefern werden. Eine solche Maschine, die ausschließlich durch Reaktion getragen und angetrieben wird, wird auf einer der Seiten meiner Vorträge gezeigt und soll entweder mechanisch oder durch drahtlose Energie gesteuert werden. Durch die Installation geeigneter Anlagen wird es möglich sein, eine solche Rakete in die Luft zu schleudern und sie fast genau an der vorgesehenen Stelle abzuwerfen, die Tausende von Kilometern entfernt sein kann.

Doch damit werden wir nicht aufhören. Am Ende werden Tesla-Automaten produziert werden, die in der Lage sind, so zu handeln, als besäßen sie ihre eigene Intelligenz, und ihr Aufkommen wird eine Revolution auslösen. Bereits 1898 schlug ich Vertretern eines großen Fertigungsunternehmens den Bau und die öffentliche Ausstellung eines Automobilwagens vor, der, wenn er sich selbst überlassen bliebe, eine Vielzahl von Operationen durchführen würde, die so etwas wie ein Urteilsvermögen erfordern würden. Aber mein Vorschlag wurde damals als chimärisch angesehen, und es kam nichts dabei heraus.

Gegenwärtig versuchen viele der klügsten Köpfe, Mittel und Wege zu finden, um eine Wiederholung des schrecklichen Konflikts zu verhindern, der nur theoretisch beendet ist und dessen Dauer und Hauptprobleme ich in einem Artikel in der SUN vom 20. Dezember 1914 richtig vorausgesagt habe. Die vorgeschlagene Liga ist kein Heilmittel, sondern kann im Gegenteil, nach Meinung einiger kompetenter Männer, genau das Gegenteil bewirken.

Es ist besonders bedauerlich, dass bei der Festlegung der Friedensbedingungen eine Strafpolitik verfolgt wurde, denn in einigen Jahren wird es den Nationen möglich sein, ohne Armeen, Schiffe oder Geschütze zu kämpfen, mit Waffen, die weitaus schrecklicher sind und deren zerstörerische Wirkung und Reichweite praktisch unbegrenzt ist. Jede Stadt, egal in welcher Entfernung vom Feind, kann von ihm zerstört werden, und keine Macht der Erde kann ihn daran hindern. Wenn wir eine drohende Katastrophe und einen Zustand der Dinge abwenden wollen, der diesen Globus in ein Inferno verwandeln könnte, sollten wir die Entwicklung von Flugapparaten und die drahtlose Übertragung von Energie ohne Zeitverzögerung und mit aller Macht und allen Ressourcen der Nation vorantreiben. Ende Teil I

Teil II

Kapitel I

DAS VENUSIANISCHE RAUMSCHIFF DIE X-12

Mit diesem Bericht über die Landungen eines großen Raumschiffs auf meinem Grundstück am Lac Beauport, über meine seltsame Erfahrung bei der Begegnung mit Menschen, die behaupteten, von der Venus zu stammen, und über das, was ich über das Leben auf ihrem Planeten erfuhr, möchte ich betonen, dass ich mich in dieser Geschichte für wenig wichtig halte. Wenn mein Name überhaupt bekannt ist, so ist dies meiner langen Freundschaft mit Nikola Tesla und der intimen Kenntnis seines großen Werkes für die Menschheit zu verdanken. Vielleicht darf ich entschuldigen, wenn ich sage, dass es mir eine gewisse amüsierte Genugtuung verschafft, zu erkennen, dass ich jetzt wahrscheinlich der letzte lebende Mensch bin, der Tesla kannte und liebte, aber in aller Bescheidenheit ist mir bewusst, dass ich nur deshalb, weil Tesla mir einige seiner Ideen hinterlassen hat, diese Menschen von der Venus treffen konnte, die Tesla als einen der ihren beanspruchten.

Aufgrund der Tatsache, dass meine Geschichte mehrere Besuche des Venus-Raumschiffs umfasst, fasse ich aus Platzgründen die Details in einem Bericht zusammen und lasse daher Termine aus. Es genügt zu sagen, dass der erste Besuch im Frühjahr 1941 stattfand, mit weiteren Landungen etwa alle zwei Jahre bis 1961, wozu bis heute auch die letzte Landung gehörte. Diese Landungen fanden auf meinem 100 Morgen großen Grundstück in der Mulde einer großen Wiese statt, die durch den abfallenden Berghang im hinteren Teil und den Anstieg des Bodens im vorderen Teil gebildet wurde.

Es war an einem Frühlingsmorgen des Jahres 1941, als ich mit meinem Sohn Humphrey in der Nähe meiner Werkstatt stand. Wir diskutierten gerade eine Angelegenheit im Zusammenhang mit elektrischen Wellen, als Humphrey plötzlich aufblickte und ausrief: "Mit der Sonne stimmt etwas nicht!" Ich schaute nach Osten und keuchte vor Erstaunen. Genau in der Mitte der goldenen Scheibe befand sich ein runder schwarzer Fleck, etwa ein Viertel des scheinbaren Durchmessers der Sonne. Er war zu groß, um ein Sonnenfleck zu sein, und außerdem bewegte er sich. Während wir zuschauten, kroch er langsam zum oberen Rand der Sonne und hatte die Sonnenscheibe nach etwa 10 Minuten verlassen, als er einfach aus dem Blickfeld verschwand. An diesem Tag sahen wir nichts mehr von ihm.

Ich ging in dieser Nacht früh zu Bett, konnte aber nicht schlafen. Ein beklemmendes Gefühl, dass etwas Seltsames auf mich zukommt, überkam mich wie ein Schatten. Schließlich erhob ich mich und zog mich an. Ich ging nach draußen und schaute in den Himmel, aber alles, was ich sehen konnte, waren die Sterne, die in vollem Glanz funkelten. Ich kehrte zum Haus zurück und ließ mich nieder, um zu lesen - aber nicht lange, denn plötzlich ertönte das Alarmsignal auf dem Tesla-Scope schrill. Ich rannte nach draußen und sah zunächst nichts außer den funkelnden Sternen. Dann bemerkte ich etwas Seltsames in Richtung des Berges. Es schien dunkler zu sein als sonst. Das war es in der Tat, denn ein riesiges Objekt schien den größten Teil des Berges abzudecken. Ich begann, auf ihn zuzugehen, und als ich mich unserer Scheune näherte, wurde ich plötzlich mit zwei Personen konfrontiert.

Beide Männer waren fast zwei Meter groß, und im hellen Sternenlicht konnte ich ihre leuchtend blauen Augen und ihr goldenes Haar erkennen, aber was mir am meisten auffiel, war, dass diese Wesen eine Aura vollkommener Gesundheit und Glück ausstrahlten. Sofort spürte ich ein Gefühl des guten Willens, das von ihnen ausging und mir jede Angst nahm, die ich bei diesem plötzlichen Treffen gehabt hätte. Sie trugen graue Overalls, und irgendwie wusste ich damals schon, dass sie Weltraumwesen waren. Ich bemerkte mit Interesse, dass beide barhäuptig waren, ohne Helm oder andere Hilfsmittel, und doch schienen sie keine Schwierigkeiten zu haben, Erdluft zu atmen. Seitdem bin ich gefragt worden, ob es physische Unterschiede zu den Erdenmenschen in Bezug auf diese Weltraumwesen gäbe, und ich kann nur sagen, dass ich keine gesehen habe - und warum sollte es welche geben? Sind wir nicht alle gleich gebaut, in der Gestalt Gottes?

Dann sprach mich einer von ihnen in sehr gutem Englisch an und sagte: "Guten Morgen, Arthur Matthews. Dürfen wir mit Ihnen in Ihre Werkstatt gehen?" Wenn dies eine Überraschung war, dann folgte eine größere, als er weiter sagte: "Wir kommen von der Venus und wir sind gekommen, um zu sehen, was Sie mit Teslas Erfindungen machen."

Völlig zurückgenommen, konnte ich nur herausplatzen: "Wie soll ich glauben, dass ihr von der Venus seid?" Derjenige, der der Anführer zu sein schien, antwortete ruhig: "Wenn Sie unser Schiff sehen, werden Sie glauben. Aber bevor wir gehen, werde ich eine Skizze von Teslas Anti-Kriegs-Maschine anfertigen. Niemand auf der Erde außer Ihnen kennt das Geheimnis der Anti-Kriegsmaschine. Wird Sie das überzeugen?"

Ich nickte und führte sie zu meiner Werkstatt. Mit ein paar geschickten Strichen zeichnete er für mich eine Skizze, die nur ich als Wahrheit akzeptieren konnte. Es folgte eine kurze Besichtigung und Erklärung meiner Arbeit an den Tesla-Geräten. Es wurden keine Bemerkungen gemacht, und ich durfte annehmen, dass sie mit meinen Bemühungen zufrieden waren.

Dann sagten die beiden Venusianer, sie würden mich zu ihrem Raumschiff bringen. Wir gingen in Richtung des Berges, und bald starrte ich mit großen Augen auf die gigantischen Ausmaße des Mutterschiffes X-12 und traute meinen Sinnen kaum, während meine beiden Begleiter über meine Verwirrung kicherten. Das gelandete Schiff, das aus grauem Metall (?) zu bestehen schien, sah aus wie zwei gigantische Untertassen, die Rand an Rand zusammengesetzt waren. Um diese Ränder herum, etwa 20 Fuß vom Hauptkörper des Schiffes entfernt, befand sich ein ungestütztes Materialband (später als "Führungsring" bezeichnet), das nicht mit sichtbaren Mitteln am Schiff befestigt war und scheinbar durch normale Magnetkraft festgehalten wurde. Das Zentrum des Schiffes wurde von einem röhrenförmigen Schaft mit einem Durchmesser von 50 ft. und einer Höhe von 300 ft. durchdrungen, dessen oberes und unteres Ende aus den beringten Untertassen mit einem Durchmesser von 700 ft. herausragten. Das untere Ende dieser großen Röhre ruhte auf dem Boden und ich konnte eine geöffnete Tür sehen, in der zwei der Besatzung standen, die uns mit einem Handsalut begrüßten.

Meine Begleiter luden mich zu einer Besichtigungstour des großen Schiffes ein, und wir traten in einen Aufzug, der, wie man mir sagte, keine Kabel hatte und mit Willenskraft betrieben wurde: Wir machten Halt auf der Ebene, die der Lagerung einiger der 24 kleinen Raumschiffe, die dieses Mutterschiff transportierte, sowie von Bodenfahrzeugen und anderer Ausrüstung gewidmet war. Die zweite Ebene umfasste die Wohnräume der Besatzung, Gärten, einen Erholungsbereich, Studienräume und einen Sitzungssaal. Die Wohnquartiere waren Abteile für Einzelpersonen oder "verheiratete" Paare (denn die Besatzung bestand aus beiden Geschlechtern), und diese Einheiten bestanden aus einem kleinen Flur, einem großen Wohnzimmer, einem Schlafzimmer, einem Badezimmer mit Toilette und einem Abstellraum. Alle Räume waren mit einer Art geschmeidigem Teppichboden aus Plastik ausgelegt, und an den Wänden hingen wunderschöne Gemälde. Ich stellte fest, dass die Außenwand des Wohnzimmers tatsächlich "durchsichtig" war und einen vollständigen Blick auf den Raum nach draußen ermöglichte. Die Außentür jedes Abteils führte hinaus in einen kleinen Garten mit Blumenbeeten. An diesem Punkt kommentierte ich das Fehlen einer Küche in diesen Einheiten und wurde darüber informiert, dass Venusianer ihr Essen niemals verderben, indem sie es kochen. Sie bauten ihre eigenen Produkte an Bord an und aßen sie frisch.

Dann kamen wir zu einem Erholungsbereich, der mit einer Art simuliertem Rasen bedeckt war, auf dem einige der Besatzung ein Spiel wie Basketball spielten. Das gab mir die Gelegenheit, diese Venusmenschen näher zu studieren, und ich stellte fest, dass sie zwischen 1,80 m und 2,00 m groß waren. Sie waren blauäugig, ihre Haut hatte eine bronzene Bräune und ihr Haar reichte von goldblond bis rotbraun. Sie erschienen alle in strahlender Gesundheit, und ihre Augen funkelten vor natürlicher Lebensfreude. Als ich die dritte Ebene hinaufstieg, stellte ich fest, dass dies die Gartenbauabteilung war, in der alle ihre Nahrungsmittel angebaut wurden, und dass es dort attraktive Gärten gab, in denen sich die Besatzung entspannte und ihr Essen verzehrte. Die vierte Ebene war unterteilt in die Lagerung von weiteren kleinen Späherschiffen, schwerem Material, Wasserversorgung usw. und eine Reihe von Werkstätten. Ich hatte festgestellt, dass im gesamten Schiff alle Stockwerke vollständig mit irgendeiner Form von Plastikmaterial bedeckt waren und dass alle hübscheren Wände vom gleichen "durchsichtigen" Typ waren. An jeder Wand befand sich ein kreisförmiger Bildschirm, ähnlich wie beim Fernsehen, der eine vollständige Sicht auf den Weltraum und die genaue Position des X-12 im Verhältnis zu anderen Planeten und seine Richtungsbahn im Raum zeigte, wobei dieses wechselnde Bild vom Kontrollturm auf alle Teile des Schiffes projiziert wurde. Ich wurde auch darüber informiert, dass in diese Wände "Akkumulatoren" zur Speicherung von Sonnenenergie eingebaut waren, die konstantes Licht und Energie für den Betrieb von Heizungs- und Klimaanlagen lieferten.

Wir stiegen dann zum freiliegenden oberen Ende des röhrenförmigen Schafts auf, der, wie mir gesagt wurde, der Kontrollraum war. Mein irdischer Verstand hatte Visionen von allen möglichen komplexen Vorrichtungen zur Bedienung dieses riesigen Raumschiffs heraufbeschworen, aber zu meiner großen Überraschung gab es überhaupt keine sichtbaren Bedienelemente oder Geräte: In der Mitte des Raumes befand sich eine erhöhte kreisförmige Plattform, auf die eine kreisförmige Liege gebaut worden war und auf der die Venusianer mit dem Rücken dazu saßen und nach Norden und Süden nach außen blickten, Ost und West, es waren vier Personen - zwei Frauen und zwei Männer. Mir wurde mitgeteilt, dass diese vier Operateure, die speziell wegen ihrer großen geistigen Kräfte ausgewählt wurden, dieses riesige Schiff kontrollierten und lenkten: Es schien alles völlig unglaublich, bis in meinem zweifelnden Verstand der biblische Vers aufblitzte: "Der Glaube kann Berge versetzen."

Mein Führungsbegleiter brachte mich dann auf eine niedrigere Ebene und stellte mich einer liebenswerten Frau vor, die er als seine "Lebensgefährtin" bezeichnete. Sie war in der Tat ein wunderschönes Geschöpf, mit saphirblauen Augen, goldblonden Haaren, und ihr Gesicht strahlte von einer inneren Spiritualität, die man mit Freude betrachten konnte. Er stand neben ihr und sagte einfach: "Sie dürfen uns Frank und Frances nennen, denn wir stehen für die Wahrheit."

Ich bemerkte, dass das Mädchen vor einer großen, leeren Leinwand saß, und ein weiteres Wunder erwartete mich, als sie ihre

Fähigkeit demonstrierte, Gedankenformen von was auch immer sie dachte, auf diese Leinwand zu projizieren, die als lebende Kinofilme auf der Leinwand erschienen. Zu meiner Überraschung zeigte sie mir ein Bild von mir, wie ich aus dem Try-Haus kam, gefolgt von der Szene in meiner Werkstatt, als ich mit den beiden Raumbesuchern sprach. Es folgten Bilder von der Venus, ihren Menschen, Häusern und Städten, und ich stand einfach nur überwältigt von ihrer natürlichen Schönheit da. Und dann ereignete sich ein seltsames Phänomen, von dem ich weiß, dass es für mich genauso unglaublich klingen wird wie damals, obwohl es vieles gibt, was wir über die Macht des Geistes über die Materie ?wissen. Ich war mir zwar völlig bewusst, dass ich, Arthur Matthews, in physischer Form in einem gelandeten Raumschiff am Lac Beauport stand, doch gleichzeitig wurde ich plötzlich ein lebendiger Teil der projizierten Szenen und mischte mich unter die Menschen auf der Venus, die Millionen von Meilen entfernt ist. Das war in der Tat ein großes Mysterium, denn ich konnte sie nicht nur sehen, sondern auch fühlen, so als wäre ich körperlich und geistig wirklich da.

Es schien, als stünde ich am Rande einer ausgedehnten, schalenförmigen Vertiefung. Auf jeder Seite ragten hohe Säulen aus Basalt empor, glatt und perfekt, wie von Menschenhand poliert. Auf der anderen Seite dieses riesigen Naturtheaters stürzte ein mächtiger Wasserstrom in einem Sprung von 1000 Fuß von der Stirn der Ebenholzklippen herab, schlug direkt auf den Rand des großen Bechers auf und verwandelte ihn in eine brodelnde Schaummasse. Dann sah ich, dass es sich nur um die felsigen Ränder des Beckens handelte, in dem das Wasser zu Schaum geschlagen wurde. Das gesamte Zentrum wurde von einer Wassermasse eingenommen, die vollkommen glatt und seltsam wie eine Glaskuppel aufgetürmt war. Es war kein Wasser, wie wir es kennen, denn über die glänzende Oberfläche der großen Kuppel huschten Ströme von lebendigem Licht in allen erdenklichen Farben, die sich manchmal zu Massen von Rosa, Grün oder Violett vermischten und sich dann zu einem glitzernden Durcheinander von Regenbogentönen vermengten. Diese ganze Szene von überwältigender Erhabenheit wurde durch ein breites Band aus smaragdgrünem Rasen umrandet, das den zentralen Kelch umrahmte und hier und da mit anmutigen Palmen gesprenkelt war, deren Wedel mit diamantenen Sprühtropfen glitzerten.

Dann blickte ich nach oben und keuchte überrascht, denn dort, in der Luft über dem Rand des Wasserfalls, stand eine große Kristallkugel wie eine riesige Seifenblase, durchsichtig, aber schimmernd in Regenbogenfarben. Um ihr Zentrum herum befand sich ein breites Band aus Goldmetall. Dieser Gürtel bildete den Äquator, und an beiden Polen befand sich ein vorspringender Block aus demselben Metall, an dem an Kabeln umgekehrte Becher hingen, die in einiger Entfernung unter der Kugel hingen. Als es näherkam, sah ich, dass das äquatoriale Band in Intervallen mit runden Fenstern aus glasartigem Material übersät war. Aus der Mitte jedes Fensters ragte eine lange Nadel hervor, von der ich annahm, dass sie dazu diente, den Kurs des Luftschiffs zu lenken, eine Theorie, die sich später als richtig erwies. Langsam sank der große Ball, bis die Schalen das Gras berührten und die Kabel in die Metallbuckel gezogen wurden. Hier hing die glänzende Kugel etwa einen Fuß über dem Boden und schwankte sanft. Einen Augenblick später öffnete sich ein rundes Fenster und mehrere Figuren traten heraus.

Dann änderte sich die Szene, und ich erblickte ein hügeliges, parkähnliches Land mit Gruppen von Palmen und anderen Bäumen. In der Ferne konnte ich die Wand aus schwarzen Klippen erkennen, und dahinter erhob sich eine Reihe von schneebedeckten Gipfeln, von denen sich ein breiter Fluss seinen Weg schlängelte. In der zentralen Hochebene mit einem Durchmesser von etwa 50 Meilen verbreiterte sich der Fluss zu einem leuchtenden See und setzte seinen Weg fort, bis er über die Klippen in die Grube des leuchtenden Beckens stürzte. Als ich meinen Blick wieder auf die unmittelbare Szene um mich herum richtete, wurde mir klar, dass ich mich im Zentrum einer schönen venusischen Stadt befand. Unzählige Gebäude waren weit verstreut zwischen Baumhainen. Diese Strukturen waren zwar von unterschiedlicher Größe, hatten aber das gleiche allgemeine Design, bestehend aus einem ellipsoiden Dach aus prismatischem Kristall, das auf einer kreisförmigen Kolonnade aus Marmorsäulen ruhte. Über ihnen schwebten Hunderte ballonähnlicher Luftschiffe durch die Luft. Viele der Häuser wurden auf die Basaltsäulen gebaut, die den Fluss begrenzen, und ich konnte Gruppen von Menschen sehen, die am Rande der Klippen standen. Dann beobachtete ich, auf einer Anhöhe stehend, ein sehr großes Gebäude desselben kreisförmigen Designs, von dem mir gesagt wurde, es sei der gemeinschaftliche Treffpunkt dieser Venusbewohner.

Dann fand ich mich mit der Besatzung der X-12 wieder, wie ich durch eine breite Allee von stattlichen Palmen auf die weißen Säulen der großen Aula zuging. Bald stiegen wir eine von mächtigen Säulen flankierte Adelstreppe hinauf, bis wir in der Mitte eines prächtigen Amphitheaters standen, das von Marmorsitzreihen umgeben war, in denen sich eine große Gruppe von Menschen zurücklehnte. Als wir eintraten, standen sie alle auf, die Hände erhoben sich zum venusianischen Gruß, und ich hörte einen einstimmigen Ruf "Brüder! Guten Willen für euch!" Da wurde mir klar, dass diese Venusianer keine Kleider trugen, sondern so standen, wie die Natur sie geschaffen hatte, aber so edel gebaut waren sie, dass ich keine Verlegenheit empfand, sondern nur Bewunderung für ihre körperliche Schönheit.

Ich wurde von Frank zu einem Sitzplatz an einer Seite des riesigen Auditoriums geführt, und dann sprach er mich an: "Freund aus dem Weltraum, Erdenmann Arthur Matthews, wir heißen dich willkommen. Die Menschen auf der Venus bitten mich, für sie zu sprechen, weil ich Ihre Sprache frei sprechen kann. Wir haben Sie hierhergebracht, nicht aus Neugierde, sondern weil wir glauben, dass es in unserer Macht liegt, Ihrer Welt in ihrem gegenwärtigen unruhigen Zustand Hilfe anzubieten. Wir haben Ihnen ein unschätzbares Geschenk anzubieten, das uns als Wahrheit bekannt ist, aber zunächst möchten wir Sie bitten, uns mehr über die Welt zu erzählen, in der Sie leben. Erzählen Sie uns etwas über ihre Geschichte, die sozialen Bedingungen, die Wissenschaft und das, was Sie Religion nennen, und wir werden dann beurteilen, ob wir Recht haben, Ihnen das Geheimnis der Wahrheit zu enthüllen. Sprechen Sie in Ihrer eigenen Sprache, denn alle werden Ihre Gedanken verstehen. Fürchten Sie sich nur, das zu sagen, was nicht wahr ist, denn wir werden sofort das Wahre vom Falschen unterscheiden."

Etwas verwirrt erhob ich mich, und nach einer Pause sprach ich: "Volk der Venus, ich danke euch für euren freundlichen Empfang und euer Angebot. Ich weiß nicht, was dieses Geschenk der Wahrheit sein mag, aber wenn all die strahlende Gesundheit, das Glück und die Schönheit, die ich unter euch sehe, dieser Wahrheit zu verdanken ist, dann wünsche ich mir sehr, ihr Geheimnis zu kennen und es mit den Menschen der Erde zu teilen. Aber bevor ich Ihnen etwas über die Zustände auf meinem Planeten erzähle, darf ich Ihnen zuerst eine Frage stellen?"

Es gab zustimmendes Kopfnicken, und ich fuhr fort: "Warum haben Sie mich ausgewählt, für die Erde zu sprechen, anstatt zu den Führern meiner Welt zu gehen? Ich bin eine bescheidene Person, deren Name unbekannt ist und der ich keine Macht habe, die nur wenige, wenn überhaupt, auf der Erde zu überzeugen vermag."

"Wir verstehen Ihre Frage", antwortete Frank: "Wir verstehen Ihre Frage. Wir haben Sie ausgewählt, weil wir glauben, dass Sie uns als Freund von Tesla die Wahrheit sagen werden. Wir von der Venus glauben alle - dein Gott hat einen von niederer Geburt erwählt, um die Wahrheit deiner christlichen Philosophie zu verbreiten. In Ihrer Bibel werden Sie lesen: "Am Anfang war das Wort" oder die Wahrheit, wie wir sie nennen, und von Gottes Wunsch, dass seine Kinder sollten an das Wort glauben. Wenn wir uns entscheiden, diese Wahrheit an Sie weiterzugeben, dann wird Gott sicher dafür sorgen, dass Ihnen Kanäle geöffnet werden, um Sein Wort weiterzugeben." In tiefer Demut antwortete ich: "Im Namen Jesu Christi danke ich Ihnen." Und dann erzählte ich den Venusbewohnern nach bestem Wissen und Gewissen, was ich über die Geschichte der Erde wusste. Ich beschrieb die Entwicklung des Krieges von den Tagen der Armbrust und des Schwertes bis zu seinem gegenwärtigen Stadium zerstörerischer Raffinesse. Ich setzte mich mit dem auseinander, was ich über die alte Geschichte wusste, und brachte es kurz in die heutige Zeit. Ich sprach über die heutigen sozialen Bedingungen, unsere technologischen Errungenschaften, ein wenig über Medizin, Psychologie, Philosophie und vergleichende Religionswissenschaft, und dann wandte ich mich der Wissenschaft zu. Bis zu diesem Zeitpunkt hatten diese gottgleichen Venusbewohner meinem armseligen Vortrag mit großer Aufmerksamkeit zugehört, aber als ich versuchte, das physikalische Konzept der Erde zu erklären, gab es eine große Aufregung, als die Mitglieder der Versammlung aufsprangen und ich wiederholte Schreie nach der Wahrheit hörte: Ich konnte daraus nur schließen, dass das heutige Wissen unserer Wissenschaftler über die Physik viel zu wünschen übrig ließ! Ein paar Worte von Frank, der erklärte, dass ich die Wahrheit nur so erzähle, wie ich sie kenne, brachten die Gruppe zum Schweigen, und er entschuldigte sich bei mir für die Unterbrechung. Am Ende meines Vortrags wurde ich von Frank und seiner schönen Begleiterin, Frances, eingeladen, einige Zeit mit ihnen zu verbringen, und zu meiner großen Freude nahmen sie mich zu einem Flug in ihrem kleinen Luftschiff mit, wo ich mich zurücklehnte und die sich unter uns entfaltende herrliche Landschaft bewunderte. Und dann, so geheimnisvoll ich durch den Gedankenprojektionsprozess zur Venus "teleportiert" worden war, fand ich mich plötzlich wieder im gelandeten Raumschiff am Lac Beauport wieder, vor einer leeren Leinwand.

In den Jahren der fortgesetzten Landungen der X-12 am Lac Beauport konnte ich durch die seltsame Fähigkeit von Frances, mich in ihre lebenden Bilder zu projizieren, meine Kontakte mit den Venusbewohnern fortsetzen, die ich wegen ihrer sanften, höflichen Art, ihres strahlenden Glücks und ihrer Schönheit von Geist und Körper zu lieben lernte. Immer fungierten Frank und Frances als mein Gastgeber und meine Gastgeberin, und ich verbrachte viele glückliche Stunden mit diesem gütigen Paar, manchmal wanderte ich auf angenehmen Spaziergängen durch Zimt- und Muskatnussbaumhaine, atmete die weiche, duftende Luft ein, manchmal unternahm ich fabelhafte Erkundungsflüge in ihrem Luftschiff, und zu anderen Zeiten entspannten wir uns in ihrer schönen Kristallbehausung, diskutierten viele Dinge, tauschten Informationen über unsere jeweiligen Planeten aus, und die ganze Zeit lernte ich mehr über die harmonische Lebensweise dieser glücklichen Venusbewohner. Frank sprach frei über alle Aspekte des Lebens seines Volkes, mit einer Ausnahme: die Natur und die Bedeutung der Wahrheit - woraus ich entnahm, dass die Zeit für diese Offenbarung noch nicht reif war.

Ich war erstaunt über die Perfektion des venusianischen Modus einer Planetenregierung, die von einem kleinen Rat weiser Führer geleitet wird, und auch über die extreme Einfachheit der sozialen Beziehungen ihres Volkes, das wie eine große Familie aussah, die durch Liebe und Verständnis miteinander verbunden ist. Einmal fragte ich Frank, ob Frances seine Frau sei. 'Nein, nicht in dem Sinne, wie Ihre Welt dieses Wort interpretiert", antwortete er mir. "Wir haben uns gemeinsam entschieden, Lebensgefährten zu werden."

"Dann sind Sie doch sicher durch eine Zeremonie, wie wir sie Ehe nennen, vereint worden?"

"Nein, mit diesem gegenseitigen Wunsch in unseren Herzen brauchen wir keine bedeutungslosen Worte."

"Es gibt also nichts, was Sie daran hindert, sich auf irgendeine Weise zu trennen?"

"Überhaupt nichts."

"Dann muss das, was wir Scheidung nennen, auf der Venus üblich sein", wagte ich zu behaupten.

Das Venus-Paar lachte sich ins Fäustchen. "So gewöhnlich wie die Rose sich freiwillig vom Strauch abschneidet", bemerkte Frances mit einem sanften Lachen.

"Lassen Sie mich erklären", sagte Frank. "Wenn sich venusianische Paare aufgrund ihres Wissens um die Wahrheit vereinen, ist es unmöglich, dass sie einen Fehler machen, denn sie erkennen einander als Seelenverwandte an, und die Vereinigung ist für immer. Es ist traurig, dass es eurer Welt an diesem Wissen mangelt, denn es scheint, dass solche juristischen Zeremonien notwendig sind, weil euer Volk unsicher füreinander ist."

Während einer unserer Luftausflüge über die bewaldete Landschaft bemerkte ich, dass es keine Begräbnisstätten gibt und dass das Wort "Tod" in unseren Gesprächen nie erwähnt wurde. Frank konterte mit: "Wie alt sind Sie, Arthur?"

"48 Jahre."

"Was ist die normale Lebenserwartung auf der Erde?"

"70 bis 100 Jahre."

"Dann werden Sie wahrscheinlich überrascht sein zu erfahren, dass ich über 800 Sommer gesehen habe und Frances über 650."

"Sie machen wohl Witze", rief ich aus. "Krankheit und Alter zehren an der Vitalität des Körpers, und innerhalb von 100 Jahren stirbt er."

Frank schüttelte den Kopf: "Weil wir das Wissen der Wahrheit anwenden, wissen wir nichts von Krankheit oder Alter, wahr, wir verlassen schließlich unseren Körper, nicht weil er abgenutzt ist, sondern weil der von uns eingesetzte Reifen in eine andere Daseinssphäre übergegangen ist. Aber einige von uns, die hier eine besondere Mission haben, wie zum Beispiel diejenigen, die über die nötige Weisheit verfügen, unseren Planeten zu regieren, mögen Tausende von Jahren in vollkommener Gesundheit weiterleben:" Ich war verblüfft über diese Bemerkungen, die mehr zu sein schienen, als mein irdischer Verstand aufnehmen konnte.

Und so setzten sich die regelmäßigen Kontakte mit den Venusianern fort, wobei zwischen uns Informationsaustausch und Fortschrittsberichte über meine Arbeit an den Tesla-Geräten stattfanden, bis schließlich der große Tag kam, an dem Frank mir mitteilte, dass die Venus-Versammlung beschlossen hatte, dass das Geschenk der Wahrheit auf mich und durch mich auf die Menschen der Erde ausgedehnt werden sollte. Sie können sich sicher vorstellen, wie aufgeregt ich war, als ich erfuhr, dass mir dieses große Mysterium endlich offenbart werden sollte: Es sollte, wie Frank sagte, am heiligsten Schrein der Venusianer, dem "Palast der Wahrheit", stattfinden, und obwohl er von seiner großen Schönheit sprach, war ich auf die weiteren Wunder, die einem verwirrten Erdling bevorstehen würden, wenig vorbereitet:

Zuerst wurde ich an den Rand der Klippen gebracht, wo sich der Fluss zu seinem letzten Sprung versammelte, und Frank führte mich zu einer in den Fels gehauenen Wendeltreppe. Wir stiegen diese Stufen hinab, die schließlich in den Fels selbst eindrangen, und kamen auf eine kleine Plattform direkt unter dem mächtigen Wasserfall hinaus, der in den Abgrund donnerte. Mit einem Schaudern des Entsetzens wurde mir klar, dass wir auf einer der hoch aufragenden Basaltsäulen standen, und ich gebe zu, dass ich vor Angst zitterte. Aber Frank ergriff meine Hand und führte mich zu einer weiteren spiralförmigen Treppe. Wir gingen hinunter, manchmal nahe am Wasser vorbei, dessen Dröhnen beim Abstieg immer lauter wurde, und manchmal durch Tunnel im Fels. Hinter uns folgte eine scheinbar endlose Reihe von Figuren. Schließlich kamen wir zu einer großen Höhle direkt unter dem Wasserfall, und der lebende Fels zitterte vor der Wucht seines gewaltigen Aufpralls. Wir gingen weiter, bis wir durch eine gewölbte Öffnung gingen und endlich im Palast der Wahrheit standen: Bei der Herrlichkeit des Anblicks, der meinen Augen begegnete, ließ ich einen unwillkürlichen Schrei der Freude und des Staunens los. Wir standen auf einem breiten Regalbrett aus schwarzem Basalt, das eine große kreisförmige Vertiefung von etwa 1000 ft Durchmesser umgab, die mit einer Masse farbigen Wassers gefüllt war, das wie ein Meer von Regenbögen wogte und kräuselte. Bei näherer Betrachtung stellte sich heraus, dass es sich tatsächlich um einen Boden aus lebendigem Kristall handelte (siehe Kap. 4, Offenbarungen), und als ich nach oben blickte, sah ich, dass sich darin die Unterseite der großen Wasserkuppel in der Mitte des Beckens unterhalb des Wasserfalls spiegelte. Durch eine seltsame Magie, die sich meinem Verständnis entzog, hielt der Kristallsee diese Masse von aufwühlendem, vielfarbigem Wasser in der Luft schwebend, und seine Unterseite reflektierte tausendfach. Es war der atemberaubend schönste Anblick, den ich je gesehen hatte.

Während ich die unbeschreibliche Schönheit dieses natürlichen Kaleidoskops in mich aufnahm, füllte sich das Basaltregal mit der großen Schar der zu diesem Treffen versammelten Menschen. Dann hob Frank seine Hand zum Gruß und sprach: "Freund von der Erde, die Herrlichkeit, die du siehst, ist unser Palast der Wahrheit, und wir haben dich hierher gebracht als einen geeigneten Ort, um dir sein Geheimnis zu enthüllen. Du hast uns wahrhaftig von der Welt erzählt, in der du lebst, und wir sind betrübt über deine Geschichte. Deshalb hoffen wir, dass diese Enthüllung mit der Zeit zu einer großen Verbesserung der Bedingungen auf deinem Planeten führen wird. Macht keinen Fehler: Wir beten die Wahrheit nicht an. Wir beten den einen Gott an, den kein Mensch kennen darf. Was die Wahrheit betrifft, so wissen wir nicht, woher sie kommt - nur, dass sie den ganzen Raum ausfüllt und alle Dinge durchdringt. Sie ist kein großes Mysterium, das nur auf unseren Planeten beschränkt ist - sie ist für alle frei im ganzen Universum zu suchen und zu gebrauchen. Sie selbst haben offenbart, dass Sie die Wahrheit seit vielen Jahren kennen, aber Sie haben sie nicht als solche erkannt. Haben Sie uns nicht gesagt, dass Ihr Freund Tesla die kosmische Strahlung entdeckt und genutzt hat? Dies, mein Freund, ist die Wahrheit, die wir auch die Kraft des Lebens nennen. Es ist die Essenz, die alle Lebewesen belebt - Menschen, Tiere, Pflanzen und Mineralien. Es ist die Schwingung, die auf den Verstand und den Geist allen Lebens antwortet, und wenn man einmal gelernt hat, dieses große Naturgesetz weise zu nutzen, sieht ein Verstand den anderen in seiner ganzen Wahrheit, so dass Missverständnisse unmöglich sind. So sind wir in der Lage, Sie zu verstehen, wenn Sie Ihre eigene Sprache sprechen, denn wir sehen nicht nur die äußere Hülle wie Sie, sondern den lebendigen Verstand in dieser Hülle. Es liegt an unserem Verständnis der Wahrheit, dass wir uns eines langen Lebens in vollkommener Gesundheit, Glück und Harmonie erfreuen, dass wir in der Lage sind, durch reines Denken unsere Raumschiffe und andere technologische Wunder, die Sie gesehen haben, zu konstruieren und zu betreiben, schöne Behausungen mit allem Komfort und allen Annehmlichkeiten zu errichten, unseren Planeten in Schönheit und landwirtschaftliche Produktivität zu verwandeln, die Klimakontrolle zu bewirken und Naturkatastrophen abzuwenden - kurz gesagt, wir haben unseren Planeten in ein Paradies verwandelt. Und all diese Dinge, mein Freund, können von den Menschen auf der Erde erreicht werden, wenn sie lernen, die Wahrheit zu erkennen und zu nutzen."

Ich hatte überrascht zugehört, als ich erfuhr, dass die Wahrheit nichts anderes sein sollte als der kosmische Strahl, über den ich etwas wusste, denn Tesla hatte seinen "Scope" und andere wunderbare Erfindungen gebaut, um die Kraft dieses Strahls zu nutzen.

Ich wusste auch, dass mehr als eine rein physikalische Kraft im Spiel war, denn Tesla hatte entdeckt, dass die kosmische Strahlung auf geistige Schwingungen reagiert, wenn er sie nutzbar macht.

Aber eine große Frage brannte in meinem Kopf, und ich fragte Frank: "Aber wie können die Menschen auf der Erde diese Wahrheit erkennen?"

"Wir sehen die Wahrheit nicht mit dem physischen Auge", antwortete er. „Wir sehen sie mit einem inneren Auge, das im metaphysischen Bereich des Verstandes liegt und das durch die spirituelle Entwicklung geöffnet wird."

"Sie scheinen zu vergessen", entgegnete ich, "dass den meisten von uns auf der Erde dieser spezielle sechste Sinn fehlt, der es den Venusbewohnern ermöglicht, die von der Wahrheit erzeugten mentalen Bilder zu visualisieren. Man kann einem Blinden vom Licht erzählen, aber man kann ihn nicht zum Sehen bringen."

"Arthur, diese besondere Fähigkeit ist nicht der ausschließliche Besitz der Venusianer. Sie ist der ganzen Menschheit gemeinsam - dem Leben selbst innewohnend. Seit unzähligen Generationen lebt und stirbt Ihre Rasse wie Menschen, die sich die Augen verbinden, damit sie das Licht nicht sehen können: Hört gut zu."

Und dann enthüllte Frank mit so einfachen Worten, die auch der bescheidenste Mensch verstehen konnte, das Geheimnis, wie die Menschen auf der Erde - wenn sie sich dafür entscheiden, es zu akzeptieren - lernen können, diesen wunderbaren sechsten Sinn und die volle Bewusstheit der Wahrheit zu entwickeln. Im Wesentlichen ging es um nicht mehr und nicht weniger, als die Philosophie der Liebe Gottes und all seiner Geschöpfe, wie sie von Jesus Christus gelehrt wurde, herauszukitzeln, was wiederum diesen besonderen spirituellen Bereich des Geistes öffnen würde, um die Wahrheit zu sehen!

Dann wandte sich Frank in Klingeltönen, die wie die klaren Töne eines Waldhorns klangen, an den Zorn: "Geh zurück zu deiner Erde, Arthur, und erzähle ihren Menschen von den Dingen, die du gesehen hast, und von dem Wissen, das du erworben hast."

"Aber Frank!" Ich rief mit verzweifelter Stimme: "Obwohl ich die Wahrheit sagen werde, werden mir nur wenige glauben. Die meisten werden meine Worte bestenfalls als eine utopische Fantasie abtun: Viele werden mich als 'verrückt' abstempeln oder schlimmer noch!"

Frank ergriff meine Schultern und sprach entschlossen. "Hören Sie nicht auf die Worte der Törichten. Sprechen Sie für diejenigen, die genügend Weisheit besitzen, um zu lernen: Wenn Sie nur einige wenige erreichen, werden Ihre Bemühungen und all der Spott nicht umsonst gewesen sein. Gehe hinaus mit dem Wort, Arthur - und Gott gehe mit dir."

Mit diesen Worten, die mir immer noch in den Ohren klingen, fand ich mich auf der gelandeten X-12 bei vollem Bewusstsein wieder. Als ich mich auf meine Abreise vorbereitete, erhob sich die schöne Frau von unzähligen Jahren von ihrem leeren Bildschirm und streckte mit einem lieblichen Lächeln ihre Hand zum Abschied aus. Später beobachtete ich aus der Ferne, wie sich das große Schiff lautlos und schnell erhob und in die Sommernacht des Jahres 1961 abhob.

Es war im Herbst 1942, als die X-12 mir einen weiteren kurzen Besuch abstattete, Frank wollte mit mir über eine sehr private Angelegenheit sprechen. Während dieses Besuchs hatte ich das Glück, einen guten Blick auf die X-12 von innen und außen werfen zu können. Frank kam zu mir nach Hause, und nachdem wir unser privates Gespräch beendet hatten, gingen wir zum Landeplatz hinunter, als wir das Schiff erreichten, stand ich mit wilden Augen da und sah mir dieses großartige und wunderbare Ding an, andere Besatzungsmitglieder kamen heraus, alle lachten über meinen überraschten Gesichtsausdruck, aber was ich von außen an diesem großen Schiff sah, war nichts im Vergleich zu den Wundern, die ich im Inneren sehen und hören sollte. Es waren in der Tat die "Gedankenbilder", die mich zuerst davon überzeugten, dass dieses Schiff und seine vierundzwanzigköpfige Besatzung tatsächlich, wie sie sagten, vom Planeten Venus stammten. Als Frank und ich auf dem Schiff ankamen, sagte er: "Kommen Sie herein, und wenn Sie möchten, können Sie sich alles genau ansehen." Ich nahm seine Einladung an, und er führte mich zu einer Tür, und wir traten in einen kleinen Raum, von dem er sagte, er sei der Aufzug, und in wenigen Sekunden erreichten wir die oberste Ebene, den Kontrollraum, der sich oben im Aufzugsschacht (etwa 300 Fuß hoch) befand. „Dies ist unser Kontrollraum", sagte Frank. "Sie können ihn inspizieren." Aber ich antwortete: "Wo sind die Kontrollen?" (Alles, was ich in dem Raum sah, war ein runder Sitz, auf dem vier Personen saßen; zwei Frauen und zwei Männer. Diese vier nahmen keine Notiz von uns, sie saßen einfach nur da und schauten, so schien es, direkt an die Wand). "Diese vier sind unsere Steuerungen", sagte Frank. "Aber wo sind die Messgeräte", fragte ich, "und andere Dinge, die ein wichtiger Teil des Flugzeugs zu sein scheinen? Auf welche Weise können Sie die Kraft dieses großen Schiffes ohne irgendeine Form der Kontrolle lenken, steuern und kontrollieren?" "Nun", sagte Frank, "vielleicht erscheint euch Erdenmenschen die Art und Weise, wie wir dieses Schiff steuern, d.h. die Mittel, die wir benutzen, als unmöglich; jedes Mitglied unserer Besatzung ist im praktischen Gebrauch der 'Gedankenkraft' ausgebildet. Die vier Mitglieder, die Sie hier sehen, halten das Schiff durch die einfache Anwendung reiner Gedanken jederzeit unter perfekter Kontrolle. Um Sie davon zu überzeugen, oder zumindest zu versuchen, Sie davon zu überzeugen, dass dieses Schiff keine andere Kraft hat, können Sie jeden Zentimeter des Schiffes inspizieren, aber ich kann Ihnen versichern, dass es weder innen noch außen irgendeinen Motor gibt. Aber messen Sie sorgfältig, überzeugen Sie sich selbst. Wenn Sie die Frage untersuchen, werden Sie nichts Bemerkenswertes über unsere Fähigkeit finden, die Kraft des angewandten Denkens praktisch zu nutzen: Jeder

Mensch auf der Erde könnte, mit Vorteil, dasselbe tun. Millionen von euch Erdenbürgern kaufen die Bibel, aber wie viele von ihnen machen einen praktischen Gebrauch von ihr? Christus wandelte auf dem Wasser durch Gedankenkraft oder Glauben, und sagte Er nicht: "Die Werke, die ich tue, könnt ihr tun, und noch größere Werke als diese, weil ich zu meinem Vater gehe"? Sehen Sie nicht die Wunder, die Sie als Erdenbürger tun könnten, wenn Sie an das glauben würden, was Christus gesagt hat? Wir von der Venus halten uns nicht für klüger als die Menschen auf der Erde, der Unterschied scheint darin zu liegen, dass wir es für selbstverständlich halten, dass Christus wusste, wovon er sprach. Wir glauben an das, was Er sagte, mit den Ergebnissen, die Sie in unserem Schiff sehen, und an die Art und Weise, wie wir auf der Venus leben."

Mit diesen Bemerkungen sagte Frank: "Machen Sie eine gute Inspektion. Ich werde draußen auf Sie warten, und wenn Sie mit der Suche nach unserem 'mysteriösen' Motor fertig sind, wird Frances mit ihrer Bildershow fortfahren", und verließ mich. Ich schaute mich dann sehr sorgfältig im Kontrollraum um, konnte aber keine Anzeichen für einen Motor oder irgendeine Art von Materialkontrolle finden. Dann ging ich einige Stufen hinunter zur 4. Ebene, die sich auf die Lagerung von kleinen Späherschiffen, schwerem Material, Wasserversorgung usw. mit einer Reihe von Werkstätten verteilt, aber ich konnte nichts finden, was einem Kraftwerk glich. Die dritte Ebene war sehr ähnlich, außer dass sie eine große Gartenbauabteilung hatte, in der all ihre Lebensmittel angebaut wurden, und die schönen Gärten, in denen die Besatzung sich entspannte und ihr Essen aß. Auf dieser Etage befanden sich auch einige Aufklärungsschiffe. Ich sah mich überall gut um und ging dann weiter hinunter auf die zweite Ebene, bisher keine Anzeichen für ein Kraftwerk. Ich fand die zweite Ebene genauso wie die anderen, mit Ausnahme eines Teils, der die Wohnräume der Besatzung umfasste. Sie hatte Blumengärten, einen Erholungsbereich, Studienräume und einen Sitzungssaal. Die Wohnräume waren Abteile für Einzelpersonen oder Ehepaare; jede Einheit bestand aus einem kleinen Flur, einem großen Wohnzimmer, einem Schlafzimmer, einem Badezimmer mit Spültoilette und einem Abstellraum. Aber immer noch keine Anzeichen für ein Kraftwerk oder irgendwelche materiellen Kontrollen. Nach einem guten Blick ging ich hinunter zur ersten Ebene, die der Lagerung einiger weiterer kleiner Raum-

und Bodenfahrzeuge, Werkstätten und anderer Ausrüstungen gewidmet war.

"Nun", dachte ich, "wenn es auf diesem Schiff einen Motor gibt, dann muss er aus einem unsichtbaren und größenlosen Material bestehen", denn auf diesem Schiff gab es nirgendwo einen Zentimeter Platz, den ich nicht inspiziert hatte. Um sicher zu sein, müsste ich mir die Außenseite des Schiffes genau ansehen. Während meiner Inspektionsreise bemerkte ich mit Freude den schönen, vielfarbigen Bodenbelag, der aus einem synthetischen Material zu bestehen schien, sehr weich zum Gehen. An den Wänden hingen wunderschöne Gemälde, von denen keines von der "modernen" Art war, und jedes Wohnzimmer hatte einen Durchblick durch ein Fenster, das einen vollen Blick nach draußen ermöglichte. Während meines Besuchs spielten einige Mitglieder der Mannschaft ein Spiel, das dem Basketball ähnelt. Das gab mir die Gelegenheit, diese Menschen näher zu studieren, und ich stellte fest, dass sie genau wie Erdenmenschen waren - zumindest konnte ich keinen Unterschied feststellen. Sie waren etwa 1,80 m bis 2 m groß, einige hatten blaue Augen, andere schienen grüne und braune Augen zu haben. Die Hautfarbe hatte eine bronzene Sonnenbräune und das Haar schimmerte in vielen Schattierungen von goldgelb bis rötlichbraun. Sie alle erschienen in strahlender Gesundheit, und ihre Augen funkelten vor dieser Gesundheit. Nachdem ich das Innere dieses großen Schiffes sorgfältig inspiziert hatte, ging ich nach draußen, wo Frank und Frances auf mich warteten. Nachdem ich mich teilweise von meiner Überraschung beim Anblick des Schiffes erholt hatte, schaute ich mir nun das Äußere genauer an. Es war in der Tat ein seltsam aussehender Gegenstand. Es fiel mir schwer, meinen Sinnen zu trauen, und ich dachte immer noch, ich müsse träumen, meine Gefühle spiegelten sich zweifellos auf meinem Gesicht wider, denn meine beiden Begleiter lachten vergnügt über meine Verwirrung. Das gelandete Schiff, das aus grauem Metall zu bestehen schien, sah aus wie ein großes Ei, und um es herum, etwa zwanzig Fuß vom Hauptkörper des Schiffes entfernt, war ein ungestützter Ring aus dem gleichen grauen Material. Wie ich später herausfand, handelte es sich um einen "Führungsring" (was auch immer das bedeuten mag?) Dieser Führungsring, hatte einen Durchmesser von über 200 Metern und war nicht mit dem Hauptteil des Schiffes verbunden. Ich dachte: "Vielleicht ist das Kraftwerk in diesem Ring?" In der Mitte des

Schiffes befanden sich der Kontrollturm und der Aufzug, mit einer Tür am unteren Ende, die im Moment auf dem Boden lag. Dieser Turm war 300 Fuß hoch und ragte an jedem Ende 50 Fuß aus dem Hauptkörper heraus, d.h. an jedem Ende (50 Fuß oben und 50 Fuß unten), wodurch der Hauptkörper 200 Fuß hoch war und einen Durchmesser von 700 Fuß hatte. Nach einer sorgfältigen Inspektion konnte ich keine Anzeichen eines Motors finden, es sei denn, er befand sich innerhalb dieses Führungsrings. Er hatte einen Durchmesser von 20 Fuß, und je nach Art des Motors war er groß genug, um ihn zu halten. Das sagte ich auch zu Frank. "Nun", antwortete er, "in Ordnung, mein feiner Zweifler, du darfst jetzt in diesen Führungsring gehen". Ich sagte nichts, aber im Moment wusste ich nicht, wie ich hineingehen sollte. Es stellte sich heraus, dass es einfach war. Frank führte mich zurück ins Innere des Schiffes, bis zur dritten Ebene, dann zu einer Tür, die er öffnete, und ich konnte den Führungsring in etwa sechs Meter Entfernung sehen. Dann bemerkte ich eine Tür an der Seite. Frank drückte einen Knopf, der sich an der Wand in der Nähe der Tür befand. In wenigen Sekunden öffnete sich die Tür im Führungsring, und eine Plattform kam aus der Tür heraus und öffnete sich zu uns. Nach einigen weiteren Sekunden hatte Frank die Plattform befestigt, und ich bemerkte, dass die Plattform Haltegriffe hatte, worüber ich sehr froh war - denn wir befanden uns etwa 150 Fuß vom Boden entfernt. Frank sagte: "Kommen Sie mit mir" und ging über die Plattform und in den Führungsring, während ich dicht hinter ihm folgte. "Gehen Sie rundherum", sagte Frank, "machen Sie eine gute Inspektion. Sie können allein gehen, ich werde hier auf Sie warten. Lassen Sie sich Zeit."

Ohne weitere Worte begann ich meinen Rundgang durch das Innere dieses mysteriösen Rings, und als was für ein Mysterium erwies er sich: Ich weiß nicht, woher das Licht kam, es gab keine Fenster, aber ich konnte klar sehen, und das Mysterium erwies sich als - nichts! Eine völlig leere Röhre! Wie funktionierte das? Wie hat sie "geführt"? Wie wurde sie gestützt? Fragen, Fragen, Fragen: keine Antworten. Ich konnte kein Kraftwerk finden, nur leeres Nichts. Ich lief komplett in dieser Röhre herum und fand Frank, der auf mich wartete. "Nun, mein guter Freund", fragte er, "hast du gefunden, was du gesucht hast?" "Nein Frank", antwortete ich, "ich habe nichts gefunden. Werden Sie mir die Antwort auf dieses Rätsel geben?" "Ja", sagte Frank, "ich werde es Ihnen sagen, aber es ist ein großes Geheimnis. Sie dürfen es niemandem verraten, sind Sie einverstanden?" "Ja", sagte ich, "ich stimme zu." "Nun", sagte Frank, "ich habe es Ihnen gesagt, aber Sie zweifeln. Dieses große Geheimnis ist nicht mehr oder weniger als die Kraft der Gedanken. Sie haben eine äußerst sorgfältige Untersuchung vorgenommen: Sie haben nur leeren Raum gefunden, nicht wahr?" "Ja", antwortete ich, "ich habe Ihr großes Schiff inspiziert, draußen und drinnen, und auch den Ring, so gut es mir möglich war: Ich fand keine Anzeichen für ein Kraftwerk. Deshalb muss ich, zumindest im Moment, alles glauben, was Sie sagen. Ich glaube an die Kraft der Gedanken, aber ich muss zugeben, dass mein Glaube an den Erdmenschen nicht sehr stark ist."

Kapitel III

Der dritte Besuch des großen Raumschiffs X-12 fand wenige Tage nach Teslas Tod statt. Mitglieder der Besatzung hatten der Beerdigung mit über tausend Menschen beigewohnt, von denen einige aus weit entfernten Winkeln der Erde gekommen waren, um dem Erfinder des 20. Jahrhunderts die letzte Ehre zu erweisen.

Frank sagte, dass er und Frances ein paar Tage zuvor bei Tesla gewesen seien, als er starb, und dass er als glücklicher Mann gestorben sei. "Und", sagte Frank mit einem Lächeln, als er mir einen großen Umschlag überreichte, "er sagte mir, ich solle Ihnen dies unbedingt geben. Es enthält einige sehr wichtige Papiere, die die Arbeit betreffen, die Sie nun alleine fortsetzen müssen". Als Frank und ich unser Gespräch über meine Arbeit der Zukunft beendeten, sagte Frances, dass sie etwas zu sagen habe. „Ja", sagte Frank, "Frances wird uns einen kleinen Vortrag halten, der für Ihre Welt eine größere Hilfe sein könnte als alle Erfindungen des Menschen." Frances lächelte: "Ich habe nicht sehr viel zu sagen, aber ich bin sicher, dass Ihnen diese Botschaft gefallen wird, die Ihr alter Freund nur wenige Tage, bevor er diese Erde verließ, geschrieben hat."

Frances las dann diese Botschaft, die letzten Worte dieses großen Mannes, der so viel für die Menschheit getan hat:

"Eine der wichtigsten Tatsachen im Leben, auch wenn wir es nicht immer sehen, ist, dass wir nur einen Tag leben: Der menschliche Kampf ist meist für einen Tag, wir können nicht bis morgen leben, bevor er kommt. Wenn wir konsequent für einen Tag leben können, können wir hoffen, das Gleiche am nächsten Tag zu tun, und am nächsten, und so weiter bis zum Ende. Ein Tag hat eine abgerundete Vollständigkeit; es ist eine kleine Welt des Lebens. Ein Tag ist wie alle Tage", schrieb Montaigne. *„Wer einen Tag gelebt hat, hat eine Epoche gelebt",* sagte La Bruyere. *„Jeder Tag ist ein kleines Leben",* sagte ein anderer, *"wer es also wagt, einen Tag zu verlieren, ist gefährlich verschwenderisch; wer ihn missachtet, ist verzweifelt. Da unsere Gewohnheiten, Gedanken, Worte und Taten an einem Tag*

von demselben Charakter sind, werden sie höchstwahrscheinlich daran teilhaben, wenn der Tag dem Tag hinzugefügt wird und die Monate und Jahre ausmacht. Wenn wir einen Tag überstehen, ohne der Versuchung nachzugeben, dann kommen wir nachts und schlafen, und morgen fangen wir für eine weitere Stundenperiode von neuem an, in der wir stark und wahrhaftig sein können. An diesem Tag sind wir also jeder von uns verpflichtet, damit zu beginnen, uns zu fragen: "Ist mein Gewissen frei von Beleidigungen sowohl vor Gott als auch vor den Menschen? Verurteile ich mich in allem, was ich erlaube?" Wenn ich gesagt habe, dass so wie ein Tag unseres Lebens ist, so wird aller Wahrscheinlichkeit nach auch der Rest sein, dann bestehe ich nur auf dem Segen, jede Einheit unseres Lebens so nehmen zu können, wie sie kommt, und das Beste daraus zu machen, es perfekt zu machen, es ideal zu machen. Ein gut verbrachter Tag ist ein Versprechen für diejenigen, die kommen werden. Abraham Lincoln sagte: "Der Kampf von heute ist nicht nur für das Morgen, sondern auch für die große Zukunft. Jeder Tag ist ein Geschenk, das ich vom Himmel erhalte; lasst mich heute das genießen, was er mir schenkt, und das Morgen gehört niemandem."

Ende von Teslas letzten Worten.

Möge diese Botschaft Freude in jedes Herz bringen. Gesundheit ist ein psychischer Zustand; das körperliche Wohlbefinden hängt von der psychischen Verfassung ab. Alle schlechten Gewohnheiten, wie Rauchen, starkes Trinken, Drogen usw. hängen von einem psychischen Faktor ab: ein kranker Geist züchtet einen kranken Körper. Schlechte Gewohnheiten weisen auf einen kranken Geist und einen kranken körperlichen Zustand hin, und wenn die Mehrheit der Menschen unter schlechten Gewohnheiten leidet, ist das Endergebnis eine kranke Welt; so Tesla. Und wenn wir schon bei einer kranken Welt sind, möchte ich aus einem kleinen Buch von Pemy F. Rockwood zitieren, der die Erlaubnis zum Kopieren erteilt hat. Mr. Rockwood hat dieselbe Idee wie Tesla und Frank: Die Menschen auf der Erde verschwenden ihre Zeit mit Müll, und es gibt keine Zeit zu verschwenden: Ich zitiere zum Teil:

"Die größte Gefahr für die westliche Zivilisation geht heute nicht vom Kommunismus aus, sondern von der ständigen Aushöhlung des Glaubens an Gott. Eine große Zahl vermeintlich religiöser Menschen glaubt einfach nicht an Gott. Der Fluch unserer Tage, der diese ungläubige Lebensweise hervorgebracht hat, ist die so genann-

te Evolution. Unsere jungen Menschen werden in unwissenschaftlichen Lehrbüchern über den größten Betrug unterrichtet, der je in die Klassenzimmer gebracht wurde. Und unsere jungen Leute lassen sich, um anspruchsvoll zu sein, einer Gehirnwäsche unterziehen, damit sie denken, dass es keinen persönlichen Gott gibt, der dieses Universum geschaffen hat. Diese Botschaft wird denjenigen angeboten, die bereit sind, unabhängig von der archaischen Lehre zu denken, die heute so viele Klassenzimmer kennzeichnet. Diejenigen, die die Bibel am meisten kritisieren, lesen sie am wenigsten und wissen wenig oder gar nichts über sie.

"WAS ist Wissenschaft?" Können wir die Antwort des Wörterbuchs verbessern? 'Wissen, das durch genaue Beobachtung und richtiges Denken gewonnen und überprüft wird; insbesondere als methodisch formuliert und in einem rationalen System angeordnet. Diese Definition führt Sie aus dem Bereich der Spekulation heraus. Sie verfügt über Begriffe wie "Theorie" und "Hypothese" und macht sie zu möglichen Dienern der Wissenschaft, aber niemals zu ihren Synonymen. Wissenschaft ist die 'Überprüfung des Wissens durch genaue Beobachtung und korrektes

Denken' und ist die höchste Errungenschaft, zu der der menschliche Geist fähig ist. 2 Nicht jeder Mann, der "Eureka" ruft, hat es jedoch gefunden. Was ist die Bibel? Die Bibel ist das "von Gott geatmete" Buch, geschrieben von heiligen Männern Gottes, die sprachen, als sie vom Heiligen Geist bewegt wurden -. Der bemerkenswerte Beweis für die Skepsis dieser Generation ist die Tatsache, dass so viele gebildete Führer und Prediger bereit sind, die Tatsache - die verbale Inspiration der Bibel - wegzuwerfen. Gleichzeitig versuchen sie uns zu sagen, dass Gott den Gedanken der Bibel angeregt, aber nicht die Rede bestimmt hat; dass einige Teile der Bibel buchstäblich wahr sind und andere nur Allegorie oder Mythos; dass einige Teile der Bibel Tatsachen sind, andere Fiktion; dass einige mit Glaubwürdigkeit und andere mit Kritik behandelt werden müssen; dass alle auf die Probe des eigenen inneren Bewusstseins oder der logischen Prozesse der menschlichen Weisheit gestellt und an diesem Gericht entweder akzeptiert oder abgelehnt werden müssen. Die Bibel selbst ist Gottes besondere Offenbarung an den Menschen, und diese Offenbarung ist die absolute Wahrheit. Das Streben nach wissenschaftlicher Forschung kann dagegen nie mehr als die relative Wahrheit erreichen. Das Wachstum der Wissenschaft ist eine Ge-

schichte ständig wachsenden Wissens, das aus menschlichen Untersuchungen oder Entdeckungen resultiert. Die Bibel hingegen enthält ewige, absolute Wahrheit. Die Seiten der wissenschaftlichen Forschung sind voll von Beispielen für aufgegebene Ideen, verworfene Theorien und aufgehobene Gesetze, die das Ergebnis eines kontinuierlichen Prozesses der Anpassung früherer Ideen an neuere wissenschaftliche Daten sind. Die Bibel ist Gottes Offenbarung und ändert sich nicht mit den Veränderungen der Menschen. Die Evolution ist eine Theorie einer materialistischen Lebensphilosophie, die auf Vermutungen beruht, die von der Wissenschaft nicht überprüft worden sind. Die Evolution ist der Grundstein des Kommunismus, der auf der falschen Theorie des automatischen und unvermeidlichen Fortschritts beruht. Sie ist der Grundstein des Militarismus, der auf dem Konzept des Überlebens des Stärkeren beruht. Zwei Weltkriege waren die logische Folge der Evolutionslehre, und wir bereiten uns jetzt auf den nächsten Weltkrieg vor. Die Evolution ist auch der Grundstein des Atheismus, der auf einem materialistischen Lebenskonzept beruht. Das Wort "Evolution" wird oft missbraucht. Der beiläufige Redner spricht von der "Evolution" des Telefons, der "Evolution" des elektrischen Lichts und anderen Produkten der Industrie und Intelligenz des Menschen. Das richtige Wort ist hier "Entwicklung". All diese mechanischen Verbesserungen kamen durch direkte Überwachung und Kontrolle zustande. Organische Evolution in ihrer einfachsten Definition lässt sich am besten durch das Wort Transmutation ausdrücken. Die Theorie lässt keine aktive Intelligenz bei der Steuerung zu, und das Design ist dem gesamten Prozess fremd. Evolution ist wissenschaftlich nicht möglich. Erstens werden "erworbene Charaktere" nicht auf die Nachkommenschaft übertragen oder von ihnen geerbt, wie die Evolutionisten erklären. Die seit Jahrhunderten bei chinesischen Frauen verbreitete Gewohnheit, den Fuß zu binden, hat beispielsweise nicht zu einer vererbten Fehlstellung des Fußes geführt. Unser Haushuhn ist ein Nachkomme des römischen Geflügels, und in den 2000 Generationen der Zucht hat keine wesentliche Veränderung stattgefunden". 3

Wenn jemand aufrichtig wissen möchte, ob er auf einem sicheren Fundament steht, dann schlage ich vor, dass er ein kleines Büchlein schreibt, denn wenn Sie in die Irre geführt wurden, an die Evolution zu glauben, dann sind Sie auf dem besten Weg dorthin, aber Sie können sicher sein, dass es nicht der Himmel ist: oder eine "höhere" Ebene. Es ist Ihr Leben, und es steht Ihnen frei, damit zu tun, was Sie wollen. Aber, was auch immer Sie tun, versuchen Sie nicht, Evolution mit göttlicher Liebe zu vermischen. Entweder glauben wir ohne Frage an die Bibel, oder wir glauben nicht. Eine halbherzige Haltung ist eine lauwarme Einstellung, und wenn Sie wissen wollen, was das bedeutet, lesen Sie die Offenbarung, Kapitel 3.

KAPITEL IV

Als ich aus der Ferne beobachtete, wie die großen X-12 lautlos und schnell aufstiegen und in den Himmel flogen, fragte ich mich, was genau die heutigen wissenschaftlichen Erkenntnisse über die "Kosmischen Strahlen" sind. Dann entdeckte Tesla sie zum ersten Mal, schon 1893, und die wissenschaftliche Welt lachte ihn aus. Sie sagten, solche Strahlen existierten nicht: Tesla bewies, dass sie existierten, soviel ist Geschichte. Heute ist aufgrund der Haltung angeblicher wissenschaftlicher Experten - die in Wirklichkeit nicht wirklich wissenschaftlich sind, denn der wirklich wissenschaftliche Verstand zweifelt nie daran - sehr wenig über das Thema bekannt, aber einige weise Männer haben entdeckt, dass unsere Atmosphäre ständig mit Atomteilchen aus dem Weltraum bombardiert wird. Diese sind als "primäre kosmische Strahlung" bekannt. Diese Hochgeschwindigkeitsteilchen werden meistens (von den oben genannten "Experten") als Protonen bezeichnet, und sie sagen, dass, wenn diese "Protonen" durch unsere Atmosphäre krachen, sie einige Atome der Erde aufbrechen, deren Teilchen (so sagt man) als "sekundäre kosmische Strahlung" bezeichnet werden - welche Aussage, die von Zweiflern stammt, die sagten, dass es keine kosmische Strahlung gibt, ist etwas, worüber man nachdenken sollte! Sie sagen auch, dass diese beiden winzigen kosmischen Strahlen extrem energiereich sind und in fast jede Form von Materie eindringen und sie durchdringen können. Jede Minute durchqueren Tausende von ihnen alles auf der Erde, einschließlich des Menschen. Unsere Wissenschaftler geben zu, dass sie nicht genau wissen, wo die primäre kosmische Strahlung herkommt. Meiner Meinung nach liegt der Grund für ihre Unwissenheit darin, dass sie es versäumen, die Bibel zu studieren: Denn dort ist der Ort, an dem Tesla sie zum ersten Mal entdeckte, 35 Jahre bevor die "Experten" der wissenschaftlichen Welt dachten, dass sie vielleicht existieren könnten.

Der Große Nebel im Orion erscheint mit bloßem Auge als ein einziger dunstiger Stern. Aber wenn man dieses große Himmelsmysterium durch ein großes Teleskop betrachtet, entpuppt es sich als eine gewaltige Höhle, in der vielleicht neunzehn Billionen Meilen unseres gesamten Sonnensystems verloren gingen, könnten die kosmischen Strahlen nicht von dort kommen? Nachdem das große Raumschiff abgeflogen war, erhielt ich viele Nachrichten von seiner Besatzung, aber sie kehrten nach diesem letzten Besuch 1961 erst 1969 zurück. Es war am Abend des 21. Januar 1969, als einige Freunde zu mir kamen, um mich zu besuchen und, wenn möglich, eine Botschaft auf dem "Tesla-Scope" zu hören. Erst gegen 22.00 Uhr, nachdem wir drei Stunden lang miteinander geredet hatten, wurde die Stimme von Frank sehr deutlich gehört, mit derselben alten Botschaft, die ich auf dem "Scope" empfangen und seit jenem ersten Besuch des großen X-12 im Frühjahr 1941 so viele Male aufgezeichnet hatte. Ich werde diese Botschaft zum Wohle derer wiederholen, die sie vielleicht nicht gehört haben (abgesehen von der Auslassung bestimmter persönlicher Botschaften, die hauptsächlich mit meiner fortgesetzten Arbeit für Tesla zusammenhängen). Es folgt die Botschaft, die ich zum ersten Mal 1941 erhielt,3 und die sich im Wesentlichen im Laufe der Jahre wiederholt hat; im Grunde ist es die Botschaft, die wir in der Bibel nachlesen können.

Diese Botschaft, die ich persönlich mit Hilfe des Tesla-Scopes von 1941 bis in die letzten Monate (1969) gehört habe, stammt jedoch von realen Personen, die sagen, dass sie an Bord eines Raumschiffs sind, das sie "X-12" nennen - ein Mutterschiff. 4 Hier ist also die Botschaft: —

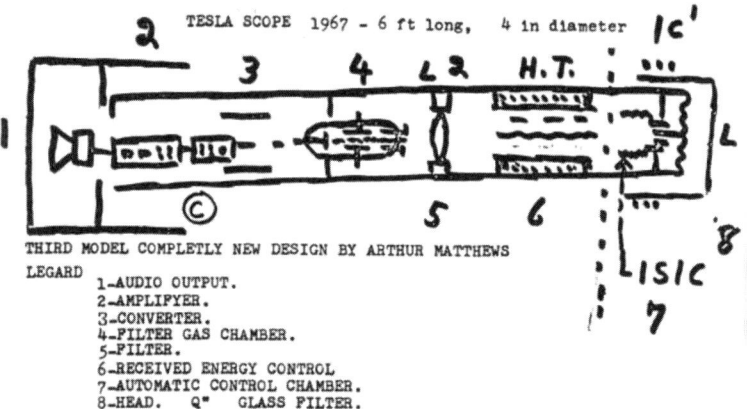

„Mien, wenn Sie diese Botschaft zum ersten Mal erhalten, werden Sie, wie die meisten Menschen auf der Erde, zweifeln. Dies ist eines der seltsamen Dinge, die wir bei den Menschen auf der Erde finden, ihr anhaltendes Zweifeln.

Sie sagen, sie glauben an Gott, aber sie zweifeln: Sie sagen, dass Gott ihre Krankheit und ihre Schwierigkeiten heilen kann, aber sie zweifeln. Deshalb erwarten wir, dass auch Sie zweifeln. Sie werden sich fragen, ob wir wirklich vom Planeten Venus kommen, ob wir aus dem Weltraum kommen. Und Sie werden sich fragen, wie wir mit Ihnen in Ihrer eigenen Sprache sprechen können. Wir benutzen zur Zeit Englisch, weil Sie, unser Freund Matthews, diese Sprache verstehen, aber wir haben jede Sprache, die von der Menschheit benutzt wird, studiert. Eigentlich würden wir es vorziehen, unsere Gedanken mit Hilfe von mentalen Wellen zu übermitteln. Wenn wir auf die Erde hinunterblicken, stellen wir die größte Verwirrung und das größte Missverständnis fest. Anstatt den Einen Gott anzuerkennen und auf Ihn zur Erleuchtung zu blicken, finden wir Sie überall auf der Erde, wie Sie hoffnungslos und hilflos vielen Dingen nachjagen, von denen Sie glauben, dass sie Ihr persönliches Glück erhöhen werden, und doch fragen Sie sich, warum Sie weiterhin leiden. Wir hören Sie Jahr für Jahr dieselbe Frage stellen: "Warum müssen wir leiden? "Warum haben wir immer noch Kriege, Krankheit, Armut, Hungersnot und Tod?" "Warum läuft uns die reine Freude immer schneller davon, als wir es können, so dass wir sie nie wieder einholen können?" Die Antworten auf diese Fragen sind in der Tatsache zu finden, dass Ihre Gedanken, anstatt sich Gott zuzuwenden, erdgebunden sind und Sie nur nach dem urteilen, was Sie in den anderen um Sie herum sehen, von denen die große Mehrheit krank, unglücklich und voller schlechter Gewohnheiten ist und an der Existenz des Höchsten Wesens zweifelt, und dass Sie vergeblich der Menge folgen. Eure Erde ist voller Hass und Elend, und dieser Zustand hat sich als die Regel für die Menschheit auf der Erde durchgesetzt. So hat Gott das Leben auf eurem schönen Planeten nicht gewollt, aber nur sehr wenige von euch gehorchen dem Gesetz Gottes. Viele von Ihnen nehmen an Ihren Sonntagen an irgendeiner Form von Gottesdienst teil, aber wie viele Erdenmenschen führen Gottes Gesetz in ihrem täglichen Leben aus? Wir sind erstaunt und traurig, wie viel Zeit eures Lebens der Erfindung und Anwendung zerstörerischer Maschinen gewidmet ist, mit denen ihr euch gegenseitig umbringt.

Wir sehen, wie Sie riesige Geldsummen ausgeben und vorgeben, Frieden auf Erden zu bringen, obwohl Sie doch wissen sollten, dass der einzige Weg, Frieden zu erlangen, der freie Weg ist - durch Christus: die Liebe. Es gibt keinen anderen Weg, also warum sollten Sie Ihre Zeit und Ihr Geld verschwenden?"

"Wir stellen diese Frage in dem Bewusstsein, dass die meisten Menschen auf der Erde seit fast 2000 Jahren wissen, dass der einzige Weg, den Frieden auf der Erde und den guten Willen gegenüber euren Mitmenschen zu sichern, darin besteht, den Lehren Jesu Christi zu folgen, den ein Gott der Liebe auf euren Planeten gesandt hat, um der Menschheit spirituelle Erleuchtung zu bringen."

"Deshalb können wir nur traurig feststellen, dass die Menschen auf der Erde an irgendeiner Form von Geisteskrankheit leiden, die nur durch die Annahme von CHRISTUS' PHILOSOPHIE DER LIEBE geheilt werden kann."

„Sie haben all dies schon einmal gehört, und vieles von dem, was wir sagen, mag auf taube Ohren stoßen, aber unsere Gedanken sind an die wenigen Menschen auf der Erde gerichtet, die über genügend geistige und gesunde Vernunft verfügen, um klar zu denken und Recht von Unrecht zu unterscheiden. Diese wenigen sind unter euch platziert worden, um anderen zu helfen, so zu leben, wie Gott es für euch vorgesehen hat, klar zu denken und Recht von Unrecht zu unterscheiden und in einer Weise zu wachsen, dass sie dem großen, allwissenden, allliebenden Gott und all seinen Geschöpfen dienlich sind. Ihr gegenwärtiges Verhalten ist der Grund für die fortgesetzten Besuche der Weltraummenschen auf der Erde. Es ist unsere Pflicht, Sie zu warnen und Sie daran zu erinnern, dass Sie sich, wenn Sie sich weiterhin weigern, dem Gesetz Gottes zu gehorchen, mit Sicherheit selbst zerstören werden, und wir werden nicht viele Menschen haben, die wir abholen können, wenn die Erde kurz vor der Zerstörung steht. Um den Menschen auf der Erde zu helfen, haben wir einen der Unsrigen herabgelassen, damit er unter euch lebt. Während einer Reise zur Erde wurde auf unserem Raumschiff, das wir "die X-12" nennen, ein Kind geboren. Wir landeten unser Schiff um Mitternacht, am 9. Juli 1856, und wir beschlossen, diesen Jungen auf eurer Erde zurückzulassen. Dieser Junge war Nikola Tesla, wir ließen ihn auf Ihrer Erde zurück in der Hoffnung, dass seine höhere Geisteskraft es ihm ermöglichen würde, Ihrer Welt, die schon damals von Hass und Krieg zerrissen war, zu helfen, aus der Dunkelheit ins Licht zu kommen.

In den Jahren zwischen 1856 und 1943 sind wir viele Male auf der Erde gelandet, aber wir fanden dort keine Verbesserung. Beim Tod von Tesla 1943 landeten wir wieder und nahmen an seiner Beerdigung teil. Mit Trauer mussten wir feststellen, dass die Menschen auf der Erde die Gaben Teslas und anderer großer Erfinder nur dazu benutzt hatten, ihre Gier und Machtgier zu befriedigen, dass auf der Erde die gleichen schlimmen Zustände herrschten und dass die Menschen auf der Erde ihre Energie weiterhin für den Krieg und den Mord an ihresgleichen aufwendeten, was gegen das Gesetz von Gott verstößt, das eindeutig heißt es: "Du sollst nicht töten."

Diese Dinge liegen jenseits unseres Verständnisses, denn auf der Venus hat es in ihrer ganzen Geschichte nie Krieg gegeben.

Wir haben nur ein Ziel im Leben, Gott zu dienen, und das tun wir mit all unserer Energie von Körper und Geist, und weil wir das tun, wird unsere geistige Kraft mit dem Alter stärker. Wir bleiben in vollkommener Gesundheit bis zu dem Tag, an dem wir sterben. Wir erfreuen uns an vollkommener Harmonie, Gesundheit und Glück mit unseren Lieben an den 11 Tagen unseres Lebens. Wir haben in unseren Herzen keinen Platz für egoistische Wünsche, weil wir wissen und glauben, dass Gottes Gesetz gut ist, und deshalb brauchen wir keine von Menschen gemachten Gesetze. Mangelnder Glaube an Gott hat Ihre Erde im dunklen Zeitalter 7 verlassen, und Sie werden niemals Fortschritte machen oder Seelenfrieden, wahres Glück und vollständige Harmonie erfahren, solange Sie nicht lernen, Ihren Glauben zu erneuern und in Ihrem Denken und Leben höher zu werden als die kriechenden Dinge, die Sie jetzt zu kopieren scheinen. Um Hass zu überwinden und Kriege zu verhindern, müssen Sie lernen, jede Spur von Nationalstolz und Rassendiskriminierung zu beseitigen, denn es gibt in der Tat nur eine Rasse der Menschheit, die Gott geschaffen hat.

Die Wahrheit von Gottes Gesetz kann von allen Menschen auf der Erde gelernt werden. Sie haben ein Buch, das wahrscheinlich das wichtigste Buch in Ihrer Geschichte ist, die Bibel, die die Wahrheit für alle Menschen mit Augen zum Sehen enthält. Es lehrt die einzige Art und Weise, in der die Menschheit leben sollte, denn das Gesetz Gottes ist die Liebe.

"Wir schlagen vor, dass Sie sich an die Lehre Christi wenden, um die einzige Lösung für alle Probleme der Erde zu finden. Gegenwärtig scheint das Gesetz der Erdenmenschen hauptsächlich ein Gesetz des Hasses zu sein, sie kämpfen immer, und wenn sie sich gegenseitig umbringen, ist Krieg Mord. Wir von der Venus verstehen nicht, wie ihr euch wirklich "Christen" nennen könnt, denn Christus lehrte nur die Liebe. Wenn Sie weiterhin Krieg führen, werden Sie die Zerstörung Ihres Planeten herbeiführen, und in diesem Zusammenhang verweisen wir Sie auf das Buch Jesaja. Wir haben viele hundert Jahre lang versucht, mit den Menschen der Erde zu sprechen, aber ohne gute Ergebnisse. Einige unserer Leute sind vor Tausenden von Jahren auf der Erde gelandet, wie Sie in Ihrer Bibel lesen können, die viele Hinweise auf die Besuche von Weltraummenschen auf der Erde enthält. 9

DAS TESLA-SCOPE FÜR RAUMKOMMUNIKATION, DER VON ARTHUR MATTHEWS 1898 VON NIKOLA TESLA zur Kommunikation mit dem Planeten VENUS ERWORBEN WURDE. Erstes Modell gebaut 1918, zweites Modell gebaut von Arthur Matthews mit Tesla 1938, das Modell von 1938 wurde 1947 wiederaufgebaut. Drittes Modell mit völlig neuem Design, gebaut von Arthur Matthews 1967. Anpassung der Mikrominiaturteile und damit Verkleinerung auf sechs Vorschublängen und vier Zoll Durchmesser, siehe Skizze des Modells von 1967.

"Q" GLASAUFSAUGROHR IM HOLZKASTEN 9ft LONG, 5 Zoll Durchmesser.

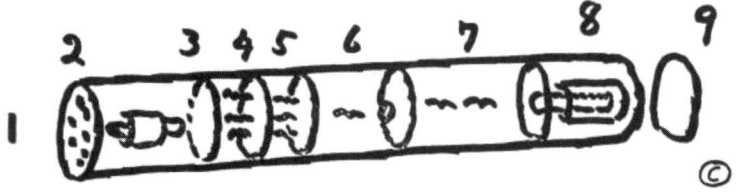

LEGENDE:

1. AUDIO-AUSGANG
2. PICK _UP
3. KONVERTIEREN
4. KAMMER MIT AUTOMATISCHER STEUERUNG.
5. GASKAMMER.
6. WANDLER.
7. KONTROLLE DER EMPFANGENEN ENERGIE
8. DUNKELES ZIMMER
9. KOPF (Q_GLASFILTER) 10

"Wir überbringen Ihnen dieselbe Botschaft in der Hoffnung, dass wer immer sie empfängt, sie Wort für Wort an so viele Menschen wie möglich auf der Erde weitergeben wird. Sie können unsere Botschaft nicht auf Ihren regulären Radiosystemen empfangen, aber wir hoffen, dass andere Tesla die gebührende Ehre erweisen und es ihm gelingt, sein Scope aufzubauen, mit dem wir unsere lebenswichtige Botschaft in den vor uns liegenden dunklen Tagen weitergeben können. Wir können uns nicht in Ihr Schicksal einmischen, das Sie durch Ihren gottgegebenen freien Willen für sich selbst geschaffen haben. Wir können nur hoffen, dass einige von Ihnen auf Christus hören und Gott um Weisheit bitten werden. Wir haben diese Botschaft so viele hundert Jahre lang wiederholt, können wir jemals hoffen, dass die Menschen auf der Erde daraus lernen und danach leben?"

"Das sollten Sie. Es ist eure einzige Hoffnung, eure einzige Rettung."

ENDE DER BOTSCHAFT.

KAPITEL V

Ein sehr lautes Summen übertönt fast die letzten Worte von Frances' Botschaft, und als Frances wenige Augenblicke später zu sprechen versuchte, war es unmöglich, ein Wort zu verstehen, das laute Summen überdeckte die schöne Stimme unseres guten Freundes vollständig. Es gelang mir zu hören, dass sie mir 12 Meditationen über das gute Leben geben wollte, und obwohl das seltsame Rauschen sie zu diesem Zeitpunkt daran hinderte, wusste ich, dass meine venusischen Freunde weitere Versuche unternehmen würden, diese wichtige Botschaft zu übermitteln. Sie versuchten es wiederholt, aber jedes Mal wurden Frances' Worte der Weisheit "von dem knisternden Geräusch eines lauten Rauschens übertönt, bis es mir eines Nachts gelang, ein paar Worte von Frank zu erhalten, und ich verstand ihn so, dass er sagte: "Erwarten Sie uns am 15. April." Können Sie sich vorstellen, wie aufgeregt ich war, diese Worte zu hören? Ich hatte über das Tesla-Scope von ihnen gehört, aber sie waren seit 1961 nicht mehr auf meinem Platz gelandet. Wie ich in wenigen Wochen einen Besuch genießen sollte, aber wie immer darf ich es niemandem sagen, nicht einmal meinem liebsten Freund, denn Wände haben Ohren. Ich hatte den Worten von Frances und Frank mit wachsender Begeisterung zugehört, denn beide wiederholten die Botschaft, um sicherzugehen, dass ich richtig gehört hatte. Es war in der Tat aufregend zu erfahren, dass die großen X-12 mich nach achtjähriger Abwesenheit wieder besuchen würden, und ich wunderte mich zutiefst über die Vorzeichen der besonderen Botschaften, die einen so persönlichen Besuch notwendig machten. In den wenigen Wochen, die folgten, wartete ich mit wachsender Ungeduld auf die Ankunft der X-12. Da ich keinen Hinweis auf den genauen Zeitpunkt der Ankunft des Raumschiffs erhalten hatte, hatte ich das Tesla-Scope so eingerichtet, dass ich in der Zeit vom 10. bis 15. April vor der Annäherung der X-12 gewarnt wurde. Ich wartete ständig auf das Alarmsignal und muss gestehen, dass ich sehr wenig Schlaf hatte. Als der 14. April eintraf und ich immer noch keine Warnung vor der Annäherung der X-12 erhalten hatte, beschloss ich, Tag und Nacht Wache zu halten. Kurz nach Mitternacht ging ich nach draußen, um die Wetterbedingungen zu überprüfen. Es war eine trockene, schöne Nacht, aber mit tiefhängenden Wolken, ideal für eine verdeckte Landung des großen Raumschiffs. Zurück im Haus wartete ich, bis es vorbei war. Es war etwa 1:30 Uhr, als das Alarmsignal auf dem Tesla-Scope schrill ertönte, und obwohl ich es erwartete, schreckte ich fast aus den Schuhen. Ich rannte zur Tür, weil ich das große Schiff landen sehen wollte, aber als ich mit dem Türschloss herumfummelte, kam es mir zuvor. Lautlos wie eine stille Wolke war die X-12 in der großen Senke meiner großen Wiese gelandet, und als ich auf sie zurannte, stand sie dort in ihrer ganzen silbergrauen Pracht, und wieder einmal staunte ich über ihre gigantischen Ausmaße. Dann schob sich eine Tür im Sockel des Raumschiffs auf und vor einem hellen Hintergrund standen die Figuren meiner beiden venusischen Freunde, Frank und Frances, mit einem wunderbaren einladenden Lächeln auf ihren Gesichtern.

Sie trugen ihre üblichen Raumanzüge aus einem losen, biegsamen Material, das ich nicht kannte, aber an den Hand- und Fußgelenken enganliegend und mit einem breiten, flachen Gürtel um die Taille befestigt war. 1 Beide waren barhäuptig, aber selbst im Halbdunkel konnte ich den Glanz ihrer goldblonden Haare sehen, Franks kurz geschnittenes Haar und das von Frances, das in weichen Wellen auf ihre Schultern fiel. Sie waren ein hübsches, gut gebautes Paar, Frank stand etwa 1,80 m groß und seine schöne Begleiterin etwa 1,80 m. Sie kamen mir mit einer herzlichen Umarmung entgegen, während wir gegenseitige Grüße austauschten. Dann sagte Frank: "Komm, lass uns in dein Haus gehen. Wir möchten mit dir sprechen." Franks erste Nachricht an mich war eine rein persönliche. In meinem Leben gab es ein schwerwiegendes Problem in Bezug auf die Gesundheit und das Wohlergehen eines lieben Freundes, das mich zutiefst beunruhigt hatte. Zu meiner großen Überraschung kannten meine Freunde aus dem Weltraum jedes Detail meines Problems und waren schnell bereit, wohlwollendes Verständnis und hilfreiche Ratschläge zu erteilen, was mir großen Trost brachte. Frank erörterte dann mit mir einige spezielle Pläne für den Bau einer neuen Werkstatt weiter nördlich, in der Nähe von Forestville, Quebec, in der ich weitere wissenschaftliche Arbeiten zu den Tesla-Ideen durchführen sollte. Dann trat Frances vor, ein wunderschönes Lächeln auf ihrem schönen Gesicht. "Und nun, Arthur", sagte sie, "werde ich dir, ohne die erlebte Einmischung oder den Tesla-Scope, meine Meditationen über das Gute Leben, ein Geschenk an die Menschen der Erde geben, mit Liebe und Gebet für euch alle, in meinem Herzen." Sie hielt inne, während wir uns gemütlich in meinem Wohnzimmer niederließen, um ihren Worten zu lauschen, dann begann sie mit einem silbernen Plätschern sanften Lachens.

"Meine erste Botschaft ist von solcher Einfachheit, dass viele von Ihnen zweifellos lachen werden, aber genau das ist es, was ich von Ihnen möchte, denn meine Worte betreffen den großen Wert eines Lächelns in allen menschlichen Beziehungen. Kurzum, ich möchte heute Abend mit Ihnen über die Freundlichkeit der Veranlagung sprechen. Meine Freunde, Sie dürfen niemals die unschätzbare Macht unterschätzen, die das Gute auf angenehme Art und Weise gegenüber allen Geschöpfen, den Umständen und dem Leben im Allgemeinen ausmacht. Ein bezauberndes Lächeln, ein angenehmes Wort oder zwei, wird den Ärger oder die harten Gefühle derer, die Ihnen gegenüber schlecht gesinnt sind, augenblicklich zerstreuen, denn ein echtes Lächeln ist eine positive Lichtstrahlung, in der der Schatten des Negativen nicht existieren kann. Wir können die lebenswichtige Bedeutung eines angenehmen Gemüts nicht stark genug betonen, denn es ist der goldene Schlüssel zu einem glücklichen, gesunden Leben. Wussten Sie, dass, wenn Sie eine angenehme Veranlagung pflegen, wenn Sie viel lächeln und lachen, Ihr physischer Körper von vielen Krankheiten nicht angegriffen werden kann, die durch rein mentale Depressionen und unnatürliche Ängste verursacht werden? Das ist das göttliche Gesetz, mein Freund, und wenn Sie die beiden größten Segnungen des Lebens, Gesundheit und Glück, wünschen, dann können Sie sie durch die Christus-Regel erhalten, d.h. durch den einfachen Akt des Angenehmen für sich selbst und für alle anderen. Sie ist sogar das Geheimnis des Friedens auf Ihrer Erde. Spricht Ihre Bibel nicht von "Friede auf Erden und Wohlwollen gegenüber Menschen guten Willens"? Das ist natürlich nichts Neues für Sie. Viele Menschen haben Ihnen viele Male, auf viele Arten und von vielen Menschen davon erzählt. Wie kommt es dann, dass die Menschen auf der Erde nicht eine so einfache Lektion mit so glücklichen Ergebnissen lernen können? Wenn wir auf Sie herunterschauen, sehen wir so viele von Ihnen mit grimmigen Gesichtern durchs tägliche Leben gehen. Einige von Ihnen werden sofort sagen, dass das Leben auf der Erde grimmig ist, aber meine Lieben, können Sie nicht erkennen, dass Sie durch diese negative Haltung nur noch mehr

Grimm in Ihr Leben bringen? Wenn Sie sich hellere Verhältnisse auf der Erde wünschen, haben Sie alle die Möglichkeit, diesen glücklicheren Zustand durch die Entwicklung einer heiteren Einstellung herbeizuführen. Eine angenehme Art und ein strahlendes Lächeln; so einfach ist das. Sicherlich wissen Sie, dass ein Lächeln die ansteckendste Sache auf Erden ist; geben Sie eines, und es wird sich um ein Vielfaches vermehren. Einige von Ihnen werden fragen, was genau ist Freundlichkeit? Es ist in der Tat ein kostbares Juwel, denn Freundlichkeit ist ein facettenreicher Diamant mit vielen Ausdrucksformen. Im Grunde genommen ist es ein einfacher Akt des guten Willens, den Sie sich selbst und anderen und besonders denen, die Sie vielleicht hassen, entgegenbringen, denn Sie sehen, es ist auch eine Form des Selbstschutzes, denn das Licht, das Sie ausstrahlen, kann von den Mächten der Dunkelheit nicht durchdrungen werden. Zu einer angenehmen Persönlichkeit gehört eine optimistische Lebenseinstellung, immer auf der Suche nach dem Guten und Schönen, das es überall gibt, wie Ihre Bibel sagt: "Sucht, und ihr werdet finden". Das Angenehme sollte sich in jedem Ihrer Gedanken, Worte und Taten widerspiegeln. Sie wird Ihrer PERSÖNLICHKEIT einen unwiderstehlichen Reiz verleihen, der IHRE INNERE FREUDE zu IHREM SELBST und das Glück zu anderen bringt. Da Freundlichkeit eine so attraktive Eigenschaft ist, warum ist es dann so, dass Erdenmenschen im Allgemeinen sie nicht zu den erklärtermaßen wichtigen Elementen der Charakterbildung zählen? Wir beobachten mit großer Bewunderung, wie viele von Ihnen ihre Kinder lehren, ehrlich, wahrhaftig und selbstlos zu sein, aber ist Freundlichkeit nicht die höchste Form der Selbstlosigkeit? Natürlich ist sie das, denn sie ist eine positive Ausgießung des guten Willens, die anderen Freude bereitet und sie sofort beruhigt, und darüber hinaus bringt sie die gegenseitige Belohnung von zurückgegebener Freundlichkeit. Kurz gesagt, es macht alle glücklich. Wie können dann die Menschen auf der Erde, die von Ängsten und Befürchtungen bedrückt sind, diese gnädige Kunst des Angenehmen entwickeln? Nun, die in vielen Jahren erworbenen Gewohnheiten, die durch das unvollständige Verständnis des wahren Lebenssinns entstanden sind, zu durchbrechen, ist für mich keine leichte Aufgabe. Darf ich daher mit Liebe im Herzen einige Schritte zur Entwicklung einer angenehmen Persönlichkeit vorschlagen und diejenigen von Ihnen, die Eltern oder Lehrer sind, dazu auffordern, dieses unschätzbare Wissen an Ihre kleinen Kinder weiterzugeben.

1. Üben Sie die Kunst des aufrichtigen Lächelns und nicht des Vortäuschens, bei der Arbeit, beim Spiel und vor allem bei Ihren Kontakten mit anderen. Seien Sie großzügig mit Ihrem Lächeln. Es kostet Sie nichts als eine leichte Bewegung Ihrer Gesichtsmuskeln, und Sie werden erstaunt sein, was Sie als Gegenleistung erhalten.

2. Wenn Sie mit anderen sprechen, lächeln Sie sie an und machen Sie angenehme Bemerkungen. Verpassen Sie nie eine Gelegenheit, ein echtes Kompliment weiterzugeben. Dies ist eine wertvolle therapeutische Psychologie, denn sie bereitet nicht nur Freude, sondern ermutigt den Empfänger, dem Kompliment gerecht zu werden.

3. Einfach weiterzukommen, ist die Beschreibung einer bemerkenswerten Eigenschaft. Um zu gefallen, ist es nicht notwendig, jung oder schön zu sein oder gar Manieren zu haben. Charme ist etwas in der Stimme oder im Ausdruck, durch das man sich besser fühlt, dass man seiner Rasse gegenüber aufgeschlossen ist, dass man anschauen oder anhören kann. Wir brauchen uns nicht darum zu kümmern, ob angenehme Menschen hochge-

bildet sind, sie tun etwas viel Größeres - sie demonstrieren praktisch das große Theorem von der Lebendigkeit des Lebens.

4. Wie viele wohlmeinende Menschen müssen gewarnt werden, damit nicht über ihr Gutes schlecht gesprochen wird und Ihre Prinzipien diskreditiert werden, weil die Religion, zu der Sie sich bekennen, in Ihrer Religionsausübung unbewohnbar, nicht liebenswert erscheint. Sie möchten, dass die Menschen in Ihrem Beispiel etwas von treuem Charakter lesen; achten Sie darauf, dass sie Sie nicht für einen Heuchler halten.

5. Durch Ihr Verhalten eine bewundernde Liebe für das Gute zu wecken, ist ein Ziel, das Sie nie erreichen werden, wenn Sie unangenehm, ungnädig und unfreundlich sind. Denken Sie daran, was Christus gesagt hat: "Richte nicht, vergib den Menschen, gib dem, der dich bittet, gesegnet sind die Friedensstifter, tu Gutes denen, die dich hassen."

"Und nun, Arthur, unser lieber Freund, lass mich einen kleinen Vers vorlesen, den wir von der Venus lernen." -------

"Obwohl es so viele Monate dauert, um ein einziges Jahr zu machen, doch viel schneller als Sie denken, werden die Monate verschwinden; Die Jahrhunderte selbst haben Flügel. Neue Jahre werden alt und grau; Die Arbeit, die Sie zu tun beabsichtigen, Beginnen Sie sie, Freund, heute.

So viele , Monate, so viele Wochen, aber bald sind sie vorbei; es gibt nur ein kurzes Leben zu leben, Jedes Jahr kann das letzte sein.

Zum Gestern gibt es keine Tür. Und zum Morgen auch nicht.

Das Heute gehört dir, aber mehr nicht gehört dir oder mir.

Wie viele Minuten sind in einer einzigen flüchtigen Stunde noch übrig?

Doch während du noch zählst, werden sechzig Augenblicke vergehen.

Hast du ein zärtliches Wort zu sagen, eine gute Tat zu tun, wie wär's, wenn du's noch heut tust?

Ich würde es tun, wenn ich du wäre!"

"Danke für den guten Rat", sagte ich, "ich werde mein Bestes tun, aber es gibt viele Fragen, die ich gerne von Ihnen beantwortet hätte. Die Zeit vergeht schnell, wer würde glauben, dass es fast acht Jahre her ist, dass Sie das letzte Mal hier waren. Haben Sie Zeit, eine Frage zu beantworten?" Frank lächelte und nickte: "Wir werden noch eine kurze Zeit bleiben", sagte er, "aber ich muss Sie warnen, wenn sich der Himmel aufhellt, müssen wir sofort abheben. Aber sprechen Sie weiter, ich werde versuchen, Ihre Frage zu beantworten." "Nun, Frank", fragte ich, "können Sie mir etwas über dieses Ding sagen, das wir auf der Erde 'Schwerkraft' nennen? Können wir jemals hoffen, uns von ihr zu befreien?" Franks tiefblaue Augen tasteten meine auf der Suche ab. "Eine faszinierende Frage", antwortete er. "Eine Sache, die ich weiß, und die Sie sicher auch wissen, ist die Tatsache (und alles andere ist nur Theorie), dass die Schwerkraft ein Name für die unbekannte Kraft ist, die alle Dinge zu einem Anziehungspunkt zieht. Es ist ein göttliches Gesetz, und wie bei allen göttlichen Gesetzen - es ist für immer. Aber was genau meinen Sie mit "Freiheit von der Schwerkraft"? Meinen Sie überhaupt keine Schwerkraft - oder ein einfaches Mittel, um sich von der Erde zu erheben? Wir von der Venus haben diese Kraft durch angewandtes "Denken" oder "Glauben". Aber wir entfernen die natürliche Kraft der Schwerkraft nicht oder stören sie oder versuchen, sie zu stören. Lassen Sie mich ein wenig mehr über die Schwerkraft erklären. Was ich Ihnen sagen kann, ist nichts Neues, ich denke, Sie haben ebenso viele Informationen zu diesem Thema wie wir, aber da Sie mich fragen, werde ich Ihnen alles sagen, was wir über die Venus wissen. Die Schwerkraft besteht aus zwei unterschiedlichen Teilen, Zentrifugalkraft aufgrund der Rotation eines Planeten, plus die Kraft der natürlichen Anziehungskraft des Planeten.

Wenn die Anziehungskraft des Planeten Erde gestoppt oder ihr entgegengewirkt werden könnte und die Zentrifugalkraft bestehen bliebe, würde alles lose Material auf der Erde, einschließlich Luft, Wasser und der meisten Gebäude, die Erde für immer verlassen und in den Weltraum fliegen. Wenn die Fliehkraft ebenfalls gestoppt oder ihr entgegengewirkt würde und die Schwerkraft gleich Null gemacht würde, hätten physische Körper kein Gewicht. Der Druck, den die oberen Schichten der Erdatmosphäre auf die unteren Schichten ausüben, würde aufhören zu existieren, die gasförmige Luft würde sich ausdehnen und die Erde verlassen, gefolgt von dem Wasser, das verdampfen würde. Der Mond, der durch die Anziehungskraft der Erde in seiner Umlaufbahn gehalten wird, würde die Erde verlassen, und es würden viele andere drastische Veränderungen eintreten."

"Wenn sich die Bedingungen so verändern würden, dass der menschliche Körper nicht mehr der Schwerkraft unterworfen ist, würde sich diese Veränderung als tödlich erweisen, denn Ihre physiologischen und psychologischen Prozesse wären so gestört, dass Sie unter den neuen Bedingungen schnell sterben würden. Solche Bedingungen bedeuten, dass sich die Luft, das Wasser und die Nahrung, die in den Körper gelangen, von einem Zustand, in dem sie Gewicht hatten, zu einem Zustand verändert haben, in dem sie kein Gewicht haben."

"Man könnte noch viel mehr sagen, aber es würde alles auf dasselbe hinauslaufen. Die Schwerkraft ist eines der Naturgesetze Gottes. Sie ist ein exaktes Gesetz und daher perfekt, und wenn der Mensch sie umkehren könnte, könnte er nicht existieren. Der Mensch kann Gottes Gesetz nicht verbessern, aber wir können sie uns zunutze machen. Ich glaube, dass der 'Gedanke' die größte Kraft ist, die es gibt, und durch den Gebrauch dieser Kraft können wir die Schwerkraft überwinden. Erdenmenschen könnten lernen, diese Kraft zu nutzen, durch die Praxis des vollkommenen Glaubens (nicht des blinden Glaubens), durch den unwiderlegbaren Glauben, dass es möglich ist."

"Gott sei mit dir, unser Freund, und immer mit uns, wenn wir gemeinsam für spirituellen Fortschritt und Frieden auf Erden arbeiten."

Mit dem Ende dieser Worte traten Frank und Frances in die X-12 ein. Die Tür schloss sich hinter ihnen, Sekunden später erhob sich das große Raumschiff schweigend und verlor sich bald hinter den Wolken, so dass ich viele Fragen im Kopf hatte und mich fragte, wann sie zurückkehren würden.

KAPITEL VI

Anfang August 1969 machte ich mich mit dem Auto auf den Weg zu einer Reise nach Westkanada. Alles ging gut, bis ich in die Nähe von Sault St. Marie, Ontario, kam.

Dort hatte ich auf der Straße einen Unfall. Dieser ereignete sich auf einer kiesigen Neubaustrecke, als ohne Vorwarnung und in einer Geschwindigkeitsbegrenzungszone ein Auto mit sehr hoher Geschwindigkeit vorbeischoss und einen Steinschauer auf mich niederprasselte, der mein Autofenster zertrümmerte, eine Glasscherbe in mein linkes Auge schlug und einen leichten Schnitt an meiner linken Hand verursachte, so dass ich nicht weiterfahren konnte. Ich versuchte, an mehreren Tankstellen Reparaturen durchführen zu lassen, aber alle hatten die gleiche Ausrede, kein Glas zum Einsetzen zur Hand, und es würde mindestens vier Tage dauern, um welches zu beschaffen.

Ich beschloss, nach Quebec City zurückzukehren, also flickte ich das Fenster mit durchsichtigem Plastik und fuhr über die Autobahnen 17 und 69 und dann auf der 401 nach Hause. Ich hatte Glück, dass es nicht regnete, und so ließ ich mir Zeit, in Brockville, Ontario, zwei Nächte lang anzuhalten, und während der Zeit, die ich dort verbrachte, erhielt ich eine Nachricht von einem Freund, der im Armeelager in Gagetown, N. B., stationiert war. Er sagte, dass ein großes Raumschiff von Hunderten von Armeeangehörigen gesehen worden sei, und er wollte, dass ich so bald wie möglich dorthin fahre. Ich verließ Brockville um 4 Uhr morgens und kam gegen Mittag in Quebec City an, wo eine Tankstelle ein neues Fenster an meinem Auto anbringen ließ, was etwas mehr als eine Stunde dauerte. Ich fuhr dann nach Hause zum Lake Beauport, der etwa 16 Meilen von der Tankstelle entfernt ist, an der das Fenster repariert wurde; als ich ein leichtes Mittagessen zubereitete und mich wusch, war es fast 15 Uhr. Dann fuhr ich nach Quebec City, über die alte Quebec-Brücke und dann entlang der Autobahn Nr. 2 nach Osten; Gagetown, wir kommen! Aber es war viel zu weit, um es in dieser Nacht zu erreichen. Gegen 20.00 Uhr erreichte ich Notre-Dame du Lac, wo ich übernachtete. Nach dem Frühstück ging ich um 6 Uhr morgens los und kam um 11 Uhr in Gagetown an, und da es ein schöner Tag war, genoss ich ein Picknick-

Mittagessen, bevor ich meinen Freund suchte, den ich gegen 12.30 Uhr fand. Wir gingen dann zu dem Ort, an dem das Raumschiff zu sehen war, und ich unternahm eine sehr sorgfältige Inspektion mit den von Tesla entworfenen Spezialdetektoren. 1 Ich weitete meine Untersuchung auch aus, indem ich die Anwohner und das Armeepersonal befragte, die sagen, sie hätten die großen Raumschiffe landen sehen. Ihre Beschreibungen stimmten perfekt mit denen der X-12 überein. Bei meiner Rückkehr nach Hause ein paar Tage später baute ich den Tesla-Scope auf, den ich für meine erwartete lange Reise in den Westen demontiert hatte.

Gegen Ende August 1969 erhielt ich eine Nachricht von Frank über den Tesla-Scope. Es war eine Bitte, und sie betraf eine sehr erdgebundene Angelegenheit. Während ihres Besuchs bei mir am 15. April 1969 hatte Frank in meinem Haus eine Nachricht gelesen, die in einer UFO-Zeitung erschien, die in Vancouver, BC, veröffentlicht wurde. Die Geschichte betraf ein großes Stück Metall, das 1960 in der Nähe von Quebec City aufgefangen worden sein soll. 3 Die Person, die die Geschichte schrieb, sagte, es handele sich um ein Rätsel, da niemand in der Lage gewesen sei, genau herauszufinden, was es war, und der Autor fuhr fort, dass Mitglieder eines kanadischen Wissenschaftsclubs dachten, dass es aus dem Weltraum gefallen sein könnte. Sie sagten, es wog etwa 3.000 Pfund.

Frank war interessiert wegen der Erklärung, die er gelesen hatte und die besagt, dass das Metall außerirdischen Ursprungs sein könnte, und da dies interessant sein könnte, wollte er, dass ich einige Tests mit ihm durchführe. Frank gab mir dann Anweisungen, wie ich die Tests mit einer Tesla-'Brücke' und einem Tonbandgerät durchführen sollte. Das Metallstück befand sich in Ottawa, Ontario, wo ich gemäß den Anweisungen, die ich von Frank erhielt, einen sehr sorgfältigen Test durchführte. Tatsächlich führte ich drei vollständige Tests durch, bei denen eine Anzahl von Personen anwesend war, und zwar mit Hilfe der Tesla-Brücke. Ich konnte die über den Tesla-Scope aufgezeichneten Informationen direkt an Frank übermitteln, der eine sorgfältige Analyse vornahm und sie nach seinen Erkenntnissen genau mit einigen anderen Eisenstücken verglich, die Teil der ersten Quebecer Brücke waren, die 1906 einstürzte.

Als ich Frank fragte, ob er mir eine Vorstellung von der tatsächlichen Zusammensetzung und dem prozentualen Anteil der verschiedenen Metalle, die in dem Brocken gefunden wurden, geben könne, sagte er, dass die Kenntnis des tatsächlichen prozentualen Anteils der verschiedenen Metalle nichts beweisen würde und eine Zeitverschwendung wäre, denn unser Test bewies zweifelsfrei, dass es nie im Weltraum gewesen war. Es hat genau die gleiche Zusammensetzung wie andere Blöcke, die am selben Ort gefunden wurden.

Kapitel VII

Heiligabend 1969 war ich gerade aus Montreal eingetroffen, wo mein Problem durch die Gnade Gottes gelöst worden war, wie es unsere beiden venusischen Freunde Frank und Frances versprochen hatten. Ich war von Val Morin aus gefahren, das 45 Meilen nördlich von Montreal liegt, eine sehr gute Straße bei schönem Wetter, aber auf den meisten der 45 Meilen hatte ich einen Schneesturm, sodass ich den ganzen Weg nur sehr langsam fahren konnte. Zum Glück war der Rest der 212 Meilen langen Fahrt bis Quebec in Ordnung und klar. Ich war etwas müde, als ich zu Hause ankam, und beschloss, mich vor dem Ausladen meines Autos auszuruhen, doch kaum hatte ich mich zur Ruhe gelegt, als der Alarm auf dem Tesla-Scope ertönte. "Ausgerechnet", dachte ich, "eine Weihnachtsbotschaft?" Es war die Stimme von Frank.

"Wir werden landen", sagte er. "Kommen Sie sofort." Da auf den Feldern nicht viel Schnee lag, brauchte ich nicht lange, um dorthin zu laufen, wo die große X-12 gelandet war, an derselben alten Stelle. Frank und Frances standen in der Tür und lächelten. "Weihnachtsgrüße, alter Mann", sagte Frank. "Komm rein, wir haben eine Überraschung für dich." "Was meinen Sie mit 'Überraschung'", sagte ich, "ist Ihr unerwarteter Besuch nicht überraschend genug?" "Nun", sagte Frank, "wir haben eine größere Überraschung. Kommen Sie mit uns." Also folgte ich ihnen bis zum obersten Stockwerk des großen Raumschiffs, das mit Hilfe des gewinnbringenden, gedankengesteuerten Aufzugs nur wenige Sekunden brauchte, und da waren wir nun, fast 300 Fuß hoch. "Sieh mal, Arthur", sagte Frank und deutete auf eine große silberne Kugel. "Was ist das?" fragte ich. "Sieht aus wie ein übergroßer Fußball, ein silberner Ball."

Frank lachte und antwortete: "Dieser Fußball, wie Sie ihn nennen, mein guter Freund, ist eine ZEITMASCHINE". "Kein Scherz", sagte ich. "Nein", antwortete Frank, "ich mache keine Witze, das ist eine echte Zeitmaschine. Würden Sie gerne einmal darin Platz nehmen? Zurück oder vorwärts in die vergangene oder zukünftige Geschichte Ihrer Welt?" Ich war erstaunt und nur teilweise überzeugt. Ich hatte viele Geschichten über Zeitmaschinen gelesen, sehr interessant, aber keine davon war wahr. Aber bis jetzt hatte ich keinen Grund, an Franks Worten zu zweifeln, und vom Anblick der Wunder, die ich auf der Venus gesehen hatte, und der Tatsache, dass dieses große Raumschiff allein durch Gedanken gesteuert wurde, wusste ich, dass die Zeitmaschine ein weiteres Wunder der Venus war, es sei denn, Frank nahm mich einfach nur auf den Arm.

Das sagte ich auch zu Frank. "Okay", sagte Frank, "sag mir, wohin möchtest du gehen?" "Ich würde gerne sehen, wie unsere Welt in zweitausend Jahren aussehen wird", sagte ich. "Zum Beispiel, wie wird mein Besitz aussehen? Wird es wieder ein schöner ländlicher Ort sein? Ich habe Vorstellungen davon, worauf sich die Welt stürzt, also wenn Ihre Zeitmaschine wirklich funktioniert, lassen Sie uns gehen." Ohne eine weitere Bemerkung öffnete Frank eine kleine Tür an der Seite der großen silbernen Kugel. Bist du bereit?", fragte Frank. "Ich bin fast zu Tode erschrocken", antwortete ich. Frank und Frances lachten beide über mein erstauntes Gesicht. "Keine Gefahr", versicherten sie mir beide. "Sagen Sie uns einfach, wohin Sie gehen möchten. Das heißt, haben Sie sich schon entschieden? Wollen Sie vorwärts oder zurück in die Geschichte gehen? Bis zu welchem Jahr genau und wohin genau auf der Erde?"

"Nun", sagte ich, "wenn Sie mich nicht auf den Arm nehmen, würde ich gerne mein Eigentum, genau diesen Ort, am 24. Dezember, 2000 Jahre später, sehen". "Na gut", sagte Frank, "gehen Sie hinein, setzen Sie sich und streifen Sie zu keiner Zeit umher, bleiben Sie genau an der gleichen Stelle. Aber wenn Sie sich in Gefahr fühlen, oder aus welchem Grund auch immer Sie zurückkehren möchten, rufen Sie, oder wie Sie auf Erden sagen, "Schreien Sie". Wir werden Sie zurückbringen, sobald wir Ihre Worte hören." Ich setzte mich hin, und Frank schloss die Tür und ließ mich in fast völliger Dunkelheit zurück. Dann begann ein leichtes Summen. Nach scheinbar wenigen Stunden, aber in Wirklichkeit waren es nur wenige Augenblicke, fand ich mich allein sitzend wieder, und nachdem sich meine Augen nach einigen Sekunden an das helle Licht gewöhnt hatten, bemerkte ich, dass kein Schnee lag, und was ich am meisten bemerkte, war die sehr warme Temperatur; tatsächlich war es heiß. Aber, so dachte ich, wie kann das sein, denn als ich am 24. Dezember 1969 zum Raumschiff gegangen war, hatte es am Lake Beauport etwa 25 Grad unter Null, nicht viel

Schnee, aber wir hatten ein paar Zentimeter. Hier saß ich nun an genau derselben Stelle, ohne dass ein Raumschiff in Sicht war, auf einem Steinblock sitzend, draußen im Freien. Ja, es war heiß. Aber, so dachte ich, wenn diese Zeitmaschine eine Tatsache ist, dann war dies das Jahr 3969: Die Welt hatte 2.000 Jahre hinter sich, und was für eine Veränderung: Das, was 1969 ein mit Bäumen bedeckter Berg gewesen war, war komplett mit Ruinen bedeckt, keine Spur von irgendwelchen Gebäuden, nur Ruinen, Block auf Block gestapelt, überhaupt keine Bäume.

Habe ich geträumt? War die Silver-Ball-Zeitmaschine eine Tatsache? Wodurch wurde dieser Ruin verursacht? Viele Fragen gingen mir durch den Kopf. Große Steinblöcke und zerbröckelnde Ruinen erinnerten mich an Bilder, die ich von den Ruinen des alten Rom gesehen hatte. Irgendwann in der Vergangenheit waren große Steingebäude auf meinem ehemaligen landwirtschaftlichen Grundstück errichtet worden. Was verursachte ihre Zerstörung? Soweit das Auge sehen konnte, eine völlige Zerstörung; wohin war das einst schöne Land verschwunden? Ich saß dort mit Traurigkeit im Herzen. Es schien kein Leben zu geben - keine Vögel oder kleine wilde Freunde, die mir einst entgegenkamen, wenn ich in den Wald hinuntergegangen bin. Die Ruinen schienen völlig tot, so weit und in alle Richtungen, wie das Auge sehen konnte - nichts als Ruinen. Ich schien frei von der Silberkugel zu sein, denn ich sah keine Spur von ihr. Ich saß auf einem der Steinblöcke, und ich konnte in alle Richtungen sehen. Ich traute mich nicht, mich zu bewegen, weil Frank mich davor gewarnt hatte, und so blieb ich an der Stelle sitzen. Kein Leben, sagte ich? Was in aller Welt ist das? Haben mir meine Augen einen Streich gespielt? Denn da kam aus einem Raum zwischen großen Steinblöcken ein seltsam aussehendes Monster heraus. Es schien etwa 15 Meter lang zu sein, mit einem großen Kopf und dem Aussehen einer großen Eidechse. Es sah mich und begann, sich mir zu nähern. Es näherte sich bis auf 100 Fuß und setzte sich auf: Es sah komisch aus, aber ich lachte nicht: Ich fragte mich, ob ich schreien und mich von Frank in das Jahr 1969 zurückversetzen lassen sollte, oder ob ich abwarten sollte, ob das Monster näherkam. Ich fragte mich auch, wer mehr Angst hatte, ich oder das Monster? Zweifellos hatte es noch nie zuvor eine menschliche Kreatur gesehen. Nun, es schien sich nicht für mich zu interessieren, denn er (oder sie?) wurde es bald müde, mich zu beobachten, und erhob sich auf alle vier Füße und fing an, etwas Unkraut zu fressen, das zwischen den Steinen wuchs.

Die ganze Zeit hatte ich mich gefragt, ob die Leute, die diesen Ort gebaut hatten, irgendwelche Aufzeichnungen hinterlassen hatten, und wenn ja, wie konnte ich sie entdecken? Das war ein Problem, denn Frank hatte mich gewarnt, meinen Platz zu verlassen. Ich konnte viele Steine in allen Formen und Größen sehen, vielleicht hatte jemand irgendeine Form oder eine Art von Platte in einen oder mehrere der Steine geschnitten, so wie wir es bei einem Eckstein tun, aber wenn ich mich nicht von meinem Sitz wegbewegen könnte, wäre es unmöglich, irgendeine Platte zu finden. Es schien nichts zu geben, was ich tun konnte, bis ich ins Jahr 1969 zurückkehrte, und vielleicht würde es Frank interessieren, mit mir zurückzukehren, damit wir nach Platten suchen könnten. Ich dachte entlang dieser Linie, als ich sah, wie die Kreatur, was immer es war, in den Raum zwischen den Steinen zurücklief. Irgendetwas hatte es erschreckt, aber zunächst sah ich nichts außer den Steinen. Dann blickte ich auf, als ich bemerkte, was die Kreatur gerade tat, und sah erstaunt, dass etwas vom Himmel herunterglitt: Näher und näher kam es, langsam kam es und wurde immer größer und größer, bis es fast den Himmel bedeckte. "Ein Raumschiff", rief ich erstaunt. Ja, in der Tat, aber was für ein Raumschiff: Es schien mindestens viermal so groß zu sein wie die X-12. Zuerst hatte ich Lust zu laufen, aber etwas sagte mir, ich solle bleiben, wo ich war.

Endlich kam das riesige Schiff zur Ruhe. Der Kontrollturm, der genau wie der X-12 gebaut war, hatte einen Durchmesser von ungefähr 250 Fuß, und ich dachte, er würde 900 Fuß hoch sein. Der Schiffskörper bedeckte alles, was man sehen konnte, er hatte einen Durchmesser von ungefähr 2.400 Fuß. Als ich dort saß, fast erstarrt vor Angst, öffnete sich die Tür - können Sie erraten, wer herauskam? Ja, mit einem jungenhaften Grinsen war es Frank, der keinen Tag älter aussah als damals, als ich ihn vor 2.000 Jahren verlassen hatte. Lachend über meinen überraschten Blick fragte er: "Warum sind Sie überrascht? Habe ich Ihnen nicht gesagt, dass wir von der Venus seit Tausenden von Jahren leben?" "Ja", antwortete ich, "das haben Sie, aber ich bin schwer zu überzeugen. Ist Frances bei Ihnen?" "Ja, genau hier", sagte die silberne Stimme unserer schönen Freundin, als sie an die Tür kam und auch keinen

Tag älter aussah. Sie kamen zu mir und wir saßen gemeinsam auf den Steinblöcken. "Nun Arthur", sagte Frank, "hast du genug von der Zukunft gesehen?" "Ja und nein, Frank", sagte ich. "Ich habe ein paar Fragen: Wie kann ich zuerst diese Ruinen durchsuchen? Ich würde gerne, wenn möglich, eine Aufzeichnung finden, die vielleicht in die Steine gemeißelt ist: Versuchen Sie herauszufinden, was diese Ruine verursacht hat. Kann ich diesen Platz verlassen oder werden Sie mir die Antwort auf dieses Problem sagen?" Frank sah nachdenklich drein." Es ist unmöglich für Sie, Ihren Platz zu verlassen, nicht einmal für einen Moment ohne Gefahr. Aber ich werde für Sie suchen", sagte er.

Dann ging er auf eine große Gruppe von Steinen zu und begann zu suchen, bewegte sich von Stein zu Stein und schrieb auf einen Block, den er trug. Es schien Stunden zu dauern, bis er mit einem Lächeln auf dem Gesicht zurückkehrte. "Haben Sie etwas gefunden?", fragte ich. "Ja", antwortete Frank, "ich habe etwas gefunden, keine vollständige Aufzeichnung, fürchte ich, aber wir haben die traurige Geschichte. "Traurig?" Ich fragte: "Wie traurig?" "Nun", sagte Frank, "ich werde versuchen, Ihnen ein gutes Bild der letzten 2000 Jahre zu geben, nach dem, was ich persönlich weiß, und nach den Aufzeichnungen, die in diese Steine gemeißelt wurden.

Es gab eine Zeit, wo ein Atomkrieg zwischen China und Russland ausbrach. Dies führte zum Dritten Weltkrieg, einschließlich Amerika, Kanada, England und Südamerika. Am Ende gewann, wie zu erwarten war, niemand; der größte Teil der bekannten Welt wurde fast vollständig zerstört, nur wenige Menschen, die in den Hügeln und in der Nähe des Nord- und Südpols lebten, konnten am Leben bleiben. Die ganze Natur der Erde veränderte sich: die Jahreszeiten selbst änderten sich. Die einzigen Menschen, die übrig blieben, waren die der Hügel Chinas, gute Menschen, die wenig Nutzen oder Bedarf an den Dingen hatten, von denen der größte Teil der westlichen Welt für ihre Existenz abhing. Es war (laut den in die Steine geschnittenen Aufzeichnungen) 1983, als die Menschen Chinas nach Kanada zogen, und die Ruinen, die Sie vor sich sehen, sind ein Teil ihrer Entwicklung, die bis zum Jahr 2.920 andauerte. Mit anderen Worten, das chinesische Volk besaß zu dieser Zeit den größten Teil der Welt. Dann kam ohne Vorwarnung das Ende. In einem Moment taten die Menschen alles, was ihnen gefiel, und beteten den Sonnengott an. Im nächsten Moment war alles zerstört, der Sonnengott konnte sie nicht retten. Wie wir im Buch der Offenbarung lesen, gibt es nur einen Gott."

Frank fuhr fort: "Die Menschen im Jahr 2.920 glaubten, sie stünden über Gott. Sie hatten, wie sie dachten, ein Supersystem erfunden, um ihr materielles Leben "für immer" aufrechtzuerhalten. Sie hatten keine Verwendung für den Gott der Liebe, sie hatten den Atomkrieg völlig vergessen. Und dann fiel der Schlag. Die Astronomen hatten gesehen; hatten seit Jahren ein leuchtend rotes Etwas betrachtet. Dieses Etwas entpuppte sich als ein großer Feuerball, und als es sich der Erde näherte, sah man, dass es viel größer als die Erde und um einiges "heißer" war. Tatsächlich stellte sich heraus, dass es sich um einen Ball aus Atomenergie handelte, aber wie man es seit Ewigkeiten gesehen hatte, nahm die Welt es als selbstverständlich hin. Man sagte, er sei "nur ein weiterer heller Stern", bis der Schlag fiel. Der Chefastronom in Montreal sah etwas Neues; der Feuerball schien näher zu sein, tatsächlich schien er schnell auf die Erde zu fallen: Während der nächsten Tage sahen viele andere Astronomen dasselbe. Natürlich sagte die ganze Welt seltsame Dinge über die alten Männer, die sich die Sterne anschauen, aber der Feuerball wurde größer, jeder Narr konnte das sehen. Aber sie hatten diese Kometen schon einmal gesehen. Schließlich waren die Menschen zu weise, um an Gott zu glauben. Die Wissenschaft sagte, so etwas könne in dieser modernen Welt nicht passieren - wer war dumm genug, an einen Gott zu glauben? Als die Astronomen der Welt endlich ihre Erkenntnisse zusammentrugen und sagten, der Feuerball würde sehr bald die Erde treffen, glaubte niemand, außer der kleinen Handvoll, die von dieser alten Gruppe von Narren übriggeblieben war, die sagten, sie seien "Christen". Natürlich waren sie zum Lachen!"

"Endlich, nach ein paar Monaten des Spaßes mit den dummen Christen, war die Hitze dieses Feuerballs auf der ganzen Welt zu spüren; die Eiskappen am Nord- und Südpol schmolzen und verursachten Überschwemmungen, man spürte Erschütterungen, die Flüsse begannen auszutrocknen, und in wenigen Monaten konnten keine großen Dampfschiffe den großen St. Lorenz-Strom hinauffahren. Die Staats- und Regierungschefs der Welt begannen zu denken, vielleicht hatten die Christen doch etwas, sie schienen die einzigen Menschen auf der Welt zu sein, die noch lächeln konnten:

Aber was stimmte nicht mit unseren Jungs von der Wissenschaft, die der Welt gesagt hatten, dass dieser Feuerball nur ein helles Licht sei, keine Gefahr? Der heiße Feuerball kam näher, niemand konnte einen kühlen Fleck finden. Die meisten Menschen waren in die Arktis geflüchtet, aber dort war es sogar heiß. Es schien nur eines zu tun: schnell von der Erde verschwinden, aber wie konnten mehrere Milliarden Menschen die Erde verlassen? Es gab kein Raumschiff und keine Zeit, eines zu bauen, selbst wenn man wüsste, wie, aber natürlich glaubte niemand an Raumschiffe, genauso wenig wie sie. Das Ende kam schnell, ein Schock nach dem anderen traf die Erde, und es gab keinen Platz zum Verstecken, selbst die großen Höhlen im Inneren der Erde waren zerstört, nicht ein Stein stand auf dem anderen, ein großer Haufen Müll: Ruinen, Ruinen. Die wenigen Christen wurden auf den Planeten Venus versetzt und kehrten viele Jahre später zur Erde zurück, um mit Gott eine neue Welt zu beginnen."

"Und das", sagte Frank, "ist die Geschichte vom Ende der Menschen auf der Erde, nach meinem persönlichen Wissen und den in diese Felsen geschnittenen Aufzeichnungen. Die Aufzeichnungen wurden von den letzten Menschen gemacht, die noch lebten, einige Monate bevor die Welt zerstört wurde." "Aber", fragte ich, "was hat der Chefastronom gesehen?" Frank sah mich mit traurigen Augen an."Es war der 'Rote Planet'. Die Menschen auf der Erde wurden von der Atomenergie, die von diesem Planeten abtransportiert wurde, völlig zerstört, als er in Reichweite kam. Der Mensch hatte sich mit Hilfe seiner törichten Wissenschaft selbst zerstört. Sie sehen, mein Freund, niemand kann für immer von Gott getrennt leben.

Gott hat sie nicht zerstört. Das ist nicht neu, wie ich so oft in meiner Botschaft an die Erdenmenschen wiederholt habe. Sie scheinen nie aus Ihren Fehlern zu lernen, Ihre großen Wissenschaftler scheinen zu glauben, dass sie alles wissen, und weil sie in Wirklichkeit nichts wissen, bringen sie Zerstörung über sich selbst und alle, die an sie glauben. Wissenschaft unter göttlicher Kontrolle ist gut, aber ohne Seinen Willen ist sie böse."

Mit diesen letzten Worten sagte Frank "Auf Wiedersehen". Frances winkte mit der Hand und ging in den großen X-12 und ließ mich mit meinen Gedanken und vielen Fragen, die ich Frank stellen wollte, allein. Dann schrie ich und fand mich in der silbernen Kugel wieder, und in wenigen Sekunden öffnete Frank die Tür, ich trat hinaus, wieder zurück zum Weihnachtsabend 1969: "Willkommen zu Hause", sagte Frank. "Erzähl uns die Neuigkeiten." Ich erzählte ihnen alles, was ich gesehen hatte: die Ruinen, das Monster, das riesige Raumschiff und die Geschichte, die er mir erzählt hatte.

Frank und Frances waren traurig. "Aber", sagte Frank, "ist es nicht wahr, dass Ihre Welt seit Generationen gewarnt worden ist? Die Menschen auf der Erde arbeiten daran, sich durch ihre törichten Methoden selbst zu zerstören. Gott hat eine Menschenrasse geschaffen - manche rot, manche schwarz, manche andersfarbig -, aber alle eine Rasse; müssen wir Ihnen sagen, dass Sie andere verurteilen, weil sie eine andere Hautfarbe haben, oder weil andere mehr oder weniger Geld haben, oder weil vielleicht ihr "sozialer Hintergrund" anders ist: Es ist kein Wunder, dass Sie Krieg und andere Probleme haben. Wir glauben immer noch, dass der Erdenmensch im Allgemeinen geisteskrank ist; wir haben große Schwierigkeiten, uns davon zu überzeugen, dass sich geistig gesunde Menschen so verhalten würden wie Erdenmenschen."

"In unserer ersten Botschaft haben wir Ihnen von unserer Überraschung berichtet, dass die Menschen auf der Erde wie Insekten umherlaufen, die wenig praktischen oder konstruktiven Nutzen haben, sondern nur als Spieljungen leben, für sich selbst. Die meisten von euch beenden ihr Leben traurig; selbst in diesem Augenblick planen eure Nationen, sich gegenseitig zu ermorden, um zu sehen, wer die erste Atombombe werfen kann, um die andere zu sprengen, wenn möglich, ohne dabei verletzt zu werden. Sie in Kanada haben den höchsten Lebensstandard auf der Erde, und in welcher Weise danken Sie Gott? Aus ihren Taten scheint es, dass die Menschen ihre glückliche Lage nicht zu schätzen wissen. Nach dem, was wir sehen, ist keiner der Menschen auf der Erde mit dem guten Leben zufrieden, denn die Bedingungen auf der Welt sind in diesem Zeitalter immer noch dieselben wie vor der großen Flut, als alle bis auf acht Personen zerstört wurden. Die Menschen von damals waren fast die gleichen wie die Menschen der heutigen Erde: Sie waren sehr religiös, aber weltlich, materialistisch gesinnt. Beachten Sie, dass sie vor der Flut ungefähr dieselbe "neue" Moral hatten wie Sie zu dieser Zeit auf der Erde, und das ist der Grund dafür, dass wir in großer Zahl gekommen sind. Sie werden feststellen, dass die Menschen vor der Flut über die wenigen lachten, die Zeichen sahen, und über den dummen alten Mann, der sein Fliegendes Unterwasserschiff (Arc) baute, niemand sah die Zeichen. Beachten Sie, dass heute nur sehr wenige unsere Raumschiffe sehen; ja, die Mehrheit lacht, denn wie Christus sagte: "Es gibt niemanden, der so blind ist wie die, die sich weigern zu sehen." Nur diejenigen, die glauben, können weiter sehen als ihre Nase, und deshalb habt ihr Ruinen gesehen."

Mit diesen Worten beendete Frank seinen Vortrag, und Frances sagte, sie würde uns einen kleinen Vortrag halten, über den wir nachdenken könnten. "Ich werde Arthur nicht sehr viel sagen", sagte sie. "Wir müssen gehen, aber wir werden bald wiederkommen, und dann werde ich Ihnen eine weitere Meditation bringen. Hier sind ein paar Gedanken über 'Visionen'. Hast du jemals daran gedacht, mein lieber Arthur", sagte sie, "dass Gottes treueste Diener durch die Kraft und Führung gelebt haben, die durch ihre 'Visionen' zu ihnen kamen, während sie nicht auf die Dinge schauten, die man sieht, sondern auf die Dinge, die man nicht sieht? Für die meisten Menschen, die Venusianer und Ihr Volk der Erde und die Menschen anderer Welten, kommen von Zeit zu Zeit frohe und glückliche Tage. Lassen Sie uns wieder Mitglied werden, um unsere Augen und Herzen offen zu halten, um in diesen glücklichen Tagen so viel wie möglich von der Freude an dem, was wir sehen und hören, zu trinken. Es mag sogar für uns wahr werden, dass Gott in unseren Gärten mit uns sein sollte und dass wir Ihn durch die Dinge, die gemacht werden, besser kennen lernen können. Aber wie können wir diesen Geist des Lebens und des Lichts bei uns behalten, wenn die Tage wieder dunkler werden und die Schatten so früh fallen? Haben wir eine innere Vision, die nicht von den verschiedenen Ereignissen in unserem Leben abhängt? Was kann uns in schmerzlicher Angst mutig und ruhig machen? Was kann uns beruhigen, wenn die Wolke von Depression und Krankheit zu uns kommt? Was kann uns beruhigen, wenn der tiefe dunkle Schatten des Todes fällt oder unser Zuhause und all unsere Freude mit sich nimmt? Was kann uns geduldige Weisheit und ein liebevolles Interesse an den Kindern geben, alt und jung, je nach ihren Bedürfnissen? Was kann uns zu Verständnis und Liebe für alle Geschöpfe inspirieren? Sie kennen die Antwort, die Welt kennt die Antwort. Ihre Weltschwierigkeiten sind die direkte Folge Ihrer Ablehnung der einfachen Wahrheit, wie sie von Christus gelehrt wurde. In

Vorwegnahme dieser Ablehnung des Idealismus, der wahren Gottesvorstellung, dieser Erlösung von allen Irrtümern, körperlichen und geistigen, fragte Jesus: 'Wenn der Menschensohn kommt, wird er dann auf der Erde Glauben finden?" Mit diesen Worten verabschiedeten sich meine venusischen Freunde von mir und hinterließen mir die größte Wahrheit und das größte Wunder meines Lebens.

Ich habe Wunder erwartet. Ich sah ein Wunder.

KAPITEL VIII

Nachdem der große X-12 an jenem kalten Morgen des Jahres 1969 den Lac Beauport verlassen hatte, sandte Frank die folgende Botschaft, die ich auf dem Tesla-Scope empfing: "Die Menschen auf Ihrer Welt stehen kurz davor, durch eine Katastrophe infolge des nahenden Armageddon ausgelöscht zu werden, durch die Kämpfer und Zivilisten gleichermaßen vom Angesicht der Erde getilgt werden, wenn nicht etwas getan wird, um die gegenwärtigen Methoden des Bösen und des Hasses zu stoppen, die sich anscheinend überall auf der Erde ausbreiten:

ZU KRIEG UND MENSCHENRECHTEN:

"Nur die vernünftige Anerkennung aller nationalen und individuellen Rechte aller Menschen und das Recht aller Menschen, in Übereinstimmung mit Gottes Gesetz zu leben, wird diese Katastrophe abwenden.

Der pauschale Aufbau zerstörerischer Kriegsmaschinen wird die Welt nicht retten; und ist nur die Methode von Verrückten, die den Glauben an Gott verloren haben. Es ist das Recht und die Pflicht aller vernünftig denkenden Menschen, bewusst und bestimmt an Ihn und den Frieden zu denken. Alle Menschen auf der Erde, jeder Einzelne von Ihnen, wird für jedes verlorene Leben verantwortlich sein.

Es geht nicht so sehr um das, was Sie tun, sondern um das, was Sie nicht tun - zum Guten, wie Sie im dritten Kapitel der Offenbarung lesen können.

Jeder von Ihnen wird zur Verantwortung gezogen, wenn Sie nicht Ihr Möglichstes tun, um Hass oder Krieg zu verhindern. Um Krieg zu verhindern, braucht man keine Kriegsmaschinen. Wenn Sie erwarten, dass Gott Ihnen hilft, müssen Sie sein Gesetz halten. Wenn Sie diesen Gedanken im Hinterkopf behalten, wird Ihr Problem gelöst werden. Aber um Frieden zu haben, müssen wir Frieden in unseren Herzen haben, denn das, was wir empfangen, ist die Widerspiegelung unseres eigenen Wunsches, auch wenn wir ihn nicht kennen. Niemand kann Gott täuschen, denn er kann in unsere Herzen sehen. In der Vergangenheit war die Welt aufgrund dessen, was wir von Ihnen sehen, immer bereit, Gott oder Pech die Schuld zu geben oder sogar zu sagen: "Es gibt keinen Gott", weil Er Krankheit, Tod und Krieg nicht vorweggenommen hat, oder um Sie vor den Folgen Ihrer Sünden zu retten. Wie können Sie erwarten, dass Er Ihnen hilft, wenn Sie nur so tun, als würden Sie Seine Regeln einhalten oder gar sagen, dass Er Ihnen nicht genug Kraft gegeben hat, sie einzuhalten? Deshalb besteht die Antwort auf all Ihre Probleme darin, ehrlich zu sich selbst zu sein, Ihre törichte Gier nach persönlichem Reichtum und Macht aufzugeben. Werfen Sie einen Blick auf Ihre Geschichte, wo sind all die großen Menschen? Wo sind Ihre Kriegsherren? Sie kennen die Antwort. Gibt es eine Zukunft für all diese toten Erdenmenschen? Haben sie ihre törichte Macht und ihren falschen Stolz mitgenommen? Hat sich ihre Machtgier gelohnt?

Wenn die Millionen Menschen auf der Erde aufwachen und christliche Führer einsetzen würden, die sie regieren und nur das Gesetz Gottes anwenden würden, wäre das Ergebnis Frieden und Glück für alle.

Nach dem sechsten Gebot: "Du sollst nicht töten". Die wahre Bedeutung dieses Gebots hat Christus in seiner Bergpredigt dargelegt, die Sie im Buch Matthäus, Kapitel 5, 6, 7, nachlesen können. Manche Menschen versuchen, sich glauben zu machen, sie seien nicht des Mordes schuldig, weil sie ihre eigene persönliche Bedeutung des Gesetzes haben. Sich für die Wahrheit zu blenden, macht einen nicht ein bisschen weniger schuldig.3 Sich auf Kriege einzulassen oder zu Kriegen zu ermutigen, oder den Neid anderer, zu hassen oder zu missbilligen, durch Willenskraft zu kontrollieren, nach Sport zu jagen, alles zu töten, jeden guten Wunsch eines Menschen zu zerstören, das alles ist Mord. Wie Christus sagte, sind wütende und böse Leidenschaften die Saat des Mordes. Kain beneidete zuerst seinen Bruder, und danach ermordete er ihn. Die Pharisäer hassten Christus zuerst, und danach waren sie das Mittel, mit dem er getötet wurde. Christus, unser Erlöser, ging nicht nur nicht umher, um Menschen zu verletzen und zu töten, sondern er ging umher, um sich mit ihnen anzufreunden und ihnen Gutes zu tun, und wir müssen, je nach unserer Gelegenheit, hingehen und dasselbe tun.

Lasst uns auch alle darüber nachdenken, dass, wenn eine Sache in der Schrift (und im gesunden Menschenverstand) verboten ist, die ihr entgegenstehende Sache als ein Gebot betrachtet werden kann, mit anderen Worten, tut das Positive. Die Liebe wirkt nicht böse auf den Nächsten, deshalb ist die Liebe die Erfüllung des Gesetzes. Empfinden wir dann die zärtliche Sorge, niemanden mit Worten oder Taten zu verletzen?

Betrachten es alle Erdenmenschen als Teil ihrer Lebensaufgabe, die Schwachen zu unterstützen, die Hungrigen zu speisen, die Nackten zu kleiden, je nach den Fähigkeiten eines jeden, und auch die Betrübten zu trösten, die Wunden zu heilen, die von anderen geschlagen werden, und allen, ohne an Dank zu denken, und sich daran zu erinnern, dass unser eigener Nächster nicht nur unsere eigene Art, unsere eigene Rasse, Farbe oder unser eigenes Land meint? Es ist eine dumme Ausrede zu sagen, dass wir in den Krieg ziehen, weil wir mehr Territorium für die Expansion brauchen; kein Land braucht Expansion. Eure Erde soll frei sein für alle, die in Frieden und gutem Willen leben wollen."

Ende der Botschaft.

KAPITEL IX

Einige Wochen, nachdem ich die Nachricht von Frank erhalten hatte, die er mir kurz nachdem mich der große X-12 an jenem kalten Weihnachtsmorgen 1969 verlassen hatte, schickte, hörte ich wieder den Alarmton aus dem Tesla-Zielfernrohr. Eine weitere Nachricht, dachte ich. Ja, natürlich, es war Frank. Diesmal mit einem verblüffenden Vorschlag, um seine eigenen Worte zu benutzen.

"Ich möchte vorschlagen, dass Sie uns auf unserer nächsten Reise zum Mars begleiten! Wenn Sie einverstanden sind, holen wir Sie um den 9. März herum ab."

ENDE DER BOTSCHAFT.

Eine Reise zum Planeten Mars: Gab es auf dem geheimnisvollen Planeten Leben, wie wir es kennen, auf dem "roten" Planeten? Frank erwähnte nichts von spezieller Ausrüstung, zweifellos würde er diese zur Verfügung stellen, wenn sie benötigt würde. Natürlich stellte ich mir selbst eine Menge Fragen. Der Mars war weit entfernt. Wir wussten jetzt, dass der Mensch in den Weltraum fliegen konnte, denn erst kürzlich war ein Mann gelandet und auf dem Mond spazieren gegangen: Nicht so weit von der Erde entfernt wie der rote Planet, bewies er zumindest die Möglichkeit, irgendwann in der Zukunft zu den anderen Planeten zu fliegen, aber er braucht etwas viel Besseres als eine Rakete. In den Wochen, die vergingen, habe ich also viel nachgedacht und mich dazu entschlossen, Franks Einladung anzunehmen. Die einzigen Dinge, die ich über den Mars wusste, waren alle reine Theorie, niemand auf der Erde konnte sich irgendetwas über irgendetwas außerhalb unserer Welt sicher sein, und schließlich wussten wir nicht alles, oder alles über unsere eigene Erde! Endlich kam der 8. März und mit ihm mein langes Warten auf Nachrichten von Frank.

Vielleicht fragen Sie sich, was für ein Schiff wir hatten? Kein Grund sich zu wundern, es war das Venus-Raumschiff X-12. Frank hatte vor langer Zeit vorgeschlagen, dass wir dem Mars einen Besuch abstatten könnten. Der 9. März erwies sich als ein fast perfekter Tag für den Start. Ich wartete darauf, dass der Alarm am Tesla-Scope ertönte, wieder schlief ich in der Nacht des 8. März nicht, aber schließlich ertönte der Alarm gegen 2 Uhr morgens. Ich rannte wieder hinaus, in der Hoffnung, es landen zu sehen, aber da war es, an derselben Stelle. Ich ging zur Tür, wo ich von Frank und seiner charmanten Begleiterin, Frances, begrüßt wurde. "Willkommen, alter Junge", sagten sie. "Das wird für Sie Geschichte schreiben", sagte Frank. „Ja, in der Tat", antwortete ich, "der Mars war schon immer ein interessantes Thema, aber nur wenige Erdenbewohner, wenn überhaupt welche, glauben, dass es Leben, wie wir es kennen, auf diesem Planeten gibt." "Warten Sie, bis Sie dort ankommen", sagte Frank. In der Zwischenzeit befand sich der große X-12 weit über der Erde, die nun als ein schöner Stern erschien, von so weit her. Der X-12 nahm an Geschwindigkeit zu. Welche Geschwindigkeit: Kein Erdenmensch kann sich vorstellen, dass der X-12 entgegen aller erdwissenschaftlichen Theorie bei einer solchen Geschwindigkeit vollständig entblitzt worden wäre, denn er bewegte sich mit 27-facher Lichtgeschwindigkeit: Bei dieser Geschwindigkeit sollten wir den Mars in etwa einer Stunde erreichen, wenn man die Verlangsamung in der Mitte des Weges und die Landung berücksichtigt. Es war etwa 4 Uhr morgens, Erdzeit, als wir auf der Marsoberfläche landeten. Natürlich war ich ungeheuer aufgeregt. Seit unserem ersten Besuch auf der Venus mit dem X-12 hatte ich nach einer möglichen Reise zum roten Planeten Ausschau gehalten. JETZT stand ich hier auf der Oberfläche dieses Rätsels. „Was als nächstes?", fragte ich mich. Als Frank die Tür öffnete, sagte er mir: "Geh voran, Arthur, geh raus. Sie haben die Ehre, der erste Erdenmensch zu sein, seit Adam von hier fortgegangen ist, der auf dem Mars wandelt."

"Aber", fragte ich, "werde ich atmen können? Was für eine Luft ist das?" Ich fand bald heraus, ja, es war gute Luft, besser als auf der Erde, hier gab es bisher keinen Rauchgeruch; ja, es war saubere, frische Luft. Ich fühlte kein Unbehagen, Frank und Frances folgten dicht hinter mir, und wir gingen auf eine große Gruppe von Felsen zu, aber was für Felsen: Einige von ihnen hatten einen Durchmesser von etwa 45 Fuß, und Tausende von ihnen bedeckten das, was sich sonst als ein großes Feld darstellte, und in der Ferne befand sich eine Hügelkette. Wir gingen bis zum nächsten großen Felsen, der fast tiefschwarz zu sein schien. Frank kratzte eine Schicht weicher Erde weg und enthüllte damit etwas Leuchtendes. "Was ist es?", fragte ich. "Sieht aus wie Gold", antwortete Frank. "Gold", rief ich aus. "Ja", sagte Frank, "es ist reines Gold, aber um sicherzugehen, lassen Sie es uns doch mal testen, ja?" Natürlich stimmte ich zu, und so kehrten wir zum X-12 zurück und machten einen Testlauf, so etwas wie die Tesla-Brücke, mit der wir bald beweisen konnten, dass das Gestein reines Gold ist; dann testeten wir alle nahegelegenen Felsen, und zu unserer Überraschung und Freude waren alle Felsen im Feld tatsächlich aus massivem Gold. "Nun", bemerkte ich, "wenn wir diesen einen großen Stein auf die Erde bringen könnten, wären wir die reichsten Menschen auf unserer Welt. Es befindet sich mehr Gold in diesem einen Felsen (der auf das 45 Fuß hohe Monster zeigt) als in all unserer Welt!" "O.K.", sagte Frank mit einem Grinsen, "Sie möchten also diesen Stein zur Erde bringen?" "Ja", antwortete ich, "wenn es machbar wäre, aber wie Sie wissen, ist es nicht möglich." "So etwas kenne ich nicht", antwortete Frank. "Es ist nicht nur möglich, all dieses Gold zur Erde zu transportieren, sondern ich werde es Ihnen beweisen." "Nun, Frank", sagte ich, "ich habe allen Grund, Ihnen zu glauben, aber es übersteigt im Moment mein Verständnis, wie Sie dies tun können. Diese schwere Masse zu bewegen, die um ein Vielfaches schwerer sein muss als Ihre große X-12. Ich kann mir nicht vorstellen, wie Sie sie überhaupt in Ihr Schiff bringen können. Wie lange wird es dauern, sie in Stücke zu zerbrechen, die klein genug sind, um sie in Ihr Schiff zu heben, selbst wenn Sie sie mit einem Hebezeug durch die Luke heben." Frank lachte: "Nein, mein lieber Arthur, wir werden kein einziges Stück von Hand oder mit unserem Hebezeug bewegen. Wir werden zuerst zur Erde zurückkehren, und dann, wenn du immer noch der reichste Mann auf Erden sein willst, werden wir es direkt auf dein Feld bringen, ohne dass du auch nur ein Gramm anheben musst."

"In der Zwischenzeit sollten wir uns auf diesem Planeten umsehen." Ich war erstaunt über das, was Frank mir erzählt hatte, aber da ich von den vielen Wundern wusste, die ich bereits nicht nur auf diesem großen Raumschiff, sondern auch auf der Venus gesehen hatte, wusste ich, dass alles, was Frank sagte, möglich war. Also stimmte ich zu, dass wir uns auf diesem Planeten umsehen sollten, von dem ich zumindest nichts wusste, außer den kleinen Informationen unserer Geowissenschaftler, die sie glaubten, durch ein Linsensystem in großer Entfernung zu sehen. Aufgrund dessen, was sie zu sehen glaubten, wurde uns (auf der Erde) gelehrt, dass Leben, wie wir es kannten, auf dem Mars nicht existieren könne, weil, so sagten sie, die Menschen die Luft nicht atmen könnten, und aus so vielen anderen Gründen, von denen keiner bewiesen werden könne. Die Erkenntnisse dieser Geowissenschaftler beruhten natürlich alle auf Theorien, die aus einer Entfernung von Millionen von Meilen niemals bewiesen werden konnten. Warum, sie irrten sich sogar in ihren Erkenntnissen über den Mond, der nur etwa 240.000 Meilen entfernt ist. Wie dem auch sei, und um zu beweisen, dass die Geowissenschaftler alle falsch lagen, lief ich hier auf der Marsoberfläche ohne spezielle Ausrüstung, atmete die Luft und traf bisher keine Monster. Der Ort, an dem die X-12 gelandet war, war fast eben, abgesehen von diesen großen Felsen und den weit entfernten Hügeln, die genau so aussahen wie die Hügel, die wir um Kanada herum sehen.

Der nahe gelegene Boden war mit einem tiefgrünen Moos bedeckt, das sehr hübsch war; hier und da gab es Büsche und ein paar große Bäume, die eine Art Eiche zu sein schienen. Es war ein klarer Tag, an diesem frühen Morgen erschienen ein paar Vögel, kleine und sehr hübsche blaue Vögel, sie waren überhaupt nicht scheu und kamen uns auf unserem Weg zu den Hügeln nahe.

"Werden wir einen dieser Menschen treffen, von denen wir so viel gelesen haben?" Ich fragte: "Mechanische Männer mit seltsam langen Beinen?" Frank lachte. "Ja, diese seltsamen Ideen wurden von Erdenmenschen erfunden, die nicht an die biblische Schöpfungsgeschichte glauben. Sonst würden sie, wenn sie ihren Kopf benutzen und glauben würden, nicht an solchen Unsinn denken. Soweit Sie wissen, hat Gott die Menschheit in seiner Gleichartigkeit erschaffen. Sicherlich", fuhr Frank fort, "kann es nur eine einzige Ähnlichkeit mit Gott geben, wenn es also Wesen auf diesem Planeten Mars und anderen Planeten gibt, werden sie wie Sie und ich sein, natürlich in vielen Größen und vielen Farben. Aber natürlich; wir Menschen von der Venus waren in der Vergangenheit schon viele Male auf dem Mars, daher wissen wir, dass es auf dieser Welt echte Menschen aus Fleisch und Blut gibt, und ich bin sicher, dass wir sehr bald einige von ihnen treffen werden, nicht weit entfernt von den Hügeln, die wir in der Entfernung sehen." "Sind sie freundlich?", fragte ich. "Ja", sagte Frank, "so freundlich wie Sie. Liebe spiegelt Liebe wider, auf dem Mars wie überall sonst."

Wir waren den Hügeln nähergekommen, als wir weiterliefen, und näherten uns bald einer anderen Gruppe großer Felsen, die den "goldenen" sehr ähnlich sahen, und dort sahen wir in der Ferne das, was wie eine Stadt aussah. Als wir näherkamen, konnten wir natürlich auch Gebäude erkennen. Diese ähnelten nicht denen auf der Venus, sondern schienen eher unseren Gebäuden auf der Erde zu ähneln, alle Formen und Größen, aber keine Straßen, bis wir fast innerhalb dieser Stadt ankamen, die jetzt etwa eine Meile entfernt war. Ich fragte Frank nach den Straßen. "Die Menschen hier", sagte er, "haben keine Verwendung für Straßen, die, wie Sie wissen, auf Ihrer Erde eine große Gefahr darstellen. Sie werden gute Straßen innerhalb der Städte finden, aber wie Sie gleich sehen werden, brauchen sie keine Straßen zwischen den Städten.

Dann bemerkte ich das, was wie ein Auto aussah, das auf uns zukam. Als es näherkam, sah ich, dass darin sechs Personen saßen. Das Auto schien ein paar Zentimeter über dem Boden zu gleiten, es hatte keine Räder. Als der Wagen in Reichweite kam, bemerkte ich, dass die Personen in ihm alle in seidenartige Kleidung gekleidet waren. Ich konnte nicht sagen, ob es sich um Männer oder Frauen handelte; keine der sechs Personen hatte irgendeine Form von Kopfbedeckung. Das Auto kam auf uns zu, und die sechs Personen stiegen aus und gingen auf uns zu, jeder von ihnen mit einem strahlenden Lächeln. Sie alle hielten ihre Hände mit den Handflächen nach außen und schickten uns eine mentale Botschaft des Willkommens. "Willkommen an Frank und Frances von der Venus und an euch Fremde." Frank machte uns schnell bekannt. "Das ist unser Freund Arthur", sagte er, "vom Planeten Erde. Arthur interessiert sich für den Bereich der schwarzen Gesteine und möchte wissen, ob er einige von ihnen mit zur Erde nehmen darf." Die sechs brachen in Gelächter aus. "Sicherlich", kam die mentale Botschaft, "ist Erdenmensch Arthur bei all den schwarzen Felsen willkommen." "Danke, liebe Freunde", sagte Frank, "im Namen unseres Freundes Arthur".

Die sechs Marsmenschen luden uns dann in ihr Auto ein, wir stiegen alle ein und fuhren auf die Stadt zu, das Auto fuhr völlig geräuschlos: Es schien über den Boden zu gleiten. In wenigen Augenblicken waren wir in der Stadt, die laut Frank "Die Stadt des Lichts" hieß. Unser Auto hielt an, und wir stiegen alle aus. Frank sagte: "Jeder läuft in der Stadt." Die Straßen waren einfach wunderschön. Die sechs Marsmenschen führten uns in einen Chorsaal, wo mir gesagt wurde, dass die Menschen stundenlang, sogar Tage und Wochen in diesen Hallen, die die Stadt füllen, bleiben und in einer Art Stumpfsinn oder Trance schöner Musik lauschen; denn Musik ist die einzige große Erholung der Marsmenschen. Es scheint, dass sich unter dem Einfluss dieser musikalischen Version allmählich eine Mentalität zu entwickeln scheint, und die Seele bewegt sich aus der Halle der zuhörenden Seelen, bewegt von dem Wunsch, etwas zu tun, in die Straßen der Stadt.

Die Marsmenschen nennen dies "den Akt-Impuls". Von da an eilt die Seele sozusagen zu ihrer natürlichen Beschäftigung. Ihre Mentalität, von der Musik geweckt, wird von einer Art Begabung erfüllt, und sie betritt die Wege ihrer harmonischen Tätigkeit so leicht, so schnell, so gerecht, wie die wachsende Blume sich in die Sonne verwandelt, wo immer sie sein mag. Lassen Sie mich Ihnen die seltsame Szene vorstellen, die meine Augen sahen, als wir im großen Chorsaal saßen. Ich sage meine Augen. Es fällt Ihnen vielleicht schwer zu begreifen, was ein Organ in einem Lebewesen sein kann, so scheinbar, wie wir es sind, kaum mehr als gasförmige Kondensationen.

Sie haben Gesichter und Formen in Wolken gesehen. Wie oft haben wir beobachtet, wie sie sich verändern. Genauso verhält es sich mit der Marsmusik. Ich schien in einem großen Alabasterkäfig zu sein, enorm groß und sehr schön. Seine glänzenden Wände ragten aus dem Boden und wölbten sich in großer Höhe zusammen. Die Vorderseite war ein Netz von Skulpturen, sie hielt die ansteigenden Reihen von scheinbar elfenbeinfarbenen Stühlen, auf denen die bewegungslose weiße und strahlende Versammlung saß. Der ganze Ort brannte, und dieser Schein herrscht in der ganzen Stadt des Lichts. Die Musik kam von einer wunderbaren Reihe von Wesen, die rund um den großen Saal saßen. Ich konnte die Musik fast sehen, als ob sie wirklich wie Wolken geformt wäre. Nachdem wir lange Zeit im Chorsaal geblieben waren, sagte Frank, dass wir aufgrund unserer begrenzten Zeit am besten weitergehen sollten, also verließen wir die feierliche, schwingende Musik und traten auf die breiten Stufen, die der Stadt zugewandt sind. Wir standen inmitten einer Kolonnade von Bögen; die weiß leuchtenden Säulen erhoben sich um uns herum zu dem hohen leuchtenden Dach, vor uns ein langer Abstieg von Stufen, und hinter uns und um uns herum breitete sich auf einer sanft anschwellenden Eminenz die Stadt des Lichts aus. Es war ein wunderbares Bild.

Die Stadt des Lichts ist einfach und eintönig in der Architektur, aber ihre Komposition und ihre Ausstrahlung übertreffen jede irdische Vorstellung.

Die Gebäude sind alle gewölbt und stehen auf Plätzen, die mit Obstbäumen, niedrigen Büschen wie ausladende Pflanzen gefüllt sind, die weiße, anhängende, lilienähnliche Blüten oder rosafarbene, knopfförmige Blüten wie Mandeln tragen. Jedes Gebäude ist quadratisch, mit einem Säulengang, der sich auf ansteigenden Stufen befindet, ein Säulenpaar an jeder Stufe. Ranken winden sich um die Säulen, kreuzen sich von einer Säulenreihe zur anderen und bilden über einem Maßwerk aus grünen Wedeln, die rote Blüten tragen, eine Art Trompetenhonig-Saugnapf. Die Wände der Gebäude sind auf allen Seiten von breiten, wie es schien, mit einem opalisierenden Glas gefüllten Windschatten durchbrochen. In alle Richtungen öffneten sich Alleen, die auf beiden Seiten von diesen wunderbaren Häusern gesäumt sind, die aus einem eigentümlichen Stein zu bestehen scheinen, der zeitweilig mit gelben Adern durchzogen ist, die die Eigenschaft haben, Licht zu absorbieren und auszusenden. Ein weiteres merkwürdiges Merkmal dieser Marshäuser war die über jedem Haus angebrachte hohle Glaskugel. Es handelt sich um eine Kugel mit einem Durchmesser von etwa zwei Metern, die aus Linsen besteht und einen Raum umschließt, in dessen Mitte sich eine Kugel des phosphoreszierenden Speichers befindet. Tagsüber werden die Sonnenstrahlen auf diese Steinkugel konzentriert, und nachts wird das gespeicherte Sonnenlicht (Energie) in Licht und Wärme umgewandelt.

Es war am Ende eines Marstags, als wir den Chorsaal verließen. Als wir, wie ich bereits sagte, auf die breite Plattform mit ihrer Kolonnade aus Säulen und Bögen traten, sahen wir die Stadt, wie die Nacht hereinbrach. Jedes Haus, das aus dieser seltsamen Substanz gebaut war, die während des Tages die Sonnenenergie aufgespeichert hatte, wurde nun, als der Tag verblasste, selbst zu einem Zentrum des Lichts. Zuerst bedeckte ein Schein die Seiten der Häuser, die Kolonnade und die Kuppel, während die Glasprismen über ihnen von ihrem Sitz aus Strahlen mit gespeicherter Energie aussandten.

Das Glühen breitete sich aus und stieg von den Außenbezirken der Stadt in den unteren Böden bis zu den Gipfeln der Hügel, wo die letzten Sonnenstrahlen verweilten. Es wurde immer intensiver.

Die grünen Beete der Bäume wurden zu schwarzen Quadraten und die Häuser zu pulsierenden Geweben aus Licht zwischen ihnen. Das Ganze vermischte sich schließlich, und vor mir lag ein Meer von Strahlen, in dem die schönen Häuser beschrieben wurden, die erleuchteten Haine und wie riesige Glitzersteinchen die gläsernen Kugeln über ihnen. Als die Nacht sich beruhigte, wurde das Licht immer intensiver, immer schöner. Ich konnte die opalisierenden Gläser in den Häusern erkennen, die ihre teilweise farbigen Strahlen aussenden, die Bäume mit Steppdecken in wechselnden Farben flicken??, und in der Ferne kam, noch ungedämpft von der Nacht, das fortwährende Hochgefühl der Musik.

Also gingen wir die Stufen in die Stadt hinunter, und während wir gingen, bat ich Frank, mir etwas von der Welt auf dem Mars zu erzählen. "Die Marswelt", sagte Frank, "ist ein Land, das der Venus sehr ähnlich ist. Es gibt hier keine nationalen Verbindungen. Das Zentrum des Landes befindet sich in der Stadt Skandor, ziemlich weit entfernt von der Stadt des Lichts. Die Geschäfte werden wie bei Ihnen auf der Erde abgewickelt, aber ihre Natur und ihre physischen Elemente sind unterschiedlich. Wie Sie sehen werden, gibt es ein umlaufendes Medium, Banken und Wirtschaftsunternehmen. Ein wesentliches Element des Unterschieds liegt in der Ernährung und der Bevölkerungszahl. Der Marsmensch lebt nur von Früchten, und er lebt nur wenige Grade auf beiden Seiten des Äquators. Alle Geschäfte, die auf eurer Erde aus der Zubereitung und dem Verkauf von Fleisch entstehen, und all die verschiedenen Konfektionen verschwinden hier, ebenso wie alle Mechanismen der Hausheizung und Beleuchtung. Es gibt keine Autobahnen, keine Eisenbahnen, sondern viele Kanäle, die ein Labyrinth von Wasserwegen bilden und von den Gezeiten der großen nördlichen und südlichen Meere gespeist werden. Das Geschäft ist weitgehend landwirtschaftlich, aber in den Städten geht das Streben nach Wissen weiter. Es gibt jedoch auf dem Mars eine viel geringere intellektuelle Aktivität als auf der Erde. Es handelt sich um eine Sphäre vereinfachter Bedürfnisse und Urgefühle, die durch eine stark entwickelte Liebe zur Musik gehoben wird. Der Mars ist der Musikplanet."

Wir näherten uns nun der Spitze des breiten Hügels, auf dem die Stadt gebaut ist, und kamen plötzlich auf einen Platz heraus, der in seinem parkähnlichen Zentrum wieder mit Bäumen gefüllt war.

Inmitten dieser Bäume erhob sich ein massives Gebäude, das ich als Observatorium erkannte. Die vielen runden Kuppeln waren, wie auf der Erde, unverkennbar. Wir betraten das Gebäude und stellten fest, dass es durch seine Phosphoriglaswände beleuchtet war, und seine kühlen breiten Säle und Treppenhäuser waren im weichen Licht sehr schön. Aber ihre Herrlichkeit bestand in den beleuchteten Plänen und Karten des Himmels. Diese Miniatur-Firmamente waren alle in Flammen, so dass jede Öffnung, sorgfältig in der Größe abgestuft, um Sterne der ersten, zweiten oder dritten Größe darzustellen, mit einem strahlenden Lichtpunkt gefüllt war, und ich ging in diesen edlen Korridoren zwischen reduzierten Mustern des Universums der Sterne. Wir erreichten nun die ansteigende Treppe, die wir langsam hinaufgingen, vorbei an großen Himmelskugeln, die "die höheren Gänge füllten". Wir betraten einen großen zentralen Raum, der mit Stühlen aus Elfenbein und einem breiten, massiven Tisch in der Mitte ausgestattet war, der ebenfalls aus Elfenbein bestand und in den seltsamerweise Partikel des seltsamen Gesteins eingelegt waren, die ein flüssiges Licht ausstrahlten und den darauf befindlichen geschnitzten Ornamenten eine unbeschreibliche Schönheit verliehen. Der Boden war dunkel, bleiern, aber glänzend, wie Schwarzglas und mosaikartig zusammengesetzt. Um den Raum herum befanden sich Nischen, die von Lampen des "hellen" Felsens beleuchtet wurden, und in jeder Nische ein Handschuh aus einem blauen Metall, auf den Skizzen wie Karten oder Pläne gemalt waren. Ein Kronleuchter aus diesem blauen Metall hing von der Decke, und in seinen kelchartigen Enden, die in vertikalen Reihen angeordnet waren, leuchteten runde Kugeln des "Licht-Felsens".

Weite Fenster, ungeschützt durch Glas oder Flügel, nur Schießscharten, umrahmt von weißem Stein, der überall auf dem Mars vorherrscht, blickten auf die wunderbare Stadt, die so schien - ein See glühender Feuer, über die sich aufsteigende und wieder fließende Lichtwellen ständig bis zu ihren dunklen Grenzen jagten, wo das umgebende flache Land auf die Ränder der Stadt traf. Die Wände dieses schönen Raumes stiegen zu einer gewölbten Decke empor, die mit diesem wunderbaren blauen Metall intarsiert war, das in den in Schriftrollen und wehenden Bändern entworfenen Kugeln zu sehen war und gerade auf die Wände herabkam, die ihrerseits in abgeschwächten Zweigen und Schnüren ausgeführt waren. Die Wände waren kahl und glänzend. Wie begeistert und ehrfurchtgebietend ich war, als ich um mich herum blickte, so viele Wunder auf diesem Planeten und so wenig Zeit, sie zu sehen; wir mussten weitergehen.

Wir verließen dieses wunderbare Gebäude und machten uns auf den Weg zum "Garten der Springbrunnen", der, wie mir gesagt wurde, in Richtung der großen Hallen der Philosophie, des Designs und der Erfindung lag, an deren Kuppeln und tempelbespitzten Dächern aus Kupfer und blauem Metall konnte ich leicht erkennen, dass es sich über eine halbe Quadratmeile Raum erstreckte.

Es wird mit Wasser aus einem riesigen See gespeist, der in der Mulde eines ehemaligen Vulkans, fünfzig Meilen östlich der Stadt des Lichts, in einer Höhe von 5.000 Fuß ruht. Eine große Leitung oder Wasserleitung, wie wir sagen würden, leitet das Wasser in den Garten. Der Garten ist eigentlich auf Pfeilern aus Beton und Stein gebaut, die durch Bögen aus Ziegelsteinen verbunden sind, und durch die so gebildeten unterirdischen Kammern wird die Aufteilung der Ströme vorgenommen und dort kontrolliert. Das Ganze wurde von dem großen Marskünstler Hinudi entworfen. Man nähert sich dem Garten durch eine labyrinthartige Allee aus Palmen, die auf dieser Seite der Stadt reichlich vorhanden zu sein scheinen, und über diesen Palmen, in außerordentlicher Fülle, blühen die Reben des rot blühenden Geißblattes. Über die grüne Mauer zu beiden Seiten kann man auf diese gewundene Weise nicht hinausschauen, und erst beim Blick nach oben umfängt das Auge die Gefangenschaft seiner Umgebung, wo man über den wogenden Gipfeln der Palmen eine Spur des blausten Himmels sieht.

Wenn Sie sich dem Ende dieser oszillierenden Straße, dem Garten, nähern, dringt das Plätschern und Tosen des fallenden Wassers in Ihren Rückzugsbereich ein. Und dann tauchen Sie plötzlich, als wäre ein Vorhang aufgegangen oder zu Boden gefallen, auf einer großen Marmortreppenterrasse auf, und vor Ihnen breitet sich ein Wald aus Geysiren aus, die sich in einem See aus tosendem und funkelndem Wasser in bezaubernden Aussichten verteilen. Die Szene ist erstaunlich und bewegend. Rauschende Wasserstrahlen sind in hohlen Glassäulen eingeschlossen, deren Linien sich in den einzelnen Fontänenclustern hinreißend vereinen. Die Höhe dieser Springbrunnen variiert zwischen 160 und 200 Fuß, und sie sind in einer eigentümlichen Unordnung angeordnet, die jedoch einem ausgeklügelten Plan entspricht.

Das Wasser steigt in diesen farbigen Röhren in grünen Säulen auf, bricht dann in Blätter und blasenbeladene Gischttropfen über ihnen auf und ergießt sich weit nach außen wie lodernde Schauer kleiner Lampen im vollen Sonnenlicht.

Viele der Röhren sind geneigt, und die ausgeworfenen Wasserschächte kollidieren über ihnen, wodurch explosive Wolken aus zerbrochenen Feuchtigkeitsbläschen entstehen, die davon schwimmen oder in Miniaturregen über dem See herabfallen.

Es ergab ein verwirrendes Bild. Die Exposition des Wassers im großen See, in dem sich diese Fontänen befinden, wird von Wellen gebrochen, und die stürmische Szene mit der ständigen Aufregung der aufsteigenden und abfließenden Wasserlawinen erzeugt Gefühle von überwältigendem Staunen. Die Marmorstufen erstrecken sich um den See herum, und hinter ihnen erhebt sich auf allen Seiten die Wand der Palmen, die vom unaufhörlich wehenden Wind in Bewegung gehalten werden.

Frank entschied, dass es für uns an der Zeit sei, zum X-12 zurückzukehren. Wir verabschiedeten uns von den sechs, die uns zum ersten Mal begegnet waren, und auch von vielen anderen, während wir durch die schönen Straßen dieser wunderbaren Stadt des Lichts gingen. Zurück an Bord der X-12, auf unserer langen Reise zurück zur Erde, war die Frage in meinem Kopf die goldenen Steine, von denen die Marsmenschen sagten, wir könnten sie haben. Ich habe mich gefragt, ob wir bald zum Mars zurückkehren werden. Und auf welche Weise Frank das schwere Gold in den X-12 platzieren würde.

Auf meine Frage sagte Frank: "Denken Sie gut über diese große Menge Gold nach. Werden Sie mit all dem in Ihrem Besitz glücklich und bei guter Gesundheit bleiben? Kennen Sie jemanden auf der Welt, der Millionen von Dollar besitzt, der wirklich glücklich, gesund und wohlauf ist? Betrachten Sie es als gut, mein Freund. Das Gold gehört Ihnen, wenn Sie es haben möchten, aber meiner Meinung nach kann nichts Ihr gegenwärtiges Wohlergehen, Ihre Gesundheit und die Freude, die Sie mit anderen teilen, ersetzen. Deshalb möchte ich, dass Sie über die Angelegenheit nachdenken, bis wir in der Nähe der Erde ankommen. Dann, und nur dann, geben Sie mir Ihre Antwort." Frank überließ mich dann meinen Gedanken, während er das große Schiff umrundete. Es erforderte tiefes Nachdenken. Wenn überhaupt, dann hatten nur wenige Erdenmenschen auch nur ein Tausendstel der Goldmenge in diesem großen Felsen gesehen. Als Besitzer dieses Felsens wäre ich der reichste Mann der Erde. Wollte ich wirklich so reich sein? Ich werde Sie nicht mit all meinen Gedanken belästigen, außer zu sagen, dass ich zu dem Schluss gekommen bin, dass ich das Gold nicht haben wollte.

Als wir uns der Erde ein paar Meilen näherten, kamen Frank und Frances, um mit mir zu sprechen. "Nun", fragte Frank, "haben Sie sich entschieden? Wollen Sie das Gold oder wollen Sie es nicht?" Als Antwort fiel es mir anfangs schwer, aber ich konnte sagen: "Nein, Frank, ich will dieses Gold nicht, aber ich möchte, dass Sie mir sagen, wie Sie es auf die Erde bringen wollten, wenn ich ja gesagt hätte?" Frank sagte: "Gut mitgedacht, Arthur, wir freuen uns sehr, dass Sie gesagt haben, dass Sie das Gold nicht wollen. Was die Mittel betrifft, mit denen wir das Gold auf die Erde bringen können, wenn Sie es wünschen, werde ich es Ihnen zeigen. Da es noch Tageslicht ist, werden wir auf diesem Niveau bleiben, und während unserer Wartezeit, die mehrere Stunden dauern wird, können wir genauso gut unsere Maschine aufstellen, mit der wir das Marsgold direkt auf Ihr Grundstück transportieren können." Frank grinste mich an, als wir die Werkstatt oder die zweite Ebene der X-12 betraten. "Auf diese Weise werde ich Ihnen zeigen, was ich vorhatte, wenn es Ihr Wunsch war, all das Gold zu haben, aber wir sind mehr als erfreut zu wissen, dass Sie es nicht wollen. Aber wir werden, wenn Sie es wünschen, nur ein wenig von diesem Gold transportieren, um Ihnen zu beweisen, dass wir, wenn es Ihr Wunsch war, alles auf Ihrem Gebiet platzieren könnten." Frank sammelte eine Auswahl an Dingen, Werkzeugen und Materialien, elektrischen Teilen, Draht, Kondensatoren usw., und mit all diesen Dingen half ich Frank beim Bau einer Maschine, eines seltsam aussehenden Dings, von dem ich dachte, es sei ein sehr großer Hochfrequenzgenerator, bis Frank mich darüber aufklärte, was es wirklich war. "Das", sagte Frank, "ist die Tesla-Methode zur Entwicklung einer Mikrowelle mit großer Leistung. Tausende von elektrischen Pferdestärken werden auf diese Weise in einen winzigen Strahl von weniger als ein Grad im Durchmesser. Mit der Kraft, die wir auf dem X-12 haben, werden wir diese Maschine bedienen, wenn wir auf Ihrem Grundstück landen." Als wir die Maschine fertiggestellt hatten, war es später Abend, die X-12 beendete die Fahrt, und wir landeten gegen 22 Uhr. Wir stellten die Maschine auf unserem Feld neben der X-1.2 auf.

Frank wandte die Kraft an und lenkte den Strahl so, dass er auf den Goldfelsen auf dem Mars auftraf, dann wurde die Welle durch ein präzises Uhrwerk angetrieben, so dass die Welle, wenn sie einmal eingestellt war, die richtige Richtung beibehalten konnte. Der Strahl war also, wie ich bereits sagte, direkt auf den großen Stein aus reinem Gold gerichtet. Mit atemlosem Interesse verfolgte ich das Geschehen von Rang und Namen. Meine armen Nerven wurden so sehr beansprucht, dass ich viele Stunden am Stück nicht hätte ertragen konnte. Als alles zu seiner Zufriedenheit geregelt war, trat Frank zurück und drückte einen Hebel, auf den der mächtige Atommotor, den er vor einigen Stunden gebaut hatte, sofort reagierte. "Der Strahl ist genau auf die Mitte des großen Goldgesteins eingestellt", sagte Frank. Dann warteten wir; es verging eine Minute, zwei Minuten: Ich konnte mein Herz klopfen hören - der Motor schüttelte den Boden - drei Minuten! Vier Minuten: Wir waren wie Statuen mit Augen, die auf die polierte Silberkugel gerichtet waren, die von einem hohen Metallgerüst gestützt wurde, über dessen Spitze eine polierte Stange wie ein Kran geschwungen war. Dies war in der Tat die Stange, von der die Energie auf den goldenen Felsen auf dem Mars übertragen wurde. Fünf Minuten: "Endlich", rief ich. "Seht her, seht her."

Die leuchtende Kugel war zu einem verwirrten Blau geworden, und ich zwinkerte heftig, um meine Augen zu klären. "Endlich." Der silberne Knauf änderte erneut seine Farbe, was wie ein Miniaturregenbogen aussah, umgab ihn mit konzentrischen Kreisen von blendendem Glanz. Dann fiel etwas blinkend in eine Schale unter der Kugel, ein weiterer, und noch ein weiterer glitzernder Tropfen folgte, und ein weiterer, fast bevor ein Wort gesprochen werden konnte, hatten sich die Tropfen zu einem winzigen Strom vereinigt, der sich beim Fallen zu einer hellen Spirale drehte, die in vielen wechselnden Farbtönen schimmerte und dann aus der Schale überfloss. Der winzige Strom wurde allmählich größer, schneller und noch schneller floss er, ein ineinander verschlungenes Labyrinth von Ringen. Nach dem fünfminütigen Start haben wir den Fluss auf eine Unze pro Minute gemessen. Frank meinte, dies ließe sich noch viel schneller erreichen. Frank ließ die Maschine noch eine weitere Minute laufen, dann schaltete er den Strom ab, und wir setzten die Teile dieser wunderbaren Maschine in das X-12. Frank und Frances verabschiedeten sich von mir mit dem Versprechen, bald zurückzukehren.

Kapitel X

Es war einige Wochen nach dem letzten Besuch des großen Venus-Raumschiffs und meiner ersten Reise zum Planeten Mars, als ich von meinen Venus-Freunden hörte, und eines Nachts ertönte der Alarm des Tesla-Scops. Es war Frank mit einem anderen Vorschlag; diesmal eine Einladung zu einer weiteren Reise zum Mars, aber nicht persönlich. Frank sagte, Frances würde mich mit Hilfe eines Mental-Projektors zum Mars bringen. Ich stimmte ihm zu; ich würde unsere Reise in der Tat gerne zu Ende führen, denn ich war mir sicher, dass es noch viele weitere interessante Dinge zu sehen geben würde. Es war also in Reichweite; sie würden mich wieder besuchen, irgendwann zur Karnevalszeit. Es war am frühen Morgen des 14. März 1969, als der Alarm erneut ertönte. Ich verschwendete keine Zeit, um zum X-12 zu gelangen. Sie waren alle bereit für mich, Frank und Frances standen an der offenen Tür und begrüßten mich mit einem strahlenden Lächeln. "Guten Morgen, Arthur, kommen Sie rein." Frances hatte ihren Projektor schon aufgebaut. "Lass uns gehen", sagte Frank, "setz dich, Arthur." Ich tat dies, und das Nächste, was ich erfuhr, war, dass ich mit Frank auf dem Mars spazieren ging.

Wie wunderbar seltsam und aufregend schien das alles zu sein. Wir gingen zu Fuß zum großen Kanal, eilten zur Mole und stiegen in ein kleines Boot. Es war ein merkwürdiges Schiff, das aus weißem Porzellan zu bestehen schien; breit und kurz, mit erhöhtem Kiel, Bug und ausgebreitetem Heck, das von einer Art Elektromotor bewegt wurde. Ein Lotse nahm seinen Platz am Bug ein, und unter einem Baldachin aus Seide, im Licht der untergehenden Sonne, gefolgt von der Musik der Stadt des Lichts, passierten wir die Stadt, die sich, noch während wir sie verließen, langsam in der herabsinkenden Dunkelheit der Nacht mit dem Licht des Felsens erhellte und seinen magischen Schein nach oben schickte. "Diese Boote", sagte Frank, "sind auf den Kanälen nicht üblich. Die größeren Boote, die für den Transport verwendet werden, sind aus dem blauen Metall gefertigt. Alle Boote werden von Sprengstoffmotoren angetrieben, mit Ausnahme dieser kleinen Boote, die über einen Elektromotor verfügen. Die Energie zur Erzeugung des elektrischen Stroms wird aus dem 'Energie-Rock' gewonnen". Diese

Porzellanboote sind merkwürdig; ihre Seiten, Bug, Bug und Heck sind mit farbigen Mustern verziert, die bei der Herstellung des Bootes eingebrannt werden, denn diese außergewöhnlichen Boote werden in riesigen Öfen in einem Stück hergestellt, wie ein Krug, eine Vase oder eine Schüssel. Dieses kleine Boot wird von einer Schraube aus blauem Metall angetrieben. Den überfüllten Kanal hinunter bewegten wir uns langsam, inmitten der rufenden Besatzungen, der angenehmen Jubelrufe und des Winkens der Seher; und hinter uns erhob sich auf ihren Hügeln die Stadt des Lichts, die, während wir noch weiter entfernt vorbeifuhren und dem verblassenden Sonnenuntergang zuschauten, zu leuchten begann und schließlich wie ein titanischer Opal im samtenen Schatten der Nacht erstrahlte.

Als wir langsam in das hügelige Flachland mit seinen hübschen Städten und Farmland zogen, erinnerte es mich an unsere schönen östlichen Townships in der Provinz des schönen Quebec. Wir sahen einsame Felsprojektionen, als die Sterne sich drängend in den Himmel stahlen. Die magischen Steinlampen begannen die Decks sanft zu erhellen, während sich der Klang der Gesänge der Menschen auf dem Land, die in Fetzen zu uns drangen, bezaubernd mit den seltsamen Gerüchen der schönen Blumen und des Grases vermischte, die an den Seiten des Kanals wuchsen. Die Landschaft um uns herum wurde von den beiden Satelliten Deimos und Phobos wunderbar beleuchtet, die bekanntlich zuerst von Astronomen auf der Erde gesehen wurden (oder vielleicht sollte ich sagen - gesehen worden sein sollen). Prof. Asaph Hall soll der erste auf der Erde gewesen sein, der 1977 von ihnen berichtete. Was für ein wunderbarer Anblick, wie sie sich mit ihren unterschiedlichen Umdrehungsgeschwindigkeiten durch einen mit Sternenlichtern besäten Himmel bewegten. Die kombinierten Lichter dieser einzelnen Körper übertreffen aufgrund ihrer Nähe zur Marsoberfläche das Licht unseres Erdmondes, während die schnellere Bewegung des inneren Satelliten die seltsamsten und schönsten Veränderungen in der nächtlichen Herrlichkeit bewirkt, die sie beide dem Leben auf dem Mars verleihen. Wir fuhren nun in einem breiten, flussähnlichen Kanal, etwa eine Meile oder mehr breit. Auf allen Seiten trug der hügelige Boden, der mit Kultivierungen bedeckt war, die mit dichten Baumgruppen variierten, mit hier und da leuchtenden Lichtern von Städten und isolierten Häusern, den Blick weiter zu einem ansteigenden Hügelland, jenseits dessen, wiederum als Silhouette gegen den strahlenden Himmel, wo Phobos sich zu erheben begann, gerade noch Berggipfel zu erkennen waren.

Deimos, der äußere Mond, leuchtete bereits, und sein fahles, krankes Licht verlieh allen Oberflächen, die er berührte, eine eigentümliche, nicht zu beschreibende Bläue. Hier war das Phänomen, dessen Zeuge wir mit zunehmender Freude wurden. Phobos tauchte aus einer Wolke auf, und seine gelben Strahlen, die eine größere Leuchtkraft besaßen, vermischten sich plötzlich mit den blauen Strahlen von Deimos, und das Land, das so von der kombinierten Lichtflut dieser Zwillingslichter beleuchtet wurde, schien plötzlich in Silber getaucht. Ein wunderschönes weißes Licht, höchst unwirklich, fiel auf Bäume und Wasser, Felsen, Hügel und Städte. Es war ein Abdruck in Silber, und während wir in stummem Erstaunen starrten, änderten die scharfen Schatten ihre Position, während Phobos durch den Zenit raste und die Neigung der einfallenden Strahlen veränderte. Der Effekt war unbeschreiblich. Ich ging in einer Erregung des Staunens und Entzückens über das Deck, eine köstliche Schläfrigkeit überkam mich, und nach einer Weile bemerkte ich, dass der Pilot abgelöst wurde, sein Platz von einem anderen eingenommen wurde; und dass wir uns einem zerklüfteten oder felsigen Land näherten. Ich fand den Weg zur weißen Couch, die für mich vorbereitet war, und versank in einen tiefen und traumlosen Schlaf.

Der Morgen des nächsten Tages war klar und schön. Ich werde diesen ersten Anflug auf die Berge von Tiniti, wo sich Tour und Neu, die Dörfer der Steinbrüche, befinden, nie vergessen. Den ganzen Tag lang fuhr das Boot durch ein abwechslungsreiches Land, das mit großen Hügeln aus abgenutztem Kieselstein und rollenden Ebenen, die wie Sand aussahen, bedeckt war. Der Kanal führte durch Einsamkeit, wo die Stille nur durch das gackernde Lachen eines kranichähnlichen Vogels unterbrochen wurde, der in Reihen am Ufer entlang marschierte oder wie verschlafene Wächter inmitten der ausgestreckten Äste der Bäume saß. Diese wilden und faszinierenden Regionen bestanden aus zehn Regionen, in denen sich kilometerlange, leuchtend helle Plantagen mit den gelben Blättern des Teloivs abwechselten, die seine tiefroten Schoten trugen, während Palmenalleen, die der königlichen Palme der Erde nicht unähnlich waren, in langen Blicken zu sich gruppierenden Häusergruppen führten, und wir erhaschten auch Blicke auf kleine Seen.

Ich interessierte mich für den marsianischen Brauch des öffentlichen Gottesdienstes. Frank wies darauf hin, dass die Kirchen des Volkes aus dem magischen Stein gebaut zu sein scheinen, hoch über dem Boden, und dass man sich ihnen über umlaufende Treppenterrassen nähert. Frank sagte, er verstünde den Marsglauben nicht. Er schien wenig darüber zu verstehen, sagte er, es sei ein einziger nationaler Ausdruck der Liebe zum Guten und zum Schönen, aber alles sei auf eine Quelle unfehlbarer Weisheit, Macht und Gerechtigkeit gerichtet.

Endlich erreichten wir den Eingang einer düsteren und überwältigenden Schlucht. Es war die wunderbare Passage durch das erste Gebiet mit Eruptivgestein, bevor wir das Steinbruchland der Tiniti erreichten. Er durchbrach den dunklen und eigensinnigen Deich, der sich in steilen Mauern 1.200 Fuß über unsere Köpfe erhob, und es schien, als ob die Flut uns in die Eingeweide der Kugel trug. In diesem Moment war ein lauter Geräusch zu hören, dem ein weiterer folgte. Nach oben blickend, sagte Frank mit ausgestreckter Hand: "Es war ein Meteor, ein großer." Er rief dem Piloten zu, das Boot anzuhalten. Einige der Anwesenden gruppierten sich in unserer Nähe, und die lautstark unterdrückten Ausrufe machten mir klar, dass diese Besuche auf dem Mars vielleicht selten waren. Es war ein kometenhafter Schauer, wie unsere Leoniden im November, die ich viele Male am Lake Beauport gesehen hatte. Es regnete Pellets oder Feuerkugeln, diese phosphoreszierenden Züge schimmerten spektral, während eine Art halb hörbares Knistern den Sturz begleitete. Beim Schießen in unregelmäßigen Schwärmen oder Salven würden sie zu- und abnehmen, und immer wiederkehrende Explosionen kündigten die Ankunft irgendeiner kometenhaften Masse am Boden an.

Wir setzten unseren Weg fort und traten bald in ein wildes, fast baumloses Land ein; die nackten grauen oder rostigen und zerklüfteten Flächen, die steil vom Kanalrand abfallen, sind spärlich mit grauen Büschen übersät und mit einer aschfarbenen Flechte bedeckt. Wir bewegten uns meilenweit durch den Abfall einer zerstörten Welt. Die ganze Region war Schauplatz großer vulkanischer Aktivität gewesen, und die weiten Ebenen mit ihren tiefen Tümpeln, die ihre zerklüfteten, ungefärbten Grenzen in den schwarzen Tiefen des unberührten Wassers widerspiegelten, sprachen von lang anhaltenden und intensiven meteorologischen Bedingungen. Es war ein seltsamer Ort, still und tot. Doch zwischen diesen riesigen Auswürfen waren diese fossilen Krater eingebettete Massen des seltenen selbstleuchtenden magischen Steins, der die Stadt des Lichts bildete. Der Kanal verlief meilenweit in der Senke zwischen zwei Falten der Oberfläche. Als wir schließlich nach vorne blickten, kam langsam ein riesiger, klaffender Riss in der Seite der schwarzen, grauen und roten Wände zu unserer Rechten zum Vorschein, und eine winzige, kaum wahrnehmbare Bewegung lebendiger Formen offenbarte den ersten Steinbruch in der Nähe der kleinen Stadt Tour.

Als wir näherkamen, erkannte ich ein schräges Gefälle von der offenen Ausgrabung, in die die Steinblöcke hinunterrutschten. Sie wurden mit Hilfe von Hebekränen an die Oberfläche gebracht, und gerade als unser kleines Boot zum Dock glitt, bewegte sich ein riesiges Stück Stein die Metallplatte hinunter bis an den Rand des Kanals. Hier landeten wir, und eine Menschenmenge rief uns zu, unter ihnen viele der kupferfarbenen Nordländer, die in den Steinbrüchen arbeiten. Ihr Arbeitstag war zu Ende, und sie drängten sich interessiert um uns. Sie waren gutmütig, aber still und in einer Art Overall gekleidet, der von Kopf bis Fuß aus einem Kleidungsstück bestand. Frank schob sich zwischen sie, gefolgt von mir. Wir machten uns auf den Weg zu einem angenehmen Haus, das aus dem magischen Felsen gebaut und mit einem fast flachen Dach aus dem blauen Metall bedeckt war. In diesem Haus wurden wir vom Superintendenten der Steinbrüche empfangen. Die Begrüßung war angenehm, und da der Superintendent sowohl Französisch als auch Englisch sprach, kamen wir gut miteinander aus.[1]

Die Räume dieses Hauses waren große, quadratische Wohnungen, die einfach mit den weißen Stühlen, Tischen und Sofas eingerichtet waren, die ich in der Stadt des Lichts gesehen hatte, aber an den Wänden waren Zeichnungen des Steinbruchs, des Landes und von Gruppen von Arbeitern zu sehen. Unter den Bildern waren einige wunderbare große Szenen eines Eislandes und die glänzende hohe Wand eines gigantischen Gletschers. Ich wies Frank darauf hin. Er erzählte mir, dass nördlich der Berge das große Nordmeer lag, im Winter ein Meer aus Eis, und dass von kontinentalen Erhebungen in seinem Inneren Gletschermassen nach außen drängten, die in das südliche Land eindrangen. In den Regionen dahinter gab es fruchtbare Ebenen. Hier befanden sich ihre Siedlungen, von denen die Arbeiter der Steinbrüche hergebracht worden waren, dahinter lagen wiederum die Ränder des Polarmeeres. Gesang und Musik schlossen den Tag ab, und nach dem Verzehr der weingetränkten Kuchen, die uns der Superintendent anbot, machten wir uns auf den Weg zum weißen und einfachen Schlafgemach.

Der Morgen kam, frisch und prächtig. Die Luft auf dem Mars ist so rein, lebendig und staubfrei. Wir gingen zur Mündung des Steinbruchs, Frank und der Superintendent gingen voraus. Ich stoppte alle paar Schritte rückwärts blickend und freute mich, den breiten Fluss des Kanals zu verfolgen, der sich meilenweit durch die Trostlosigkeit schlängelt. Dann bemerkte ich, wie schnell und mühelos die Bewegung auf dem Mars ist. Der Wille ist so leicht und durchdringend, dass der Körper zu einem bloßen Spielzeug für den Geist wird. Frank winkte mir zu, und als ich sah, wohin er zeigte, sah ich gerade vor mir ein großes schwarzes Objekt, über das eine Reihe von Arbeitern aufgeregt wie ein Ameisenschwarm rannten. Frank sagte: "Du erinnerst dich an den Meteor, den wir gestern Abend gesehen haben, da ist er." Ausgedehnt wie eine gigantische und deformierte Rakete lag da ein noch warmer Eisenmeteorit. In seinem Inneren erstreckte sich ein Spalt, in dem sich die Gruben und Vertiefungen der irdischen Objekte befanden. Er war etwa einen Meter lang und muss viele Tonnen gewogen haben.

Wir setzten unseren Spaziergang fort und bald darauf blickten wir auf das zurückweichende Dach der großen Höhle, die schweren Mauern blieben wie Strebepfeiler stehen, um den darüber liegenden Bergrücken zu halten. Der Steinbruch erstreckte sich weit unter dem Grat. Wir wollten hinuntergehen, aber bevor wir dies taten, führte uns der Superintendent zum sonnenbeschienenen Grat. Von hier aus blickten wir auf ein fernes Land jenseits des Vulkangebietes, das von Bauernhöfen und Dörfern besetzt war. Es schien friedlich und attraktiv zu sein. Jenseits davon erkannten wir wiederum nur die schimmernde Oberfläche des großen Gletschers, den herrlichen Eiszug. Wir stiegen wieder zur Mündung des Steinbruchs hinab, und hier bestiegen wir eine Plattform, auf der ein Seilbahnlift stand. Auf dieser wurden wir weit aus den schwindelerregenden Seiten des Steinbruchs hinausgeschwenkt, langsam durch den Luftschacht geschleudert und dann in den kühleren Schatten der tieferen Teile geführt, wo die Sonne nicht eindrang. Ich weinte vor Freude laut, und der Abgrund rief seinen Gruß zurück. Noch immer stiegen wir hinab und sahen bald wieder in den tiefen Verlängerungen des Tunnels die leuchtenden Wände dieser phosphoreszierenden Höhle. Die Methode des Steinbruchs war sehr ähnlich der, die auf der Erde in den Marmorsteinbrüchen angewandt wird.

Die Minen waren sehr interessant, aber die Zeit drängte. Frank sagte, wir müssten aufbrechen und unsere Reise in Richtung der nächsten Stadt fortsetzen. Wir starteten vom großen Steinbruch aus noch einmal mit dem schönen Porzellanboot. Die sterile, unheimliche und doch wunderbare Region mit Lavabetten, Deichen und Kratern war plötzlich passiert, und der Kanal zog in das riesige Waldland hinein. Dies ist ein wunderschönes Land: Bergketten, die sich von vier- bis sechstausend Fuß Höhe erheben, durchqueren es und haben breite Täler und Ebenen oder Hochebenen dazwischen; Seen und Flüsse durchziehen es.

Die Kanäle durchqueren die große Region in viele Richtungen. Die Stammstrecke, der wir folgten, wurde von Schleusensystemen von erstaunlicher Größe und Perfektion auf- und abgetragen. Große Seen wurden zu bequemen Zubringern gemacht, und auch Flüsse wurden angezapft, um den Wasserstand in den Kanälen konstant zu halten. Das Wetter war das eines halbtropischen Paradieses, und die späten Blumen erfüllten die Luft mit Düften. Schnell näherten wir uns nun der großen Stadt Heneri, und der Pilot wies uns auf die fernen Hügel hin, die im Dunst der Dämmerung fast violett gefärbt waren und das Tal der Stadt Heneri umschlossen. Das Land, das wir betreten hatten, war ein fruchtbares Farmland, in dem große Plantagen und Weinberge angelegt wurden und in dem sich große Taubentrupps aufhalten. Die riesigen Schwärme dieses schneeweißen Vogels waren von seltsamer Schönheit. Sie bildeten Wolken in der Luft. Schließlich kamen wir zur letzten Schleusenreihe, auf deren Gipfel meine Neugierde durch einen Blick auf die große Stadt Heneri, die Stadt des Glases, befriedigt werden sollte.

Es war Nacht, als unser kleines Boot auf dem Wasser der letzten Schleuse schwamm, die den Aufstieg vollendete, und unmittelbar darunter war die Beobachtungsstation von Heneri. Ich stand auf dem Deck unseres Bootes und beobachtete ungeduldig die langsam ansteigende Flut, auf der wir nach oben getragen wurden. Über uns, uns mit Interesse betrachtend, konnte ich an den Wänden der Schleuse zunächst, als wir die Türme der Beobachtungsstation hinaufstiegen, eine Kompanie von Marsmenschen sehen. Die Nacht war wolkenverhangen, und die Lichter der sich beschleunigenden Satelliten waren nur zeitweise zu sehen. Nach und nach stiegen wir über die Begrenzungsmauer und das Tor hinaus nach oben, und die wunderbare und unvorstellbare Pracht der Stadt Heneri, wie ein großer Opal, lag im Tal unmittelbar vor uns. Die glitzernden Wasserscheiben unter uns markierten die Stellen der absteigenden Schleusenlinie. Um uns herum befanden sich die Gebäude des Heneri-Observatoriums, und rechts und links davon fegten die bewaldeten Hänge einer kreisförmigen Kette, die, wie ich später sah, etwa in einem amphitheatralischen Kreislauf, das große Tal des Heneri umfasste. Die wunderbare Stadt, die unter uns leuchtete schien die Aufmerksamkeit zu magnetisieren und durch ihre Wunderbarkeit jede schwankende Haltung des Interesses zu kontrollieren. Das Auge des Erdenmenschen sah noch nie ein so erstaunliches Bild. Stellen Sie sich eine Stadt vor, die sich über zwanzig Meilen in alle Richtungen erstreckt und aus Glas mit verschiedenen Designs gebaut ist, unterbrochen von hohen Türmen, Pyramiden, Minaretten, Kirchtürmen, hellen, fantastischen und schönen Strukturen, die alle in Flammen stehen oder vielmehr sanft eine verschiedenfarbige Lichtpracht ausstrahlen. Stellen Sie sich diesen großen Bereich von Gebäuden vor, durchdrungen von breiten Alleen, die wie die Speichen eines Rades aus der Mitte strahlen, wo sich ein kolossales Amphitheater in den Himmel erhebt. Stellen Sie sich diese Straßen vor, die optisch durch hohe Schornsteine aus Glasröhren abgegrenzt sind, durch die ein elektrischer Strom fließt, der jede Rauchspur beseitigt und jede einzelne in eine schöne Säule verwandelt. Ich könnte Kanäle sehen oder Flüsse aus Wasser, die sich durch die Stadt winden und von Flammenbögen überspannt werden, aber die Nacht wurde noch weiter zum Tag gemacht, denn über der Stadt, hoch oben im samtschwarzen Himmel, hingen Tausende von Glasballons, von denen jeder die weiche Beleuchtung ausstrahlte, die die Straßenlinien markierte. So voll und opulent war die Lichtflut, dass der Gipfel, den ich erreicht hatte, die umliegenden Hügel und die weiter entfernte Seite des untertassenförmigen Tals, in dem Heneri lag, in eine ebenso diffuse Strahlung getaucht wurden. Aber als ob das himmlische Wunder mich noch weiter erschrecken, erstaunen und bezaubern könnte, erhob sich aus der Stadt die schwellenden Akkorde der Chöre; Klangwogen, durch die Ferne abgemildert, schlugen in melodiösen Wogen auf die hohen umliegenden Ländereien. Ich stand stumm und wie versteinert.

Es schien eine seligmachende Vision zu sein. Wäre die Luft mit aufsteigenden Engelsgesängen erfüllt gewesen, hätte sich der dunkle Zenit geöffnet und den Thron des Allmächtigen enthüllt, wäre es nur ein kongruenter und erwarteter Höhepunkt gewesen. Lange genoss ich den Anblick, dann weckte mich Frank an meiner Seite auf, als er sagte: "Lass uns gehen, Arthur, es gibt noch viel zu sehen und viel zu tun." Wir gingen dann weiter in Richtung Stadt und waren nur ein kurzes Stück gegangen, als uns ein Bote mit einer wichtigen Botschaft für Frank traf, der mit ihm zum Rat zurückkehren sollte.

Der Bote war ein wunderschöner Jüngling, nicht wie die Bürger der Stadt des Lichts gekleidet, sondern in ein enganliegendes Wams von cremefarbener Farbe, mit einem kurzen gelben Torso, und an den Füßen trug er Sandalen. Er grüßte mich und sagte: "Sei gegrüßt, Erdenmensch, du darfst mit unserem Venusfreund mitkommen." "Aber", sagte Frank, "was verlangt ihr von mir?" "Es ist der Rat, der Ihre Dienste in Anspruch nimmt", antwortete der Bote. "Ich rate zur Eile. In Heneri herrscht große Aufregung und Furcht, der Mars ist auf dem Weg zu einem Kometen." Ohne weitere Verzögerung begaben wir uns zur Halle des Rates, einem niedrigen, unscheinbaren Gebäude aus gelbem Backstein. Die Türen der einzigen Kammer, die den gesamten Innenraum umfasste, öffneten sich, und wir standen auf der Schwelle einer flachen, rechteckigen Vertiefung, die an allen Seiten von Bänken umgeben war und in ihrem mittleren Bereich einen langen Tisch aufwies, an dem unter hohen Lampen ein Dutzend Männer und Frauen saßen. Die Gesichter dieser Herrscher des Marses, denn das waren sie, wandten sich uns zu, als wir eintraten. Der Bote kündigte uns an, und wir wurden eingeladen, uns an die Spitze des Tisches zu setzen.

"Willkommen Fremder von der Erde, wir kennen Frank von der Venus. Der Geist des Mars ist der der Begrüßung und Freundschaft. Wir haben von den Entdeckungen gehört, die Ihr Freund

Tesla auf der Erde gemacht hat und die Ihre Erdenmenschen auf die Reise ins All geführt haben, und wir haben Sie vor der Gefahr gewarnt, die jetzt offenbar im Begriff ist, das Verhängnis dieser großen Stadt heraufzubeschwören und vielleicht den Planeten Mars zu zerstören, von dem wir wissen, dass er auf dem von Beobachtern sicher definierten und abgesteckten Weg einer großen Kometenmasse liegt, die einen Regen aus Gestein und glühendem Eisen auf ihn niederprasseln wird. Schon jetzt wird dieser sich nähernde Körper am Himmel immer sichtbarer.

Die Astronomen arbeiten an dem Problem, in der Hoffnung, dass eine gewisse Ablenkung, ein gewisses Maß an interpositionaler Gnade diesen beunruhigenden Vorfall verhindern wird. Aber wenn wir vernichtet werden sollen, wenn es kein Entrinnen vor der Vernichtung durch einen überstürzten Strom von Meteoritenkörpern gibt, dann wird durch Proklamation gewarnt, und unsere Bürger werden aus der Stadt ausziehen und sich so weit wie möglich von ihr entfernen, in der Hoffnung, dass nicht der gesamte Mars vollständig zerstört wird. Wir haben keine andere Lösung, außer vielleicht, dass unser guter Freund von der Venus, Frank, der vielleicht von einer größeren Macht zu uns gesandt wurde, die Antwort hat. Dies ist unsere letzte Hoffnung. Wir geben Ihnen daher die Macht, uns zu lenken. Was immer Sie sagen, wird getan werden. Nehmen Sie sich Zeit, gründlich nachzudenken, bevor Sie sich für den Kurs entscheiden, den Sie einschlagen wollen. In der Zwischenzeit werden Sie Gast in unserer Stadt sein, und wenn es sein muss, dass diese große Hauptstadt des Mars dieser mysteriösen Invasion erliegen muss; wenn diesem Ort, der so lange ein Wunder der Schönheit war, ein Haufen brennender Steine folgen soll, dann werden Sie unsere Pilgerbegleiter sein. Bitte bleibt bei uns, bis das Ende dieses seltsamen Umstandes bekannt ist."

Als er fertig war, brach ein Lärm unbeschreiblichen Wehklagens aus einer Vielzahl von Stimmen über unsere Ohren herein, das Geräusch rennender Füße und scharfer Schreie des Erstaunens drang in die Stille über uns ein, und dann schwenkten die Türen des Raumes auf, und es waren laute Stimmen zu hören, die riefen: "Die Gefahr kommt. Lauft in die Hügel." Panik, jener namenlose geistige Schrecken des Unbekannten, der sich auf der Erde fieberhaft unter den Marsmenschen ausbreitete, war unter den Marsmenschen entstanden, und summende Menschenmengen eilten in einem wilden Rückzug aus dieser wunderbaren Stadt aus Glas in die Hügel. Es war immer dasselbe. Wenn der Mensch seinen Glauben in die von Menschen gemachten Götter setzt, findet er auf dem harten Weg heraus, dass er keinen Ort hat, an den er sich zurückziehen kann. Wie zur Zeit der Überschwemmung; Millionen rannten, aber sie fanden keinen sicheren Ort, an den sie laufen konnten, so war es auf dem Mars. Er hatte sein Vertrauen in die vom Menschen geschaffene Schönheit gesetzt: Nun, hier war etwas, dem sie sich nicht stellen konnten, also rannten sie wie auf der Erde. Frank sah nachdenklich aus, er nahm meinen Arm und wir gingen nach draußen, die Gesichter waren dem Himmel zugewandt, das herannahende Ding war seit einer Stunde massiv gewachsen. Es glitzerte und schien nun die Größe des Vollmondes zu haben, und ein helles Leuchten schien von seinen Rändern zu kommen. Die Ängste der Menge waren berechtigt. Die Masse über uns war ein Zug von Raketen, die auf den Mars zuschleuderten: Sein Kontakt schien immer unmittelbarer zu werden. Ich fühlte einen namenlosen Schrecken, nur für einen Augenblick; denn als ich mich umdrehte, um Frank anzusehen, sah ich, dass er kein bisschen beunruhigt war. "Frank", sagte ich, "haben Sie keine Angst vor dieser Masse von "etwas", die im Begriff ist, diese Stadt und vielleicht den Planeten Mars zu zerstören?" Frank sah mich lächelnd an und antwortete mir mit einer Frage: "Nein, Arthur, ich mache mir keine Sorgen, und das solltest du auch nicht. Du tust so, als glaubst du an Christus, du sagst, du glaubst an den einen großen Gott. Ihr gegenwärtiges Handeln wird beweisen, ob Sie Christ sind oder nicht!

Erinnern Sie sich, Ihre Welt wurde durch das Wasser zerstört; Millionen gaben damals vor, an Gott zu glauben, sie gingen umher und taten Gutes, d.h. ihnen wurde Gutes getan, aber als diese große Prüfung kam, konnten nur acht Personen beweisen, dass sie wirklich an Gott glaubten, und deshalb wurden sie gerettet. Wenn du, mein lieber Arthur, an Gott glaubst, kann das, wovor du dich scheinbar fürchtest, kein Haar auf deinem Kopf krümmen. Die Menschen auf dem Mars müssen eine Lektion lernen.

Gehen wir zurück in den Ratssaal." Wir fanden die Mitglieder noch am Tisch, sie luden uns ein, uns ihnen anzuschließen, was wir auch taten. Frank sagte dann: "Freunde des Planeten Mars, ich habe sorgfältig über die Angelegenheit nachgedacht, und durch die besondere Gedankenkraft, die wir auf der Venus einsetzen, habe ich Kontakt mit unseren Herrschern und anderen Männern und Frauen aufgenommen, die mir Unterstützung versichern, und ich bin angewiesen, ihre Erkenntnisse an Sie weiterzugeben, die Sie hoffentlich im Geiste der Freundschaft und Liebe, mit der ich sie schenke, annehmen werden." Der Mars-Führer sagte, dass alles, was Frank sagte, in diesem Geiste akzeptiert werden würde. "Ich danke Ihnen für diese große Ehre", sagte Frank. „Unsere weisen Führer sagen mir, dass die Masse über unseren Köpfen diesen großen Planeten Mars nicht zerstören wird, noch wird sie diese Stadt vollständig zerstören. Mir wurde mitgeteilt, dass dieser Gegenstand als letzte Warnung an Sie gesandt wurde, sich zu bessern, Ihre falschen Götter wegzuwerfen, von denen Sie feststellen, dass sie nichts tun, um Sie vor dieser Sache zu retten, die Ihr Volk so sehr fürchtet. Ihnen wird keine zweite Chance geboten, es gibt nur einen Gott; wenn Sie weise sind, werden Sie an Ihn glauben."

Mit dem Ende dieser Worte setzte sich Frank hin. Viele Augenblicke lang herrschte völlige Stille; niemand sprach. Dann erhob sich der Führer. "Danke, Frank, Sie haben uns in der Tat eine gute Lektion erteilt. Ich muss zugeben, dass wir für Gott gekämpft haben; wir haben unser ganzes Vertrauen in die materielle Schönheit gesetzt, die Sie überall um uns herum sehen. Ich werde nun die Menschen über Ihre Botschaft informieren. Sie und Ihr Erdenmensch-Freund haben die Freiheit des Mars, tun Sie, was Sie wollen. Die Zeit wird Ihre Aussagen bald beweisen, aber bevor wir uns trennen, werden Sie mir sagen, in welchem Maße der Mars leiden wird?" "Ja", antwortete Frank, "die weisen Führer der Venus sagen, dass der Mars niemals vollständig zerstört werden wird; aber einige der von Menschenhand geschaffenen Schönheiten, wie Ihre Glasgebäude, werden beschädigt werden, und einige Ihrer Leute werden zweifellos verletzt werden, wenn sie innerhalb der Glasgebäude bleiben. Bald können Sie einen Schauer kleiner Gesteine erwarten, das ist alles." "Dankt Gott für seine Gnade und Güte. Mit Ihrer Erlaubnis werden Arthur und ich in diesem Gebäude aus Ziegelsteinen und seinem starken Eisendach bleiben."

Kurz bevor Frank seinen Vortrag beendete, hörten wir das Klirren von Steinen, die auf das Dach fielen. Es wurde dunkel, als ob ein Gewitter über uns hereinbrach. Der Schauer dauerte fast zwei Stunden, dann kam die Sonne heraus, das Getrappel auf dem Dach hörte auf, und Frank und ich gingen zur Seite hinaus. Wo war die einst wunderschöne Glasstadt? Nichts als eine zerbrochene Müllhalde lag herum, viele Meter tief aus Glasbruch. Was für ein trauriges Ende, aber es hätte schlimmer sein können. Ich musste meine Gedanken laut ausgesprochen haben, denn Frank antwortete: "Ja, mein lieber Freund, es hätte viel schlimmer sein können, und jetzt, da wir diesen Planeten gesehen haben, lasst uns zur Erde zurückkehren. Aber bevor wir aufbrechen, müssen wir in den Ratssaal zurückkehren." Dann gingen wir wieder in den Raum zurück, wo wir die Mitglieder noch sitzend vorfanden, die ein großes "lebendes" Bild betrachteten, das sich an einer Wand befand. Sie baten uns, gemeinsam mit ihnen eine Bilderreise um den Planeten zu unternehmen, um uns die Schäden anzusehen. Zu unserem Erstaunen sahen wir, dass jede Stadt auf dem Mars beschädigt worden war. Aber die Führer stimmten Frank zu, als er sagte: "Es hätte schlimmer sein können." Die Menschen hatten eine große Lektion erhalten, sie würden wiederaufbauen, aber dieses Mal würde die Stadt auf dem soliden Fundament Christi errichtet werden.

Nachdem wir den ganzen Mars gesehen hatten, baten wir um Erlaubnis zum Verlassen des Planeten, die uns von den Führern erteilt wurde. Während wir uns gegenseitig Lebewohl sagten, fragte ich mich, wie wir zur Erde zurückkehren würden. Und als ich Frank fragte, antwortete er: "Wir werden auf dem gleichen Weg zurückkehren, auf dem wir gekommen sind, wenn Sie bereit sind, sagen Sie einfach das Wort, und Frances wird uns zurückbringen." Ich fühlte mich genauso wie bei meinem ersten Spaziergang auf dem Planeten Venus. Es war schwer zu glauben, dass es nur mein Verstand hier auf dem Planeten Mars war. "Alles bereit", sagte ich zu Frank, "gehen wir zur lieben alten rauchigen Erde." Frank nahm dann meine Hand, und im nächsten Moment waren wir in der großen X-12, wo Frances uns mit ihrem schönen Lächeln begrüßte. "Willkommen zu Hause", sagte sie. "Hat Ihnen der Mars gefallen?" "Ja und nein", antwortete ich. Wir erzählten ihr, was geschehen war, aber natürlich hatte sie alles auf ihrem magischen Projektor gesehen, und dann war es in wenigen Augenblicken Zeit, sich zu trennen, und ich sah wieder zu, wie das große Schiff in den nebligen Himmel davonschwebte.

Kapitel XI

Raumschiffe waren vor etwa zweitausend Jahren und lange davor nicht unbekannt, denn wir lesen von vielen in der Bibel. Es ist sogar möglich zu glauben, dass Adam in einem Raumschiff zur Erde kam! - Wir werden später auf diese Geschichte eingehen.

Es scheint auch, dass Antonius nicht nur etwas Neues über Raumschiffe wusste, sondern sie in seinem Krieg gegen Rom auch tatsächlich einsetzte! Diese Tatsache lesen wir in einem Brief von Planous, den er im Jahre 44 v. Chr. an Cicero schrieb. Planous (an Cicero) sagte:

"Seit ich meinen früheren Brief geschlossen habe, sind einige Vorkommnisse eingetreten, von denen ich denke, dass es für die Republik von Bedeutung sein könnte, dass Sie davon in Kenntnis gesetzt werden; denn sowohl das Gemeinwesen als auch ich selbst haben in der Angelegenheit, die ich erwähnen werde, hoffentlich einen Vorteil aus meiner Gewissenhaftigkeit gezogen.

Ich habe Lepidus durch wiederholte Äußerungen aufgefordert, alle Feindseligkeiten zwischen uns beiseite zu legen und sich mit mir gütlich zu vereinen, um Maßnahmen für den Beistand der Republik zu erwirken; ich habe ihn beschworen, die Interessen seiner Familie und seines Landes denen eines verachtenswerten und verzweifelten Rebellen vorzuziehen; und ich habe ihm versichert, dass er, wenn er dies täte, mir bei allen Gelegenheiten voll und ganz gehorchen würde.

Dementsprechend habe ich durch die Intervention von Laterensis meine Verhandlungen erfolgreich abgeschlossen; und Lepidus hat mir die Ehre erwiesen, dass er, wenn er Antonius nicht daran hindern kann, in seine Provinz (Narbonensian-Gual) einzudringen, mit Sicherheit seine Armee gegen ihn führen wird. Er bittet mich ebenfalls, mich ihm mit meinen Streitkräften anzuschließen; und zwar eher, da Antonius in der Kavallerie extrem stark ist und angeblich eine große Kraft von einer etwas unbekannten Kraft hat, die eine große vogelähnliche Kreatur zu sein scheint.

Diese Kreatur, die ich deutlich sah, flog sehr hoch über unseren Köpfen und vernichtete in wenigen Augenblicken mit Hilfe von Feuerbällen einen großen Teil unserer Kavallerie. Wir waren gezwun-

gen, in Richtung Isara zu fliehen, einem sehr großen Fluss, der die Territorien der Aborigines begrenzt. - Ende des Zitats aus den Briefen des Marcus Tullius Cicero.

Obwohl die meisten UFO-Sichtungen leicht auf ehrliche Irrtümer von Naturphänomenen und von Menschen gemachten Objekten zurückgeführt werden können, gibt es zweifellos viele echte UFO-Sichtungen, die überall auf der Welt stattgefunden haben, seit ich zum ersten Mal den Besuch eines sehr großen Etwas erhielt. Ich sage "Etwas" mit gutem Grund, denn damals, also während des zweiten Weltkriegs, und erinnern Sie sich, das war im April 1941; deshalb sah das "Etwas", das in meinem Gebiet landete, sehr ähnlich wie ein deutsches Luftschiff aus! Ohne Zeitverlust meldete ich der Polizei, dass ich glaubte, ein feindliches Luftschiff sei auf meinem Feld gelandet. Ich hatte keinen Grund zu glauben, dass es sich nicht um ein feindliches Schiff handelte, bis seine Besatzung mir einige Zeit später eine Nachricht schickte, die ich auf dem Tesla-Scope erhielt. Bis zu diesem Zeitpunkt wusste ich wenig oder gar nichts über Raumschiffe, aber als ich diese Nachricht hörte, wurde ich sehr interessiert und begann, alles zu studieren, was ich zu diesem Thema erhalten konnte. Mein Studium führte mich zur Bibel, zur römischen Geschichte und zu vielen anderen alten Büchern. Ende 1957 hatte ich einen sehr guten Abschluss erreicht.

Erst 1947 (sechs Jahre, nachdem ich meine Geschichte veröffentlicht hatte) begann das weltweite Interesse (jemand prägte das Wort "Fliegende Untertasse"). Zu den Zeugen gehörten zuverlässige Menschen, die alle Lebensbereiche repräsentierten, vom hochqualifizierten Wissenschaftler bis zum Analphabeten, der in abgelegenen Gebieten der Erde heimisch ist. Sie alle haben seltsame ovale und zigarrenförmige Gegenstände beschrieben, die sich unter den verschiedensten Umständen so verhielten, als ob sie unter intelligenter Kontrolle stünden. Nach Jahren sorgfältiger und konsequenter Untersuchungen bin ich sicher, dass es mehr als genug qualitativ hochwertige Beweise von ausgebildeten und zuverlässigen Zeugen gibt, die darauf hinweisen, dass es in unserer Atmosphäre solide maschinenähnliche Objekte gibt, die unter intelligenter Kontrolle funktionieren. Die wunderbare Leistung der Objekte, bei denen es sich meines Erachtens um die True Space Craft handelt, schließt von Menschen geschaffene oder natürliche Phänomene aus.

Solche Beobachtungen wurden in vielen Fällen durch zuverlässige Instrumente gut belegt, wie wir sie im letzten Herbst (1969) in Gagetown, N.B., einsetzten, als mehrere hundert Personen das große Venus-Schiff, die X-12, sahen. Selbst ohne den persönlichen Kontakt, den ich mit der X-12 hatte, bin ich aufgrund anderer Beweise der Meinung, dass UFOs von superintelligenten Wesen aus einer anderen Welt gesteuert werden und aus Gründen, die nur ihnen selbst bekannt sind, ein systematisches Programm durchgeführt haben. Es gibt keinen Grund, warum andere Welten nichts von unserer niedrigen Kultur und dem schrecklichen Zustand wissen, in dem wir uns schon immer befunden haben; eine Kultur der Zweifler und des Massenmordes. Frank sagte bei einem seiner Besuche: "Kein Wunder, dass Sie rückständig sind. Eine Welt, die an die Evolution glaubt, ist krank. Selbst ein Kind sollte es besser wissen, als zu glauben, dass Gott Lügen erzählt hat. An die Evolution zu glauben, würde darauf hinweisen, dass Ihr Volk entweder nicht an Gott glaubt, oder es glaubt, dass er nicht die Wahrheit gesagt hat, denn er sagte, der Mensch sei nach dem Ebenbild Gottes geschaffen, was bedeutet, dass er den Menschen vollkommen gemacht hat. Die Verrückten, die die Evolutionstheorie erfunden haben, taten dies in ihrem Bemühen, den Glauben der Menschen an Gott zu zerstören. Da Ihre Welt diese törichte, vom Menschen geschaffene Theorie als Tatsache zu akzeptieren scheint, ist Ihre Welt daher gezwungen, zurückgeworfen zu werden oder zumindest so lange stillzustehen, bis Sie zu Gott zurückkehren."

Das intensivierte Programm mag von Menschen anderer Welten initiiert worden sein, weil unsere Zivilisation das Niveau des Atommordes erreicht hat und sich rasch seinem Ende nähert; wie wir in der Bibel erfahren, wenn "Sterne" vom Himmel fallen werden. Daher könnte die Anwesenheit von Raumschiffen in der Nähe unserer Erde von großer theologischer Bedeutung sein.

Mit der Erfindung der modernen Astronomie begann der Mensch, über die Möglichkeit von Leben, wie wir es kennen, auf anderen Welten zu spekulieren. Niemand weiß wirklich, was sich hinter unserer Sonne befindet; niemand weiß, wie viele Sterne es gibt! Und wenn es Leben, wie wir es kennen, gibt, würde das bedeuten, dass es allein innerhalb unserer Galaxie eine Milliarde Planeten mit Zivilisationen unterschiedlicher Technologie geben könnte.

Viele von ihnen könnten unserer "modernen Welt" Tausende von Jahren voraus sein.

Angelo Secchi, der große jesuitische Astronom, stellte Mitte des neunzehnten Jahrhunderts die folgende Frage: "Wie kann es sein, dass es allein in unserer Galaxie eine Milliarde Planeten gibt?"

"Könnte es sein, dass Gott nur einen winzigen Fleck im Kosmos mit geistigen Wesen bevölkert hat? Es wäre absurd, in diesen grenzenlosen Regionen nichts als unbewohnte Wüsten vorzufinden. Nein, diese Welten werden zwangsläufig von Geschöpfen bevölkert sein, die in der Lage sind, ihren Schöpfer zu erkennen, zu ehren und zu lieben."

Ja, in der Tat, ich habe allen Grund, Angelo Secchi zuzustimmen. Die Erde ist ein zu kleiner Fleck, um die Bedürfnisse eines so großen Gottes zu erfüllen, den ich liebe. Wenn es, wie ich behaupte, ungefallene Wesen im Universum gäbe, Wesen, die immer dem göttlichen Gesetz gehorcht haben, dann würden solche Wesen den Erdenmenschen um Tausende von Jahren voraus sein, denn es sind unsere Sünden, die unser Vorankommen über die niederen Geschöpfe hinaus verhindert haben. Es ist eine Tatsache, und da man sehen kann, dass viele der niederen Geschöpfe weit über dem Menschen stehen, schauen Sie sich um, wenn Sie sich trauen: Was sehen Sie? Der größte Teil der Welt verbringt seine Zeit mit schlechten Gewohnheiten.

Aus meinem persönlichen Studium der Bibel und anderer Bücher und aus dem, was mir die Besatzung der X-12 erzählte, wurde mir klar, dass in der Bibel von Raumschiffen die Rede ist und dass diese Raumschiffe unsere Erde seit Anbeginn der Zivilisation besucht haben. Ich würde vorschlagen, dass der Leser antike Aufzeichnungen, einschließlich der Bibel, durchsucht; man weiß nie - vielleicht findet man etwas Neues. Werfen Sie einen Blick in das Bibelbuch Hesekiel. Kapitel eins ist eine klare Beschreibung eines Flugzeugs, wie auch die Geschichte, die in Kapitel 10 fortgesetzt wird. So findet sich in fast jedem Bibelbuch etwas über Raumflugzeuge.

Wenn es sich bei diesen Objekten um Raumschiffe handelte, wären ihre Beschreibungen durch die Unfähigkeit der Menschen jener Zeit begrenzt, sie zu beschreiben, außer durch die begrenzte nichttechnische Sprache jener Zeit. Schauen wir uns die Sprache an, wie sie von Hesekiel Kapitel 1, Vers 4 verwendet wird:

"Und ich sah, und siehe, ein Wirbelsturm kam aus dem Norden, eine große Wolke und ein Feuer, das sich umhüllte, und ein heller Schein umgab ihn, und aus seiner Mitte wie die Farbe des Bernsteins, aus der Mitte des Feuers - "

Ende des Zitats.

Dieses ganze Kapitel aus Hesekiel enthält wahrscheinlich die schönste Beschreibung der Landung von Raumfahrzeugen und ihrer Besatzung in der Bibel, nun wollen wir einen Blick auf Kapitel 4, Vers 22 und 23 werfen.

"Und die Hand des Herrn war dort auf mir und sprach zu mir: Steh auf, geh hinaus in die Ebene, und ich will dort mit dir reden. Und ich stand auf und ging hinaus in die Ebene; und siehe, die Herrlichkeit des Herrn stand da, wie die Herrlichkeit, die ich am Fluss Chebar sah, und ich fiel auf mein Angesicht."

Ende des Zitats.

Was für eine Herrlichkeit des Herrn stand in der Ebene, wo der Herr mit Hesekiel redete?

In Kapitel 1 lesen wir, dass Hesekiel am Ufer des Flusses Chebar saß, als er die Maschine sah, die für ihn wie ein Wirbelwind aussah, so dass die Herrlichkeit, die er in Kapitel 4 erwähnt, das Landungsboot sein würde! Das ganze Kapitel 10 enthält einen weiteren wunderbaren Bericht von Hesekiel über ein Flugzeug oder ein Raumschiff. Sehen wir uns die Verse 4 und 5 an:

"Und die Herrlichkeit des Herrn stieg auf von dem Cherub und trat über die Schwelle des Hauses, und das Haus war erfüllt von der Wolke, und der Hof war voll vom Glanz der Herrlichkeit des Herrn. Und das Rauschen der Flügel der Cherubim war zu hören bis in den äußeren Hof, wie die Stimme des allmächtigen Gottes, wenn er spricht."

Der orthodoxe Glaube hat sich so lange Zeit fast unauslöschlich in der heutigen Menschheit verankert, dass ich nicht glaube, dass irgendjemand die Ideen, die ich in diesem Buch zu illustrieren versucht habe, akzeptieren wird. Aber ich schreibe dies für die wenigen, die das tun wollen, was Christus gesagt hat: "Öffnet unsere Augen (und Herzen), damit wir die Wahrheit sehen können, denn es gibt niemanden, der so blind ist wie die, die nicht sehen wollen."

In der ersten Hälfte des sechzehnten Jahrhunderts blühte die Renaissance gerade in der Reformation auf. Die Zeiten waren so etwas wie unsere eigenen. Damals war der bloße Druck der Bibel, in der alle Menschen lesen konnten, eine Einladung, ermordet zu werden (im Namen der Religion). Viele Menschen wurden ermordet; entweder weil man sie beim Lesen erwischte oder weil jemand meinte, sie lesen zu müssen. Heute, in der so genannten "Moderne", werden Menschen ermordet, weil sie sich in ihren Überzeugungen von anderen unterscheiden. Der Schriftsteller und alle anderen, die es wagen, eine individuelle, unorthodoxe Interpretation der Bibel oder von Teilen der Bibel zu geben, müssen bereit sein, sich einer gleichberechtigten Opposition zu stellen; schließlich wurde Christus nicht ermordet, weil er es wagte, die Wahrheit zu predigen. Wenn der Leser überrascht ist, dass ich die Bibel und die Religion Christi in meine Geschichte einbringe, sollte er es nicht sein, denn das Raumschiff und die wahre Religion gehen Hand in Hand. Man kann Raumschiffe nicht aufrichtig studieren, wenn man nicht wirklich den Willen Gottes für den Menschen verstehen will, denn das ist die wahre Botschaft der Menschen, die aus dem Jenseits zur Erde kommen.

Kapitel XII

HULDIGUNG AN NIKOLA TESLA
[ERSTMALS 1943 IN ZEITUNGEN VERÖFFENTLICHT]

Neulich starb der begabteste Mann, den die Welt je gekannt hat. Er verließ die Welt um mehr als tausend Erfindungen reicher, die Gott ihm erlaubt hat, zu empfangen. Mit dem Tod von Tesla habe ich einen sehr alten Freund verloren, und wegen meiner angespannten Bewunderung für ihn schreibe ich diese bescheidene Hommage.

Im Alter von elf Jahren hatte ich zwei Lehrer, Mutter und Tesla. Von ihr lernte ich etwas über Gott. Elektrizität faszinierte mich schon in diesem Alter, und mein erster Lesestoff waren Teslas Untersuchung hochfrequenter Ströme, und ich glaube, dass ich mit zwölf Jahren mehr über Teslas Erfindungen wusste als die meisten Ingenieure heute. Ich wusste nicht nur etwas über seine wunderbaren Ideen. Mein Bruder und ich bauten sogar ein funktionierendes Modell seines drahtlosen Stromsenders, der ohne Kabel (nur mit Hilfe der Erde) Strom von Quebec City zu den Laval-Hügeln sendete, eine Entfernung von vierzehn Meilen; das war 1906.

Und weil ich Tesla die beste Zeit meines Lebens gelebt und geatmet habe, weiß ich, dass seine Erfindung zur Beendigung zerstörerischer Kriege (die er 1934 ankündigte) den Zweiten Weltkrieg verhindert hätte, wenn sie angenommen worden wäre. Denn wäre diese Idee nicht praktisch gewesen, hätte Tesla sie nicht verkündet, denn trotz allem, was Gegenteiliges gesagt wurde, war er nie ein wilder Träumer. Überall um uns herum sehen wir den Beweis dafür. Das neue Shipshaw-Energiesystem ist einer von Teslas "wilden" Träumen, denn er war es, der das Unmögliche erfand, nämlich die Wasserkraft zu nutzen, und die hundertundeine Sache, ohne die kein Energieerzeugungs- und Übertragungssystem funktionieren kann. Die meisten, wenn nicht sogar alle unserer elektrischen Licht- und Kraftquellen werden mit Hilfe von Strom betrieben, der von Maschinen seiner Erfindung geliefert wird; das Wechselstromsystem umfasst Mittel zur Erzeugung, Übertragung und Nutzung dieser Energie. Er erfand und baute den ersten und einzigen praktischen Motor, der mit Wechselstrom betrieben werden konnte.

Es war charakteristisch für Tesla, dass er alle seine Ideen entwickelte und tatsächlich bis zur Perfektion baute, bevor er sie verkündete, und das ist der Grund, warum ich es immer für selbstverständlich gehalten habe, dass alles, was er öffentlich machte, funktionieren muss. Ich frage mich, wie viele erkennen, dass der Fortschritt der Industrie in den letzten fünfundvierzig Jahren den Erfindungen Teslas zu verdanken ist. Es mag vielleicht schwierig sein, den Durchschnittsmenschen zu überzeugen, aber der Beweis für diese erstaunliche Aussage ist überall um uns herum zu sehen; ein Blick durch die Patentakten und eine Studie von Teslas Artikeln beweist, dass er der Erfinder von vielen Dingen ist, die man anderen zu verdanken hat. Es gibt viele Männer, die versucht haben, der Radioerfindung den Ruhm zu nehmen, aber aus den Aufzeichnungen, die in seinen vielen Vorträgen und Patenten zu finden sind, geht zweifellos hervor, dass er der Erfinder ist.

Viele bekannte Ingenieure haben in den Jahren seit 1896 verschiedene Formen von drahtlosen Maschinen hergestellt, und alle unter Verwendung der von Tesla erfundenen Grundprinzipien. Sie alle verwenden seinen Oszillator-Transformator in der einen oder anderen Form und haben neue Teile entwickelt, die alle auf derselben Grundidee beruhen. Das perfekte Radio muss erst noch hergestellt werden, und wenn es das ist, wird es eine Tesla-Maschine sein; das so genannte moderne Radio ist nicht annähernd perfekt. Beim künftigen Tesla-Radio wird die gesamte Leistung vom Sender gesendet. Tesla begann 1889 mit seiner Untersuchung der Hochfrequenz; 1891-1892 demonstrierte er die Übertragung dieses Stroms ohne Drähte durch die Erde; 1893 skizzierte er diese Arbeit vor dem Franklin Institute und der National Electric Light Association; 1893 erläuterte er Prof. Helmholts den Plan mit Experimenten, er erklärte, es sei praktisch durchführbar, und 1896 perfektionierte er sein System. Im Sommer 1897 ehrte Lord Kelvin (für den mein Vater in England arbeitete) ihn mit einem Besuch in New York. Er ließ sich von der Idee mitreißen, verurteilte sie aber zunächst, weil er dachte, es seien Hertzsche Wellen, stimmte aber zu, als ihm gezeigt wurde, dass es sich um echte Leitung handelte, und wurde in den wärmsten aller Befürworter verwandelt.

Die Grundidee des Tesla-Systems, das in jedem Funkgerät verwendet wird, ist der Oszillationstransformator, bestehend aus Kapazität und Induktivität, die in zwei, drei oder mehr Kreisen verbunden und zusammengeschaltet werden können. In diesen Patenten findet sich die Formel, um Kriege zu beenden und Strom in jeden Teil der Welt und sogar auf andere Planeten zu senden, ohne Kabel. Ich glaube, dass es seine Idee war, als er das Patent von 1896 erhielt, den Strom in Form von elektrischer Energie von Niagara ohne Verlust in jeden Teil der Erde zu senden.

In dieser Maschine wird die Energie konzentriert und zu einer enormen Menge aufgebaut, die dann elektrisch gesteuerte Teilchen projiziert, die es ermöglichen, Tausende von Pferdestärken über große Entfernungen zu befördern, denen nichts widerstehen kann.

Andere haben viel Zeit aufgewendet, um ein praktisches Gerät ähnlich dem von Tesla zu entwickeln. Es ist nicht verwunderlich, dass sie es nicht gefunden haben, denn die Mehrheit der professionellen Wissenschaftler ist an harte und schnelle Regeln veralteter Theorien gebunden, so dass nur in seltenen Fällen, öfter durch reinen Zufall, ein neues Prinzip entdeckt wird. Tesla hingegen stellte seine eigenen Theorien auf und bewies sie durch praktische Demonstration. Es hatte immer einen seltsamen Antagonismus gegenüber Tesla gegeben, vor allem, weil er so eklatant geradlinig und ehrlich war; er machte Experten, die sagten: "Es geht nicht", zum Narren, indem er das Unmögliche tat. Tesla gab die Anerkennung für seine Fähigkeit, erstaunliche neue Prinzipien zu entdecken, seinem Schöpfer, der dieses seltene Wissen an ausgewählte Personen weitergibt, die von ihm dazu bestimmt sind, der Menschheit bei der Überwindung einiger ihrer Schwierigkeiten zu helfen.

Kapitel XIII

TESLAS ERFINDUNG ZUR VERTEIDIGUNG DURCH ELEKTRISCHE ENERGIE

Wir wissen, was die "wissenschaftliche" Welt über Nikola Teslas Aussage aus dem Jahr 1934 dachte, er habe ein "neues" Prinzip entdeckt, das die Übertragung einer elektrischen Kraft in einem Strahl (nicht in einem Todesstrahl) von unendlich kleinem Querschnitt, etwa einem Millionstel Quadratzentimeter, ermöglichte.

Aufgrund ihrer Einstellung gegenüber allem Neuen von Tesla verlor die wissenschaftliche Welt (zumindest für eine gewisse Zeit) das Geheimnis dieses neuen Prinzips. Einer der Schlüssel dazu liegt in Teslas Aussage: "Es gibt keine andere Energie in der Materie als die, die sie aus der Umwelt erhält." Während ich dies zum Wohle des Menschen auf der Straße schreibe, wäre es gut, zu sagen, dass Elektrizität der altmodische Name für das Ding ist, das Ihr Radio, Ihren Fernseher usw. zum Laufen bringt und die Welt erleuchtet, und diese neue Tesla-Entdeckung ist nur eine weitere elektrische Maschine. Während seines Lebens hatte Tesla viele wunderbare Maschinen entdeckt, erfunden und gebaut, darunter das Radio, das Radar, den Fernseher und VIELE ANDERE, von denen ich Ihnen bereits erzählt habe.

In einem Brief, den ich 1932 von Tesla erhielt, sagte er, er habe eine außerordentliche neue Entdeckung gemacht, deren Schlüssel in der Bibel (Offenbarung) lieg, die es ermöglicht, einen elektrischen Strom mit sehr kleinem Querschnitt durch die Erde, über die Erde und unter das Meer zu schicken; auch erhebliche Energiemengen durch den interstellaren Raum in jede Entfernung ohne die geringste Zerstreuung zu blitzen.

Dieser schmale Strahl ist das Geheimnis des perfekten Fernsehens der Zukunft, auch des Radars und der Ferngespräche. Durch seine Verwendung können wir auf Antennen, Masten, Türme und Mikrowellenreflektoren usw. verzichten. Auch können wir mit den Planeten kommunizieren und, was sehr wichtig ist, Energie für den Betrieb eines Raumschiffes bereitstellen, das einen großen

Schritt von den Raketen entfernt ist, die einem den Kopf wegpusten. Dadurch entfällt die Notwendigkeit, Treibstoff mitzuführen, und es bleibt mehr Platz für die Nutzlast.

Was ist das Geheimnis dieser Entdeckung? Wie funktioniert sie? In der DEW-Linie zum Beispiel haben wir eine Reihe von Stationen, von denen jede einzelne von der Erde gesprengt werden könnte. Im Tesla-System gibt es keine "sichtbaren" materiellen Stationen (Pole, Relais usw.). Stattdessen wird der Strahl in stehenden Wellen in vorbestimmten Intervallen gebündelt. Die "Spitzen" erheben sich über der Erde bzw. über der Erde im rechten Winkel zu der Speisewelle (oder dem Strahl). Die Spitze kann sich in jeder Entfernung, die einem Radius der Erde entspricht, vom Sender zu jeder Spitze, dem Strahl, hin- und herwedeln oder sich mit einer vorgegebenen Geschwindigkeit von einem bis 24.000 Mal pro Sekunde um die Erde drehen. Dabei baut er Sekundärströme (oder induzierte Ströme) auf. Jedes Objekt, das sich innerhalb einer Spitze (oder eines Strahls) befindet, VERURSACHT [PPP110] DEN STRAHL, der an der Sendestation wahrgenommen wird.

Auf diese Weise wird die Position des Objekts gesehen und kann, falls erforderlich, durch die gleiche Spitze oder andere Mittel zerstört werden.

Teslas Maschine errichtet daher Millionen unsichtbarer Türme auf der ganzen Welt, unter und über dem Land und dem Meer, so dass nichts unentdeckt passieren oder existieren kann, und durch ihre eigenartige Aktion kann ein Kriegskopf zerstört werden, bevor er Zeit hat, seinen Startpunkt zu verlassen. Diese Maschine ist also die Antwort auf die Mordraketen. Wie funktioniert sie und wer wird sie als Erster bauen? Die Sowjets, oder jeder, der den Kopf benutzen und lesen kann, könnte wissen, wie sie funktioniert, weil [PPP111] das Geheimnis seiner Funktionsweise in Teslas Vorträgen zu finden ist.

Die wissenschaftliche Welt ignorierte Tesla, und sicherlich machte die westliche Welt seine wichtigsten Ideen lächerlich. Tesla sagte einmal: "Die Mauern von Jericho wurden durch vibrierende Energie zum Fallen gebracht, gegen sie gerichtet von Männern, die im Einklang mit Gott waren, geschickt im Umgang mit äußerst einfachen Maschinen, aber wunderbar effektiv, und ich glaube fest daran, dass, wenn wir ein wenig mehr wissen, als wir noch wissen, wie man die Kraft des TONS manipulieren kann, wir buchstäblich Berge durch eine Anwendung des Schwingungsgesetzes entfernen werden. Ich betrachte die biblischen Erzählungen nicht als Mythen; sie sind für mich eine wissenschaftliche Offenbarung, stellenweise schwach, das gebe ich zu, aber nichtsdestotrotz sind sie Speicherhäuser, die reichlich gefüllt sind mit dem riesigen Wissen, das die Gottesfürchtigen angesammelt und in der Antike wirklich gelernt haben. In der Zukunft werden Männer und Frauen, die wirklich im Einklang mit Gott sind, weiterhin wunderbare neue Erfindungen in der Bibel entdecken, die vom göttlichen Willen zum Wohle der Menschheit dorthin gelegt wurden.

[PPP112].

.

Kapitel XIV

KOPIE MEINER MITTEILUNG, VERÖFFENTLICHT IN DER ZEITUNG DER STADT QUEBEC, 2. JANUAR 1939.

"Was das seltsame Flugzeug betrifft, das am Dienstag, dem 27. Dezember 1937, um 2 Uhr morgens am Lake Beauport in Quebec, Kanada, auftauchte, so sind die gezeigten Zeichnungen aus den Spuren eines sehr großen Objekts im Schnee entstanden, das ich, um es besser auszudrücken, "Flugzeug" nenne. Wegen des nur allzu kurzen Blicks, den ich auf das seltsame Flugzeug warf (und wegen der fast völligen Dunkelheit), ist meine Beschreibung meist nur eine Vermutung. Aber die Größe der Maschine basiert auf tatsächlichen Messungen, die unmittelbar nach dem Abflug gemacht wurden. Es ist möglich, dass es sich bei der Maschine um ein experimentelles Luftschiff handelt, das ist in der Tat eine vernünftige Erklärung, die jedoch nicht ihre Geschwindigkeit, den fehlenden Lärm oder die geheimnisvolle Kraft erklärt, die Menschen aus der Entfernung bewusstlos machen kann: Eine andere Erklärung für das Raumschiff, die nicht so durchführbar ist, ist, dass es aus dem Weltraum kommt, vielleicht vom Planeten Mars oder von der Venus. BESTIMMT muss seine Antriebsart neu sein, sonst wäre das Raumschiff durch den Lärm der üblichen Motoren oder Jets, wie sie in unseren Flugzeugen verwendet werden, entdeckt worden. Der einzige Grund, der mich darauf aufmerksam gemacht hat, ist die Tatsache, dass ich auf meinem Grundstück eine Tesla-Einbruchsicherung errichtet habe. Dieses Instrument, das ich auf der Grundlage der von Dr. Tesla umrissenen Informationen gebaut habe, erkennt das Eindringen jedes Objekts, das sich in seinem Arbeitsradius befindet, der auf kurze oder große Entfernung einstellbar ist. Mein jetziges Prüfgerät besteht aus einem 75 Fuß hohen Lattenrost, auf dem eine Metallplatte befestigt ist, deren Oberfläche sensibilisiert wird, und mittels eines Verstärkers und Leitern wird jeder Wärmeimpuls eines Objekts innerhalb seiner Reichweite in meinem Labor aufgezeichnet, wo er erneut verstärkt und an das Alarmsystem weitergeleitet wird. Das wichtigste Merkmal des Systems ist jedoch ein Ultrahochfrequenzwellen-Detektor (ebenfalls eine Tesla-Erfindung), der im Verhältnis zur normalen Umgebung, auch mit Hilfe eines Relais- und Verstärkersystems, in der Schwebe gehalten wird und einen Alarm auslöst und aufzeichnet, wenn sich ein Objekt in seiner Reichweite befindet.

Deshalb ertönte in den frühen Morgenstunden des letzten Dienstagmorgens mein Wecker (und unter normalen Bedingungen wäre ich aufgewacht, aber ich befand mich in tiefem Schlaf, der durch Überanstrengung ausgelöst wurde), und ich wurde mir einer gewissen Störung erst nach und nach bewusst, und als ich tatsächlich aufwachte, ertönte der Wecker nicht, ich hörte aber das seltsame Geräusch, von dem ich dachte, es käme vom Radio, aber nach einer sorgfältigen Inspektion meines Alarmsystems stellte ich fest, dass es zwischen zwei und zwei Uhr dreißig in Betrieb war, und der Grund, warum ich den Alarm nicht hörte, war, dass ein wichtiges Teil wie durch einen starken Strom verschmolzen war, ein Beweis für eine seltsame Kraft auf dem mysteriösen Schiff. Dies könnte eine neue Entwicklung eines fremden Landes oder etwas aus dem Weltall sein. Wenn dies über die Reichweite unserer Waffen hinaus eingesetzt werden kann, wären wir damit jedem Land, das es besitzt, ausgeliefert, eine kleine Truppe in einem Raumflieger würde den bewaffneten Widerstand zwecklos machen.

Vielleicht finden sich die ältesten bekannten Aufzeichnungen über Raumschiffe in den hinduistischen Klassikern - Hamayana und Maha Bharata des alten Indiens, während die Annalen von Thutmose III. des alten Ägypten (15U4-1450 v. Chr.), die sich im Vatikan befinden, viele Geschichten von "Feuerkreisen" enthalten. Es gibt auch ein Raumschiff, das in Heinrich VI, Teil 3, Akt 2, Szene l, von Shakespeare erwähnt wird, und wenn man die Zeit hat, in vielen anderen alten, verstaubten Büchern zu blättern, wird man zweifellos viele andere Geschichten finden.

Die Bibel ist voll von solchen Berichten. Es lohnt sich, in den Bibelbüchern zu suchen; ich werde einige auflisten, die ich sehr interessant fand. Vielleicht müssen Sie die Geschichten erst studieren, bevor Sie sich ein richtiges Bild machen können. Es ist kein interessantes Spiel, aber es wird einem ein neues und vielleicht ein besseres Verständnis der Schrift vermitteln. Ich hoffe es jedenfalls, ich wünsche Ihnen allen eine gute Jagd.

"Ich fand diese: Mose 18: Verse 1 bis 3; Mose 19: 24-26; 2. Mose 3: 2-5; 2. Mose 13: 21-22; 2. Mose 14: 24; 2. Mose 19: 9-16 und 20; 2. Mose 34: 5-6. Richter 13: 3 & 24; 2. Könige 2: l, 9, 10, 11; 2. Könige 6: 17; Psalmen 60: 12; Psalmen 68: 33, 34; Psalmen 99: 7. Sacharja 5: 2; Jesaja 9: 8; Jesaja 16: 15; Jesaja 60: 8; Hesekiel 1: 4; Hesekiel 4: 22, 23; Hesekiel 10: alle Kapitel. Daniel 9; 21; Matthäus 11: 9, 10; Matthäus 25: 13; Markus 13: 27; Lukas 21: 27; Apostelgeschichte 1: 9 bis 11; Offenbarung 1: 7; Offenbarung 14: 6; Offenbarung 19: 17." 2

Ende des zweiten Teils.

Teil III
KAPITEL I

EINIGE ANMERKUNGEN AUS DEM BUCH "DIE RÜCKKEHR DER TAUBE" VON MARGARET STORM UND ARTHUR MATTHEWS.

Gott sagte: "Es werde Licht", also machte Er Tesla, und es ward Licht!

Heute gibt es viele "Raumschiffe", die überall herumfliegen - ihre leuchtenden Farben blitzen wie der Schwanz eines Pfaus, viele von ihnen kommen über große kosmische Lichtbahnen zu uns, fliegen auch ohne Flügel zu uns, reisen über Gottes großen Spielplatz, angetrieben vom tragenden Atem Seiner Liebe zu Seinen Kindern - selbst die Törichten, die jetzt nicht mehr töricht sein müssen, denn das ist es, was diese Zeit hier auf dem Planeten Erde ausmacht. Wir brauchen nicht länger töricht zu sein! Jetzt können wir aufwachen, unseren Geist und unsere Herzen nach oben strecken, nach oben, nach oben, bis wir einen Stern treffen. Wir sind in den letzten Millionen von Jahren Verschwender gewesen, und die Ernährung der Spelzen war schrecklich. Aber der schlimme Traum ist vorbei. Wir können uns entspannen und uns auf das Fest vorbereiten - ein großes und wunderbares Fest des menschlichen Sieges, das zweitausend Jahre dauern wird. Zu diesem Zeitpunkt werden wir die Hülsen und die vergangenen Jahre der planetarischen Isolation längst vergessen haben, und wir werden da draußen auf den Lichtwegen in Raumschiffen unterwegs sein und bei unserem kosmischen Auftrag von Stern zu Stern hüpfen, während die große Symphonie der Sphären immer weiterspielt und die Engel singen. Natürlich haben wir in diesen letzten Tagen immer noch die Engstirnigen, die Spielverderber, die Spinner, die Ewiggestrigen, die Trauerklöße und eine ganze Reihe von Bettnässern in den verschiedensten Größen, Formen und Schattierungen. Sie sind diejenigen mit den aufgemotzten Egos. Die Vorstellung von Raumschiffen, Sphärenmusik oder singenden Engeln kaufen sie nicht ab. Sie sind die Dummen, die ihre Dummheit fortsetzen wollen.

In der Krankenhauswelt, die wir seit Millionen von Jahren während unserer kosmischen Quarantäne kennen, ist es richtig zu sagen, dass die meisten von uns in den meisten unserer Verkörperungen töricht waren. Wir waren furchtbare Heuchler, reine Schafsköpfe, die auf einer Bühne namens Welt ihre Rollen ausspielten, einer Bühne wie eine verwechselte, auf den Kopf gestellte Torte, mit einer animierten, verrückten Steppdecke als Servierplatte. Mit einem solchen Design für das Leben ist es kein Wunder, dass der Verantwortliche fliegende Untertassen schicken musste, um uns zu retten, zu warnen, zu schmeicheln oder einfach nur einige von uns auf eine neue Müllhalde zu schleppen, auf eine neue Art von Krankenhausplanet, der sich ausschließlich dem Trocknen nasser Decken und dem Entfernen der Traurigkeit aus Säcken widmet - und das, wenn Sie so wollen, genau in dem Moment, als das Hemd in Mode kam. Aber diejenigen von uns, die hier auf dem Planeten Erde zurückgelassen werden, die hier weiterleben werden, nachdem die Untertassen die zerbrochenen Tassen in eine neue Reparaturwerkstatt geflogen sind - nun, wir werden eine Menge Aufräumarbeiten vor uns haben, weil es diesem Globus seit langer, langer Zeit an guter Haushaltsführung mangelt. Wir werden aussteigen und mit den Joneses Schritt halten müssen, nur dass sie diesmal nicht auf der Straße wohnen, sondern dort oben auf diesen fröhlich funkelnden Sphären namens Venus, Mars, Jupiter und so weiter; und an Orten, die klingen wie eine Melodie Aquaria, Clarion und ein winziges, kleines, beleuchtetes Juwel von einem Planeten namens Excelsior, von dem gesagt wird, dass es ein entzückender kleiner Ort ist, der von kleinen Menschen bewohnt wird, aber wirklich kleinen Menschen, sehr schönen kleinen Männern und Frauen von erlesener Statur, die ZWEI oder vielleicht sogar DREI Zoll hoch sind.

Sie haben perfekte Formen, die sich bewegen und schweben in rhythmischen Tänzen von atemberaubender Schönheit und Anmut. Sie haben nie irgendeine Art von Not gekannt. Sie sind engagierte Kinder Gottes. Ihre Feuertänze zu Ehren der Heiligen Flamme sind ein Ausdruck von mehr als der Hingabe an ihren Schöpfer für sein Geschenk des Lebens. Das ist ihre Art zu beten. Tanzen ist für sie gleichbedeutend mit Leben oder der Ausdruck der Dankbarkeit für die grenzenlose kosmische Fülle. Sie sind äußerst künstlerisch, und wenn sie nicht gerade tanzen, helfen sie den kleinen Naturgeistern - den Feen, Elfen, Wasserkobolden - ständig dabei, die Dekorationen auf der Oberfläche ihres Planeten neu zu arrangieren. Vielleicht wären ein Miniatur-Rosenbaum genau dort und ein winziger Wasserfall, der schwindelerregend aus einer Höhe von sechs Metern in die Tiefe stürzt, eine gute Kulisse für einen neuen Tanz. Werden Ideen wie diese von den kleinen Männern und Frauen, die auf Excelsior leben, erwogen? Der schwere Fuß eines Erdlings wird vielleicht nie den Boden von Excelsior betreten, aber man sagt, dass Raumschiffe mit wunderbaren Sichtgeräten ausgestattet sind, die eine Planetenoberfläche in einen klaren Fokus bringen, der alle Kameras und Bildschirme Hollywoods wie primitive Instrumente oder wie eine steinerne Pfeilspitze erscheinen lassen würde. In der Tat ist der Kosmos ein Ort, der jenseits der Vorstellungskraft der Menschen fasziniert, und das Beste von allem ist, dass er das Erbe der Menschheit ist. Dort gehören wir hin - dort draußen auf den Spielplatz der Götter - weit jenseits der albernen Sputniks, der falschen Monde, der grapefruitgroßen Satelliten; sogar jenseits des Mondes selbst und jenseits der benachbarten Planeten und Sterne und in die große goldene Bahn der Milchstraße. Wir gehören weit jenseits all des Mülls und der Trümmer dieses einst großartigen Planeten, den wir selbst in eine Hölle verwandelt haben. Das Universum ist unser Erbe, und wir müssen es nur für uns beanspruchen, es erforschen und in seiner unergründlichen Schönheit schwelgen. Es ist alles unser, um es zu nutzen, zu verbessern und zu lieben. Das ist der Hinweis. Es ist unser, um zu lieben...

Aber wir haben vergessen, wie man natürliche Dinge liebt - Gott hat die Dinge geschaffen. Wir lieben nur unsere eigenen grotesken Missgeburten; unsere mächtigen Waffen, die den Tod bringen, unsere Monumente, die blutbefleckte Schlachtfelder kennzeichnen, unsere Kampfmusik, die die Herzen der Menschen auf ihrem Marsch zum Töten und getötet zu werden erregen soll, unsere Raketen, die von ungelenkten Männern konzipiert wurden, die hilflos und ohne Kenntnis ihrer Quellen zurückgelassen wurden; unsere unmenschlichen Bomben, die eine große Stadt auf einen Schlag pulverisieren können. Wir lieben es, unsere weitläufigen Friedhöfe zu besuchen, die bis zum Überlaufen mit den stillen Toten überfüllt sind. Wir lieben es, die Gräber mit hässlichen Gestecken aus verwelkenden Blumen zu schmücken, die Tod auf Tod häufen. Es tut uns leid, dass wir unserer Geliebten keinen schöneren Grabstein schenken konnten, aber die Steuern fahren auf diesem Planeten neben dem Tod her. Sie wissen, wie das ist. Da war die Krankenhausrechnung, die Arztrechnung, die Röntgenrechnung, die Rechnung in der Apotheke an der Ecke, und dazu eine riesige Rechnung von dem Chirurgen, der mit aller Macht schnitt und schnitzte und sägte und schnitt und sägte, während der Tod einfach nur dastand und geduldig wartete. Es war keine Laune des Zufalls, dass unsere kosmische Hierarchie die Erde in diesem Sonnensystem als Planet "D" bezeichnete. Dieser Buchstabe steht heute für Tod, Zerstörung, Verwüstung, Verzweiflung, Defizite, Erschöpfung, Depression, Teufel und die DEW-Linie. Er steht auch für zierliche Tänzerinnen und Tänzer, die noch nie Not gekannt haben, aber das ist auf dem Planeten Excelsior.

Irgendwo da draußen im Weltraum, irgendwo da draußen, wo der Wind singt, wo die Luft frisch und süß ist wie weiße Gänseblümchen, die in der Sonne lachen, dreht sich der kleine Planet auf seinem Kurs. Eine winzige Kristallkugel zündet die Heilige Flamme an, und um sie herum kreisen die kleinen Männer und Frauen in ihrem rhythmischen Tanz, ihre Herzen entflammen vor Liebe zu dem Einen. Fröhlich plätschert der kleine Wasserfall, ein glitzernder Schmetterling huscht über den Miniaturrosenbaum und findet einen Ruheplatz. Die Stille vibriert vor Verzückung. Der Tanz geht weiter und weiter - auf Excelsior. Und hier auf der Erde reitet der Tod immer noch im Sattel, aber nicht mehr lange.

EINE GESCHICHTE - DIE URSPRÜNGE DES MENSCHEN:

Jetzt in diesem frohen November können wir wieder mit Freude leben. jetzt ist der Moment der Würdigung. Jetzt ist die Zeit, einen flüchtigen kosmischen Augenblick einzufangen, festzuhalten, zu untersuchen, der sich über neunzehn Millionen Jahre im Zyklus der Menschheitsgeschichte auf diesem Planeten Erde erstreckt. Denn jetzt, in diesen frühen Novembertagen des Jahres 1957, wissen wir, dass das lange und schreckliche Kapitel des menschlichen Kampfes abgeschlossen ist. Das heißt, es ist für diejenigen, die es so wollen, zu Ende. Für die anderen - die eingefleischten Skeptiker, die finsteren Geheimniskrämer, die Besserwisser -, für all diese und andere ihres Stammes werden besondere Vorkehrungen getroffen werden, aber anderswo, irgendwo, nicht hier, nicht auf diesem Planeten. Denn dieser Planet hat wirklich die Nase voll, und zwar weit, weit über die Pflicht hinaus. Dieser Ruf ertönte zum ersten Mal vor neunzehn Millionen Jahren in der gesamten Galaxie.

Das Universum hatte eine große Zahl von Flüchtlingen von anderen Planeten versammelt. Dies waren die Nachzügler, die Überbleibsel, die Zurückgewiesenen von diesen Planeten und Sternen in diesem und anderen Sonnensystemen. Unter zerstörerischem Einsatz ihres freien Willens hatten sie Waisen aus sich selbst gemacht, indem sie sich der Führung ihrer eigenen höheren Naturen, ihres eigenen göttlich geführten Selbst verweigerten, und sie zogen es vor, ihre Zeit lieber damit zu vertrödeln, mit eigenen Fehlschöpfungen zu experimentieren, als zu lernen, nach dem göttlichen Plan zu erschaffen. Sie trugen nichts Konstruktives zu dem Ganzen bei, dessen integraler Bestandteil sie waren. Sie hatten beim Lernen so viele Klassen übersprungen, dass sie nicht hoffen konnten, aufzuholen. Ihre Fehlschöpfungen erwiesen sich als so unvollkommen und zerstörerisch, dass ihnen schließlich weitere Gelegenheiten zur Inkarnation in ihren eigenen Gruppen verwehrt wurden.

Also traten die Erdenmenschen vor und boten an, den Nachzüglern zu helfen, indem sie sie hier in Familien aufnahmen. Kein anderer Planet hatte ein Klassenzimmer für diese Problemschüler, oder zumindest war kein anderer Planet bereit, die Aufgabe in Angriff zu nehmen, zu versuchen, sie zu erlösen. Aber die Erde war ein junger Planet, kräftig und stark, herrlich schön, reichlich und voller Verheißungen. Krankheit war unbekannt. Es gab kein Leid im Sinne von Anspannung oder Schmerz. Die Mitglieder der ersten Wurzelrasse wurden in einem natürlichen Raumschiff, einem gedankengesteuerten Globus, zur Erde gebracht. Sie wurden von ihren Lehrern, Weisen und Hierarchen begleitet, die den großen kosmischen Strahl repräsentierten.

Diese erste Gruppe ließ sich in dem Gebiet nieder, das heute als Grand Teton-Gebiet in Wyoming bekannt ist. Dieses Land ist noch heute wunderschön, aber damals war der gesamte Globus eine Sphäre von unvergleichlicher Schönheit. Man sagt, dass Amaryllis, die Göttin des Frühlings, die Erde so sehr liebte, dass sie neunhundert Jahre lang die Dekoration beaufsichtigte und sie für die ersten Gäste vorbereitete. Über den ganzen Globus war das Klima immer angenehm, weder zu warm noch zu kalt, ein Land des ewigen Frühlings. Es gab keine Stürme, Überschwemmungen, Wirbelstürme, Schneestürme oder Naturkatastrophen, weil es keine Zwietracht unter den Menschen gab.

Die Menschen machen sich definitiv ihre eigenen Schwierigkeiten, indem sie sich weigern, so zu leben, wie Gott es für sie vorgesehen hat. Darüber hinaus wurde die klare und schöne untere Atmosphäre um die Erde herum immer strahlender, als die Hierarchien und Weisen den Menschen beibrachten, wie sie die Güte der kosmischen Strahlen hervorbringen können, um sie für jeden praktischen Zweck, der sich ergeben könnte, zu nutzen. Die Erdenmenschen, die in dieser strahlenden Atmosphäre lebten, wurden ständig in diese herrlichen Ausstrahlungen gebadet, die die Erde aus dem Weltraum überfluteten, und stiegen dann wieder zur Quelle auf, denn es liegt in der Natur der Flamme, ja sogar des physischen Feuers, aufzusteigen. Infolgedessen fühlten sich die Menschen zu allen Zeiten treibend, energetisiert und spirituell eingestimmt. Ihre Sicht war ungetrübt, und sie hatten nicht nur den sichtbaren und greifbaren Beweis für die einfallenden Strahlen und die aufsteigende Flamme, sondern sie standen in ständiger Verbindung mit kosmischen Wesen.

Am Ende der Initiation in die Selbstbeherrschung erlangte jedes Individuum dann die vollständige Beherrschung der Materie, so dass es in der Lage war, die Schwingung der physischen Atome, aus denen sein Körper bestand, zu erhöhen und zu seinem "Heimatstern" aufzusteigen, um auf seine nächste Aufgabe zu warten.

Abgesehen von der langen Zeitspanne ist das Initiationssystem auf diesem Planeten bis heute das gleiche geblieben. Irgendwann, in irgendeiner Verkörperung, muss jeder Einzelne seinen eigenen Aufstieg machen. Er muss in der Lage sein, die Herrschaft über die Materie zu erlangen, die Schwingungen seines physischen Körpers zu erhöhen, ein Kraftfeld oder ein persönliches Raumschiff zu bilden und zu seinem Heimatstern aufzusteigen.

Während des gegenwärtigen Wassermannzeitalters wird jeglicher Tod, wie wir ihn heute kennen, auf diesem Planeten aufhören. Jedes Individuum wird wissenschaftlich geschult werden, um seinen

Aufstieg zu vollziehen, genau so, wie es auf anderen Planeten geschieht.

Die großen Hoffnungen, die die Erdenmenschen für die Zukunft hegten, haben sich nicht manifestiert. Die Nachzügler weigerten sich, Gottes Gesetz zu befolgen. Sie bestanden darauf, ihren eigenen freien Willen zu benutzen, um ihre eigenen monströsen Torheiten zu schaffen; sie lehnten es ab, bei der Entfaltung des göttlichen Plans mitzuhelfen. Außerdem verunreinigten und vergifteten sie die strahlende Atmosphäre mit ihren astralen Ausstrahlungen. Indem sie alle kooperativen Bemühungen geistig verachteten, wuchsen und reiften sie in physischer Grobheit; sie paarten sich und zeugten Nachkommen ihrer Art; sie vergifteten ihren physischen Körper mit ihren eigenen fehlgeleiteten Emotionen und Gedanken des Hasses; sie brachten Krankheiten auf den Planeten. Sie weigerten sich einfach, an den einen Gott zu glauben.

Die furchtbare Verseuchung wurde schlimmer; die Atmosphäre um die Erde wurde düster und dunkel; die kosmischen Strahlen konnten nicht mehr bis zur Vegetation und zum Boden vordringen. Nur das physische Sonnenlicht, dem die lebensspendende Gottesessenz der großen universellen Tugenden fehlte, erreichte die Menschen. Die Erde gab nicht mehr ihren natürlichen Ton der Harmonie wieder; ihre großen, lebendigen Akkorde fehlten in DER MUSIK DER SPHÄRE. Die Erde strahlte kein Licht mehr aus, denn die Flamme hatte aufgehört aufzusteigen. Dies ist, kurz gesagt, die Geschichte des Falls des Menschen.

Der Mensch wurde weise in seiner eigenen törichten Selbstachtung. Die Bedingungen wurden so hoffnungslos, dass Gott beschloss, die Welt zu zerstören. Die Heilige Schrift trägt den Bericht dieser großen Sintflut, zusammen mit der bezeichnenden Aussage, dass die Welt wieder zerstört werden würde, aber nicht durch Wasser, sondern durch Feuer vom Himmel. Die Geschichte der Menschheit scheint sich in ihrer fünften Wurzelrasse zu befinden, und jetzt ist die Zeit gekommen, in der die endgültige Reinigung auf der Erdoberfläche stattfindet, im Inneren des Planeten, der ebenfalls verseucht wurde, und in der astralen Atmosphäre der Erde, die sich nun 10.000 Fuß über die Erdoberfläche erstreckt. In diesem Astralbereich rund um die Erde hat sich die gesamte Kontamination durch die emotionalen Ausstrahlungen, die von den Individuen im Laufe der Zeitalter abgegeben wurden, angesammelt, und hier schweben die schrecklichen Gedankenformen, die von der Rasse abgeworfen wurden. Obwohl die kontaminierte Astralatmosphäre um die Erde immer noch ständig durch Ausstrahlungen von Hass, Rache, Gier und Begierde, die von lebenden Menschen erzeugt werden, vergiftet ist, wird sie Tag und Nacht von mächtigen Strahlen aus Raumschiffen, die die Erde umkreisen, bombardiert, indem sie die Energien von Untertassen reinigt, die in Erdnähe fliegen. Obwohl Krankheit und Tod und all die alten Ängste vor Armut, Krieg, Hunger und Hilflosigkeit noch immer auf der Erde lauern, werden diese grimmigen Gespenster daher nur von den Unbeleuchteten angezogen, von den Ewiggestrigen, den finsteren Geheimniskrämern, den hartnäckigen Skeptikern. Mit anderen Worten, von den Nachzüglern, die immer noch zurückbleiben.

Aber die materielle Situation wird sich in einigen Jahren so stark verbessern, dass der Planet nach den heutigen niedrigen Standards nicht mehr wiederzuerkennen sein wird. Der Globus wurde in der Vergangenheit so stark mit Zwietracht beschwert, dass er auf seiner gekrümmten Achse herabhing wie eine müde Blume auf einem Stiel. Jetzt richtet die oberste Macht die Achse auf. Währenddessen bewegt sich die Erde in einer Seitwärtsbewegung, während sie in eine neue Umlaufbahn übergeht, und gleichzeitig wird sie spiralförmig in eine neue Raumregion gehoben. In naher Zukunft wird die natürliche Wirkung der kosmischen Strahlung eine vollständige Wiederherstellung des Planeten bewirken. Er wird wieder zu einem Paradies werden, wie er vor der Erschaffung des Menschen durch Gott war. Was wir als Astralatmosphäre kennen, wird vollständig aufgelöst werden. Das Licht der kosmischen Strahlung wird die Erde in natürlicher Fülle erreichen. Das Klima wird sich so verändern, dass das frühlingshafte Wetter das ganze Jahr über die Herrschaft übernehmen wird. Mit dem einfallenden Licht wird die Erdatmosphäre wieder brillant und farbenprächtig; die Kugel wird ihre großen Akkorde in der kosmischen Sinfonie erklingen lassen. Krankheit wird verschwinden, und ihre Erinnerung daran wird aus dem Gedächtnis der Menschen ausgelöscht werden.

All dies liegt in der Zukunft, wenn die Worte des Vaterunsers manifest werden: "Dein Reich komme, dein Wille geschehe, wie im Himmel, so auf Erden." Wenn es auf dieser Erde einen Himmel geben soll, dann ist es natürlich anzunehmen, dass es auf diesem Planeten keinen Platz für die Obstruktionisten, die Unbeleuchteten, die von Zweifel, Furcht, Hass und Gier heimgesucht werden, geben wird.

Dieses Buch ist daher nur für diejenigen von Interesse, die in ihrem Herzen wissen, dass sie wirklich dem Licht dienen wollen. Dass sie als solche Diener wirklich an der Entfaltung des göttlichen Plans auf diesem Planeten teilnehmen wollen. Wir brauchen keine Zeit und Energie zu verschwenden, um die Unbeleuchteten davon zu überzeugen, dass Gott ein guter Gott ist. Wenn sie das in der Vergangenheit nicht herausgefunden haben, ist es kaum wahrscheinlich, dass sie in der Zukunft lernen werden, die Idee liebevoll zu unterhalten.

Daher sollten nur diejenigen dieses Buch lesen, die daran interessiert sind, sich an der Einführung der neuen Zivilisation zu beteiligen. Unter denen, die auf Rache, Krieg, finanziellen Gewinn und so weiter aus sind, wird dieses Buch nur noch mehr Antagonismus und Eifersucht hervorrufen. Es interessiert uns überhaupt nicht, wo ihre Zukunft liegt. Diejenigen, die nicht bei Gott sind, sind gegen ihn, und damit ist die Sache erledigt.

Unsere gesamte Energie muss jetzt auf die positive Seite geworfen werden. Wir müssen die heutige Situation untersuchen, herausfinden, wo wir stehen, welche Fortschritte erzielt worden sind und was noch zu tun bleibt. Wie können wir helfen? Welche positiven Unternehmungen, egal wie klein oder wie groß, können wir initiieren?

Schon jetzt blicken wir wie Noah von einst erwartungsvoll in den Himmel, in dem Wissen, dass die Taube aus dem Weltall zu uns fliegt und uns den symbolischen Ölzweig unserer planetarischen Nachbarn, der guten Freunde, die wir so gut kannten und liebten, bringt. Sie kommen wieder. Bereiten wir uns nun auf die große Wiedervereinigung der Gemeinschaft, der interplanetarischen Freundschaft vor. Bereiten wir uns darauf vor, die Taube willkommen zu heißen und der ganzen Menschheit die freudige Botschaft des guten Willens zu übermitteln.

Kapitel II

Die Erde wird von der kosmischen Strahlung durchtränkt, die aus dem Weltraum eintrifft und von bestimmten anderen Planeten und Sternen, die als große Reservoirs für diese kosmische Energie dienen, in Strahlrichtung auf diesen Planeten fokussiert wird. Im Zentrum der Erde treffen bestimmte Strahlen, die bestimmte Farben tragen, aufeinander und bilden die Polaritäten und Achsen; dieser zentrale Orbis oder das von den Strahlen gebildete Reich steht unter göttlichem Gesetz. In diesem zentralen Orbis vermischen sich die Strahlen und Farben, und nun strömen sie ständig auf und durch die Erde und umspülen jedes einzelne Atom, aus dem die Erde besteht, einschließlich der Menschheit.

In früheren Zeiten war bekannt, dass die Erde eine der vielen Wohnstätten Gottes ist, wie alle Planeten und Sterne. Das Zentrum der Erde wurde als der zentrale Altar des Planeten angesehen, auf dem die heilige Flamme ewig loderte. Das Licht von ihr reflektierte zu und durch jedes Atom. Vielleicht wird diese Reflexion mit der Zeit den Boden von allen Strontiumvergiftungen reinigen, die sich aus dem Ausfall von Atomtests ergeben haben. Das Strontium wurde von dummen und fehlgeleiteten Männern freigesetzt, die sich Gewalttaten widmeten. Die Tests sind immer noch in vollem Gange und machen der kosmischen Strahlung mehr Arbeit.

Die Menschheit tut diese törichten Dinge. Anstatt über den Einen Gott nachzudenken, finden wir überall Männer und Frauen, die hilflos und hoffnungslos den vielen Dingen hinterherlaufen, von denen sie glauben, dass sie ihr Glück erhöhen. Dennoch fragen sie sich, warum sie weiterhin leiden. Fehler über Fehler. Sie scheinen nie zu lernen. Sie fragen sich, warum sie ein Dämmerdasein ertragen müssen, nur um dem Tod als Finalität ins Auge zu sehen. Die Antwort ist, dass sie nach dem äußeren Schein urteilen. Weil die Mehrheit der Menschen beunruhigt ist, nehmen sie vorschnell an, dass Ärger unvermeidlich ist. Weil die Mehrheit der Menschen stirbt, nehmen sie unüberlegt an, dass der Tod eine normale und natürliche Veränderung ist. Weil die Mehrheit der Menschen oft zornig, feindselig, verärgert, voller Hass und Elend ist, wird dieser Zustand als die Regel für die gesamte Menschheit auf dieser Erde akzeptiert. Es ist, wie man sagt, die Art und Weise, wie der Ball hüpft.

Aber in den nächsten zweitausend Jahren werden all diese Wahnvorstellungen zerstreut werden. Sobald die Menschen von anderen Planeten in Freundschaft empfangen werden, werden wir schnell erkennen, dass wir als Erdenmenschen und als sehr, sehr dumme Menschen in diesem Sonnensystem sehr in der Minderheit sind. Wir werden schnell erkennen, dass Ärger für uns kein natürlicher oder normaler Zustand ist. Ärger ist ein atheistischer Zustand, der von den Erdenmenschen herbeigeführt wird, die den Kontakt zu ihrem Schöpfer verloren haben, den Glauben an Ihn verloren haben und deshalb alles Wissen darüber verloren haben, wie wir so leben können, wie wir leben sollten. Ohne Gott in unserem Herzen vergiften wir den Boden, die Atmosphäre und unseren eigenen Körper mit Hass und laden offen zu Krankheit, Unheil und Tod ein.

Wenn, wie wir vorgeben zu glauben, Gott gut und vollkommen ist und der Mensch nach seinem Ebenbild und in seiner Ähnlichkeit sogar so geschaffen ist, dass er mit einem freien Willen ausgestattet ist, warum sollte dann Unvollkommenheit akzeptiert werden? Uns wurde gesagt, wir sollten vollkommen sein, so wie unser Vater im Himmel vollkommen ist. Wir sollten damit beschäftigt sein, die Vollkommenheit hervorzurufen und sie der leidenden Materie aufzuprägen, so dass die Materie die strahlende Energie der Liebe aussenden kann und nicht eine Schwingung des Schmerzes. Der Mensch hat seinen freien Willen missbraucht, seine gottgegebene Energie falsch eingesetzt und die Erde mit monströsen Fehlschöpfungen gefüllt, die er ganz aus eigener Kraft geschaffen hat. Weil er bereit war, Unvollkommenheit zu akzeptieren, hat er seinen allgegenwärtigen Schöpfer nicht um Hilfe gebeten, sondern ist von sich aus vorgegangen und hat versucht, sein Los ständig zu verbessern, indem er eine Unvollkommenheit gegen eine andere eintauschte, von der er hofft, dass sie sich als etwas weniger unvollkommen erweisen wird.

Der Mensch hat versucht, ganze komplexe Zivilisationen aufzubauen, indem er sein Urteilsvermögen auf den äußeren Anschein gründete. Jetzt kommt die Wissenschaft voran und folgt der machtbesessenen Kriegsmaschinerie in einem rasenden Tempo, um uns mit den Dingen so zu halten, wie sie zu sein scheinen und wie die fehlgeleiteten Wissenschaftler und Politiker meinen, dass die Dinge sein sollten. Der verwirrten Öffentlichkeit wird gesagt, dass dies ein Fortschritt sei. Seit wann genau basiert Fortschritt auf Angst, der einzigen Waffe, die den dunklen Mächten zur Verfügung steht? Während also die in der Wissenschaft verankerten dunklen Mächte damit beschäftigt sind, unvollkommene Systeme zu schaffen, um bereits unvollkommene Systeme zu unterstützen, brauchen unsere Herzen nicht beunruhigt zu sein. Wir können uns abrupt von diesem negativen Standpunkt abwenden und auf den positiven Schub in Richtung Perfektion blicken, der jetzt rasch die Menschheitsfamilie erfasst. Wir können jetzt mit Freude sehen, wie die ganze Welt der Erscheinungen in der verwandelnden Kraft des kosmischen Strahls verschwinden wird, die jetzt fast über uns hereinbricht.

Es mag den Anschein haben, dass in den letzten zweitausend Jahren wenig erreicht worden ist, aber denken Sie daran, was Jesus gesagt hat. "Lass dein Herz nicht beunruhigt sein." Die hervorragendste Gelegenheit, die sich uns jetzt bietet, besteht darin, dass wir die Hand der Freundschaft annehmen, die uns unsere Nachbarn aus anderen Ländern und von anderen Planeten unseres Sonnensystems reichen. Die große Botschaft der Wahrheit, die die Venusianer und andere uns heute übermitteln wollen, ist identisch mit der von Jesus festgelegten universellen Wahrheit. Sobald die interplanetare Kommunikation auf weltweiter Ebene etabliert ist, werden die Menschen auf der Erde schnell erkennen, dass sie töricht waren, ihre Zeit und ihr Geld verschwendet zu haben, indem sie auf so genannte Autoritäten hörten, die ihre Lügen zu einem hohen Preis verkauft haben.

Die Wahrheit war immer frei. Niemand kann sie kaufen, denn sie kommt nur direkt von dem einen Gott durch seinen einen göttlichen Sohn Jesus. Das war die Botschaft der Venus, seit ihrem ersten Besuch. Sie senden immer noch die gleiche alte (aber sehr neue) Botschaft. Die gute Nachricht, die Christus versucht hat, uns zu lehren, macht uns frei. Was ist diese Freiheit? Freiheit für den Menschen, die ihm dadurch zuteilwird, dass er die gottesfreie Energie auf seine natürliche, freie Art und Weise nutzt. Gottes-Energie in ihrer reinen Form fließt in den Menschen, Herzschlag für Herzschlag. Wenn die reinen Elektronen durch die heilige Dreifachflamme im Herzen freigesetzt werden, gelangen sie in den

Blutkreislauf. Wenn sie eintreten, werden sie sofort mit dem Muster des Individuums qualifiziert oder gestempelt. Sie können mit Liebe qualifiziert werden, oder sie können mit Hass falsch qualifiziert werden. Mit anderen Worten, die Elektronen, die alle Kraft liefern, können dazu verwendet werden, Liebestaten zu vollbringen, liebevolle Gedanken zu denken, liebevolle Worte zu sprechen, oder sie können auf entgegengesetzte Weise verwendet werden, je nachdem, welche Wahl wir durch den Einsatz unseres freien Willens treffen. Wenn der Mensch diese elektronische Macht missbraucht, um hasserfüllte Taten zu vollbringen, verkennt er die Energie. Mit anderen Worten, er hinterlässt seinen Stempel der Unvollkommenheit auf Millionen von Elektronen, die in seinen Blutkreislauf fließen. Diese Energie ist Gottes Energie, und als solche muss sie dem freien Willen des Menschen gehorchen, denn der Mensch ist das Spiegelbild Gottes, geschaffen als freies Wesen. Wenn der Mensch beschließt, diese freie und reine Energie zu versklaven, so dass sie nach seinem Willen handelt und ihn mit der Kraft versorgt, ein fragwürdiges Vorhaben zu verwirklichen, versklavt er sich damit selbst. Er beginnt jedes reine Elektron auf seinem Weg durch seinen eigenen Blutkreislauf mit einem Handicap - dem Gewicht seines eigenen Gefühls der Zwietracht.

Das Elektron selbst bleibt rein, denn es ist Gott-Energie und kann keine Unreinheit kennen. Aber wenn es wirbelt oder seinen Lauf nimmt, sammelt es um sich herum eine Hülle aus unreiner Materie; dieselbe trübe graue Astralmaterie, die die Nachzügler auf die Erde gebracht haben. Während sie mit anderen Elektronen den ihr zugewiesenen Platz einnimmt und ein Atom bildet, haftet die klebrige Substanz, und bald schon wird die Drehung der Elektronen im Atom durch Verstopfung verlangsamt. Dann wird die Umdrehung des Atoms selbst verlangsamt, und zusätzlich sammelt das Atom dieselbe Astralsubstanz auf seiner äußeren Hülle, wodurch weiteres Gewicht hinzukommt.

Die sich daraus ergebende Geschwindigkeit der elektronischen Umdrehungen sowie die atomaren Umdrehungen des gesamten physischen, ätherischen, emotionalen und mentalen Körpers eines Menschen machen seinen so genannten Bewusstseinszustand oder seine Schwingungsnote aus. Wenn sich seine Elektronen und Atome langsam drehen, ist er nicht nur Krankheiten ausgesetzt, sondern auch hässlichen Wahnvorstellungen wie dem Tod. Er beginnt, das Alter schleichend zu spüren, und in seinem begrenzten Verständnis geht er davon aus, dass der Tod nicht weit entfernt ist. Er fühlt sich ängstlich, hilflos und allein. Er kann nicht verstehen, wer er ist und warum er hier ist; er hat keinen Zweck im Einklang mit dem göttlichen Plan. Er ist, kurz gesagt, ein Materialist, beschwert durch seine eigene Last des Hasses, die er direkt in seinen eigenen Atomen trägt. Er neigt dazu, sich von seinem Gott und seinen Mitmenschen zu trennen, weil er gewöhnlich ziemlich bezaubert ist von der Menge an astralen Trümmern, die er in seiner atomaren Struktur angesammelt hat. Das Gewicht der unqualifizierten Energie, die er verwendet, versetzt ihn in den Wahn, dass die aufrührerischen Kräfte in seinem Inneren ihm Macht verleihen. Er wirft sein Gewicht um sich, wie das Volksmund sagt. Er mag es, Befehle zu erteilen, Leute in ihre Plätze zu setzen, in dieser oder jener Situation hart durchzugreifen und sich im Allgemeinen wie ein hohes Tier zu verhalten.

Wenn er ein Wissenschaftler ist, der die Geheimnisse der Atomkraft ausfindig machen will, kann er nur entsprechend den Beschränkungen reagieren, die er seiner eigenen Atomstruktur auferlegt hat. Deshalb versucht er, das Atom zu versklaven, so wie er seine eigenen Atome versklavt hat, mit denen er jeden Tag lebt. Er kann sich die Atomkraft nur in den Begriffen der Spaltung und Fusion vorstellen. Er will das Atom spalten, es mit roher Gewalt auseinanderreißen, es entblößen, wie man einer Orange die Haut abziehen würde. Sein Weg ist der Weg der Angst, des Hasses, der kichernden Selbstgefälligkeit.

Das Individuum, das nicht durch diese Barriere aus astralen Trümmern in seinem Körper von seinem Gott getrennt ist, versucht, ein Mitarbeiter zu werden, seinem Gott zu dienen. Er arbeitet täglich mit den Strahlen und Flammen, die nur andere Namen für die Christus-Wahrheit sind. Er bildet eine enge Freundschaft mit dem Einen, dem er vertrauen kann, dem Einen, der diesen Planeten gebaut hat, mit seinem Vater. Wenn wir diese Wahrheit kennen, werden wir völlig frei. Unser freier Geist sieht dann klar den glücklichen Grund für all dies, und wir verstehen dann die kosmische Strahlung. Wie anders ist der Weg Jesu im Vergleich zum Weg der Wissenschaftler der Spaltungsfusion, denn der Weg Jesu ist Liebe.

Ja, das wahre Programm für das Wassermannzeitalter ist der Weg Jesu Christi, denn wahre Liebe ist die größte Macht, die einzige Macht, die die Atombombe besiegen wird oder kann.

In den folgenden Kapiteln werden die Grundzüge des "New Age"-Programms dargelegt, wie es sich in den letzten Jahren manifestiert hat und wie es sich auf die unmittelbare Zukunft jedes Erdenmenschen, ja jedes Erdatoms auswirken wird. Seit das Programm letztlich ein wissenschaftliches Programm ist, das die Menschen auf das zukünftige Leben vorbereiten soll, werden wir unsere Aufmerksamkeit zunächst auf die umfangreichen Vorbereitungsarbeiten richten, die 1856 von dem großen wissenschaftlichen Genie Nikola Tesla begonnen wurden.

Der Welt insgesamt zufolge hatte Tesla seltsame Vorstellungen, er dachte immer, er käme vom Planeten Venus. Das sagte er auch zu mir, und die Besatzung eines Venus-Raumschiffes sagte in einer ihrer ersten Botschaften, dass an Bord ihres Schiffes während der Reise von der Venus zur Erde im Juli 1856 ein männliches Kind "geboren" wurde. Der kleine Junge wurde Nikola genannt (was umgekehrt der Name seines Familienortes auf der Venus ist). Das ist die Stadt Alokin. Das Schiff landete um Mitternacht, zwischen dem neunten und zehnten Juli, in einer abgelegenen Gebirgsprovinz im heutigen Jugoslawien. Dort wurde das Kind, wie vereinbart, in die Obhut eines guten Mannes und seiner Frau gegeben. Diese Botschaft wurde zuerst von Arthur Matthews vom Lake Beauport in Quebec, Kanada, empfangen, einem Elektroingenieur, der von Kindheit an eng mit Tesla verbunden war.

Im Jahr 1944, ein Jahr nach dem Tod Teslas, schrieb der verstorbene John J. O'Neill, damals Wissenschaftsredakteur der New York Herald Tribune, eine ausgezeichnete Geschichte über Teslas Leben und Werk mit dem Titel "Verlorenes Genie". O'Neill beging den gängigen Fehler, anzunehmen, Tesla sei gestorben und habe keine Jünger hinterlassen. O'Neill hätte sich nicht mehr irren können. Zunächst einmal war Tesla nach irdischen Maßstäben kein Sterblicher. Sein Denken und seine Arbeit waren den irdischen Maßstäben um mehrere hundert Jahre voraus. Jahre bevor er starb, betraute er den Kanadier Arthur Matthews mit vielen Aufgaben, die heute von vitalem Interesse sind. Um zwei zu nennen - das interplanetarische Kommunikationssystem Tesla und die Antikriegsmaschine. Mr. Matthews baute 1938 einen Modell-Tesla-Satz, der "The Tesla Scope" genannt wird. Dieser wurde nach dem ersten Modell entworfen, das Tesla zusammen mit Matthews 1917 während des Ersten Weltkriegs gebaut hatte. Es handelt sich um eine sehr einfache Maschine, die mit Hilfe kosmischer Strahlung betrieben wird. Weitere Modelle wurden von Matthews 1948 und ein neueres Modell 1967 gebaut. Der ursprüngliche Entwurf wurde Matthews von Tesla zur Verfügung gestellt, und Tesla führte mit Hilfe von Matthews während des Ersten Weltkriegs Experimente mit diesem Empfänger durch. Das war zwischen 1917 und 1920. Es gab auch Experimente mit dem, was heute als Radar bekannt ist, am Strand von Tadoussac, zwischen dieser Kleinstadt und entlang des Strandes bis Riviere Portneuf. Beide Städte liegen an der Nordseite des großen St. Lorenzflusses. An dieser Stelle ist der Fluss etwa zweiundzwanzig Meilen breit, von Norden nach Süden. Es wurden auch Experimente zwischen beiden Seiten des Flusses mit Radar und dem Spezialempfänger durchgeführt. Nach den Experimenten an dieser Stelle wurden die Arbeiten auf den Lake St. John in einem privaten Lager in der Nähe von Lake Edward fortgesetzt, damals im Besitz von Major Henry Sanford aus New York City (ein persönlicher Freund von Tesla und Matthews).

Der Major baute in Sanford ein komplettes elektrisches Labor, und in dieser gut ausgestatteten Werkstatt wurden zuerst Radar und Mikrowellen entwickelt. Hier wurde auch ein drittes Modell des Tesla Scope gebaut. Während dieser Zeit, in den Jahren 1922 bis 1930, konnten wir in New York durch direkten Kontakt mit Mikrowellen mit Tesla in Kontakt bleiben. (Wellen von weniger als einem Grad). Der komplette Sender wurde in ein nur 3" x 2" x 2" großes Gehäuse eingebaut. Er war batteriebetrieben, benutzte die Tesla-Quecksilberzelle und war ein vollständiges Telefon, ähnlich wie ein modernes Walkie-Talkie.

Einige Jahre nach den oben genannten Experimenten erhielt Arthur Matthews die alte Farm am Lake Beauport. Dort wurde das erste praktische Radar entwickelt und gebaut, das auf den Erkenntnissen unseres Experiments in Tadoussac aufbaute. Es wurden auch eine Reihe anderer Ideen von Tesla entwickelt. Eine davon war ein großer Luftkerntransformator. Die dadurch entwickelte sehr hohe Spannung wurde für eine Leitstation verwendet. Sie erzeugte einen "stehenden Strahl", der sich, wie Tesla sagte, über eine Entfernung von etwa 30.000 Meilen direkt nach oben erstreckte. (Er diente also als Führung für das Raumfahrzeug, von dem Tesla erwartete, dass es irgendwann auf meinem Grundstück landen würde). Es war dieser Markierung zu verdanken, dass das Venus-Schiff immer genau an der gleichen Position gelandet ist. Nicht durch einen glücklichen Zufall, sondern rein konstruktiv.

Bevor wir nun weiter darauf eingehen, lassen Sie uns ein wenig auf das frühe Leben von Tesla zurückblicken und versuchen, auf diese Weise viele Fehler zu klären, die einige Schriftsteller gemacht haben. Das Folgende stammt aus den Worten, die Tesla selbst zwischen 1917 und 1943 an Arthur Matthews gerichtet hat. Vieles davon wurde mit dem Tesla-Hochfrequenz-Voice-Recorder aufgezeichnet. Dies ist so etwas wie das bekannte Tonbandgerät, aber es verwendet weder irgendeine Form von Band oder Draht, noch hat es irgendwelche beweglichen Teile. 2

Historiker sind sich einig, dass Nikola Tesla um Mitternacht, zwischen dem 9. und 10. Juli 1856 geboren wurde. Djouka Tesla, die Mutter, war eine höchst bemerkenswerte Frau und besaß mit Sicherheit fortgeschrittene geistige Kräfte. Sie war das älteste Kind in einer Familie mit sieben Kindern. (Glückszahl 7). Ihr Vater war ein Pfarrer der serbisch-orthodoxen Kirche. Ihre Mutter erblindete nach der Geburt des siebten Kindes, und Djouka übernahm ohne zu zögern die Leitung des gesamten Haushalts. Sie ging nie zur Schule und lernte zu Hause nicht einmal die elementarsten Grundlagen des Lesens und Schreibens. Dennoch bewegte sie sich ebenso wie ihre Familie mit Leichtigkeit in kultivierten Kreisen. Hier war eine Frau, die weder lesen noch schreiben konnte, und doch besaß sie literarische Fähigkeiten, die weit über die einer Person mit beachtlicher Bildung hinausgingen. Tesla selbst, der nie müde wurde, über seine bemerkenswerte Mutter zu sprechen, beschrieb, wie sie "nach Gehör" alle kulturellen Reichtümer ihrer Gemeinschaft und ihrer Nation aufgenommen hatte. Wie Nikola hatte sie offenbar die Fähigkeit, sich sofort zu erinnern. Nikola sagte, dass sie leicht Tausende von Versen der nationalen Poesie eines anderen Landes wiederholen könne. Es lag an ihrem großen Interesse an der Poesie, dass Nikola in seiner geschäftigen amerikanischen Zeit als Supermann noch Zeit fand, einige der besten Beispiele serbischer Sagen zu übersetzen, und sie veröffentlicht hat.

Seine Mutter war in ihren Heimatprovinzen auch für ihre künstlerischen Fähigkeiten bekannt, die oft in wunderschönen Handarbeiten zum Ausdruck kamen. Sie besaß eine bemerkenswerte Handfertigkeit, und Nikola sagte, dass ihre Finger so empfindlich waren, dass sie drei Knoten in eine Wimper binden konnte, selbst als sie über sechzig Jahre alt war. Sie hatte ein ausgezeichnetes Verständnis für Philosophie und offenbar auch ein praktisches Verständnis für mechanische und technische Geräte. Sie brauchte einen Webstuhl für die Haushaltsweberei, also entwarf und baute sie einen. Sie betrachtete sich nicht als Erfinderin, dennoch baute sie viele arbeitssparende Geräte und Instrumente für ihren Haushalt. Darüber hinaus war sie so geschickt im Umgang mit geschäftlichen und finanziellen Angelegenheiten, dass sie alle Konten für ihren Haushalt sowie für die Kirche ihres Mannes verwaltete.

Nikolas Vater war der Sohn eines Armeeoffiziers und machte als junger Mann eine militärische Karriere. Aber er war bald desillusioniert, denn die Disziplin ärgerte ihn und er wandte sich seiner wahren Berufung im literarischen Bereich zu. Er schrieb Gedichte, Artikel über aktuelle Probleme und philosophische Essays. Dies führte ganz natürlich zum Ministerium, das ihm die Möglichkeit gab, Predigten zu schreiben und von der Kanzel aus zu sprechen. Er beschränkte sich nicht auf die üblichen kirchlichen Themen, sondern reichte?? weit und breit und behandelte Themen von lokalem und nationalem Interesse, die Arbeit sowie soziale und wirtschaftliche Probleme betrafen. Bis Nikola sieben Jahre alt war, hatte der Vater eine Pfarrkirche in Smilijan, einer landwirtschaftlichen Gemeinde in einer Hochgebirgsregion in jenem Teil der Alpen, der sich von der Schweiz bis nach Griechenland erstreckt.

Dies war damals das Kindheitsumfeld des Jungen von der Venus. Es war ein Leben voller Freude. Er hatte ein ideales Zuhause mit einer liebevollen, verständnisvollen Familie. Er lebte in einer herrlichen Landschaft, nah an der Natur. Er war bis zu einem gewissen Punkt ein Junge wie andere kleine Jungen; bis zu dem Punkt, an dem er zum Superjungen wurde, der den Übermenschen vorwegnimmt. Und so fehlte ihm der menschliche Begleiter, ein Zustand, nicht der Einsamkeit, sondern des Alleinseins, der noch lange anhalten sollte. Er wählte seine Freunde mit einer Weisheit, die wir nur bei wenigen Menschen sehen. Er hatte die tiefsitzenden, durchdringenden Augen des Denkers. Von tiefblauer Farbe, es waren ehrliche, gütige Augen, denn er war ein ehrlicher Mensch, und was immer du bist, zeigt sich in deinen Augen, denn sie sind das Spiegelbild deiner Seele.

In meiner Geschichte werde ich nur das darlegen, was ich weiß, und versuchen, diejenigen aufzuklären, die vielleicht durch das Lesen unwahrer Geschichten über Tesla getäuscht worden sind. Die Kräfte, die er besaß, waren in keiner Weise psychische Kräfte. Die Fähigkeit, ungedachte Dinge zu visualisieren - neue Dinge - und sie in etwas Reales zu formen, wie die Motoren und andere wunderbare Dinge, wie Tesla es tat, hat nichts mit der Astralebene zu tun. Denn wenn Tesla etwas wollte, wandte er sich direkt an Gott. Seine Herangehensweise ist nicht kompliziert, denn Gott ist der einzige Urheber von Wissenschaft und Erfindung. Die Fähigkeit zu visualisieren kommt von der Ausbildung. Jeder, auch ohne formale Ausbildung, kann mit Gott sprechen, aber es braucht ein bisschen mehr, um zu HÖREN, WENN GOTT SPRICHT. Ein Mensch, der Gott kennt und liebt, besitzt Kräfte, die es ihm ermöglichen, auf dieser Erde zu stehen und dennoch Vorfälle auf Venus, Mars oder dem Mond zu beobachten. Er kann auch über die Erde hinausblicken und die gesamte Szene mit einem Blick erfassen. Er kann durch die Erde hindurchblicken und Aktivitäten innerhalb des dichten physischen Globus beobachten. Auf diese Weise wird erkannt, dass die Person, die Gott wirklich liebt, völlig frei ist. Er kann oben sehen, wie unten.

Die Person mit Astralsicht ist ein Gefangener ihrer eigenen begrenzten und höchst fragwürdigen Macht. Der Frieden des Geistes und die Gelassenheit der Seele liegen nicht auf diesem Weg, noch kann die Stimme der Stille im schlagenden Herzen der Unbeleuchteten gehört werden, die sich mit solchem Unsinn amüsieren. Astrales Sehen ist häufiger ein Zeichen des Rückschritts als des Fortschritts, denn es bezeichnet einfach das Erreichen bestimmter tierischer Eigenschaften. Es darf nicht vergessen werden, dass alle Tiere in bestimmten fortgeschrittenen Gruppen, Hunde, Katzen, Pferde und Elefanten, Astralsicht haben. Viele andere Tiere besitzen es ebenfalls, und die meisten Tiere sind innerhalb gewisser Grenzen telepathisch.

Beim Menschen wird diese Art des Hellsehens oft mit Solarplexus-Telepathie in Verbindung gebracht, einer weiteren Tiercharakteristik. Viele Personen, die Solarplexus-Telepathie benutzen, neigen dazu, sie mit mentaler Telepathie zu verwechseln, und diejenigen, die mentale Telepathie praktizieren, sind sich oft nicht bewusst, dass die einzige Art von Telepathie, die als spirituelle Kraft betrachtet werden kann, von Seele zu Seele geht. Das sind zwei Personen, die völlig im Einklang miteinander sind, oder im Einklang mit dem Göttlichen Willen oder Geist.

Menschen, die danach streben, ihre astralen Fähigkeiten zu kultivieren, auch wenn sie mit ihnen geboren wurden, verfolgen einen äußerst gefährlichen Kurs. Einer, der leicht vom Psychismus zur schwarzen Magie und von der schwarzen Magie zum Wahnsinn führen kann. Wenn ein Mensch mit übersinnlichen Kräften geboren wird, sollte er sie entweder um jeden Preis verbannen oder ein entsprechendes Studium aufnehmen, das ihn befähigt, Gott bis an die Grenze seiner Fähigkeiten zu dienen. Das sind Gedanken, die, wenn sie richtig kanalisiert werden, zu Jüngerschaft führen können, aber wenn sie nicht richtig kanalisiert werden, können und werden sie zu Medialität und Elend führen. Medialität ist der Weg des Rückschritts; Jüngerschaft ist der Weg auf den Pfad der Wahrheit, des Lichts, der Schönheit und der unbegrenzten kosmischen Freiheit.

Jedes Individuum hat nur eine Regel zu befolgen, und das ist sie: "Stelle dich jederzeit unter die volle Kraft und den Schutz des Göttlichen Geistes."

Es gibt keinen Grund, um die Welt zu rennen und nach einem Guru oder Meister zu suchen. Wenn Sie bereit sind, Ihrem Schöpfer zu dienen, wird die Lüge Sie suchen. Tesla entdeckte diese Wahrheit in einem frühen Alter. Sein Studium der Bibel ermöglichte es ihm, 1.200 Erfindungen zu machen, und so entfaltete sich schnell die Rolle, die er im göttlichen Plan spielen sollte. Er schrieb sich am Gymnasium in Gospic ein, einer Stadt, der sein Vater als Pfarrer zugeteilt worden war. Hier entdeckte Tesla, dass seine Lieblingsfächer die Bibel und Mathematik waren. In der Schule in Gospic hatte Nikola zunächst den Wunsch, seine Fähigkeit zur Visualisierung realer Dinge zu behalten, die damals und in Zukunft genutzt werden konnten. Aus dem Studium eines so alten Buches wie der Bibel, das Tausende von Jahren vor seiner Geburt geschrieben worden war, entstand der Wunsch, diese Gabe unter volle Kontrolle zu bringen und sie als Werkzeug zu benutzen, anstatt sich von ihr benutzen zu lassen.

Nikola hatte schon während seiner Schulzeit nicht den Wunsch, sich in Papierarbeit zu verlieren, ein Gedanke, der heute für viele Führungskräfte in Wirtschaft und Regierung von Wert sein könnte. Nikola stellte fest, dass er nicht an die Tafel im Klassenzimmer gehen musste, um ein Problem zu lösen. Bei dem Gedanken an eine Tafel würde sie im Äther vor ihm erscheinen. Als das Problem angegeben wurde, erschien es sofort auf der Äthertafel, zusammen mit allen Symbolen und Operationen, die zur Erarbeitung der Lösung erforderlich waren. Jeder Schritt erschien augenblicklich und viel schneller, als irgendjemand das Problem auf Papier oder Schiefertafel ausarbeiten konnte. Daher konnte Nikola, als das ganze Problem erklärt worden war, sofort die Lösung geben.

Zuerst dachten seine Lehrer, er sei nur ein extrem kluger Junge, der irgendeine Methode zum Schummeln gefunden hatte. Doch schon nach kurzer Zeit mussten sie zugeben, dass keine Täuschung möglich war, und so nahmen sie den im Ausland verbreiteten Glamour gerne in Kauf, als sich das Gerücht verbreitete, dass das Klassenzimmer in Gospic von einem Genie geziert wurde. Nikola machte sich nie die Mühe, etwas über die ätherische Tafel zu erklären, denn er wusste intuitiv, dass man ihm nicht glauben würde.

Im Laufe der Jahre hütete er immer seine Kraft als den großen geistigen Schatz, von dem er wusste, dass er es war. Er benutzte dieselbe Kraft, um alle üblichen Gedächtnisfunktionen zu ersetzen, und bald entdeckte er, dass er Fremdsprachen mit geringem Aufwand lernen konnte. In diesen frühen Jahren beherrschte er Deutsch, Französisch und Italienisch, und dies eröffnete ihm ganz neue Welten, die anderen Studenten verschlossen blieben. Die Bibliothek seines Vaters enthielt Hunderte von schönen Büchern, und als Nikola elf Jahre alt war, hatte er sie alle gelesen.

Mit seinen Schulkameraden hatte er wenig gemeinsam, und auch mit seinen Lehrern hatte er wenig gemeinsam. Aber sie akzeptierten ihn, weil er ein liebenswerter Junge war, ohne eine Spur von Arroganz oder Stolz. Auch umgab er sich nicht mit einem übertriebenen Gefühl der Demut. Er war ein normaler, natürlicher, freundlicher Junge, der in einer natürlichen, freundlichen Welt lebte. An schönen Sommertagen wanderte er oft über die Berge, um wieder neben dem Bach bei Smilijin zu sitzen und seinem kleinen Wasserrad in Betrieb zuzuschauen; dem Rad, das er entworfen und installiert hatte.

Während seines Schuljahres in Gospic arbeitete er ständig an mechanischen Geräten, aber die Schule bot keine Kurse an, die ihm helfen konnten; nicht einmal einen Kurs in manueller Ausbildung. In seinem Haus hing ein Bild, das er oft sorgfältig studiert hatte. Sein Onkel erklärte, es sei ein Bild der Niagarafälle in Amerika. Erfüllt von prophetischer Freude wandte er sich jubelnd an seinen Onkel und sagte: "Eines Tages werde ich nach Amerika gehen und die Niagarafälle für die Macht nutzen."

Dreißig Jahre später führte er seinen Plan aus, genau so, wie er es im Alter von zehn Jahren vorausgesagt hatte.

Kapitel III

In dem Buch "Die Rückkehr der Taube" von Margaret Storm wird die "Wand des Lichts" erwähnt. Aus dieser Geschichte sind viele falsche Vorstellungen entstanden.

Es war Tesla, der die Idee der "Wand aus Licht" in seinem frühen Leben entwickelte. Nur sehr wenige Menschen auf der Erde waren in der Lage, diese Lichtmauer zu bauen, weil sie in erster Linie die falschen Anweisungen erhalten haben.

Was genau ist diese Lichtmauer? Wie kann sie gebaut werden? Wer kann sie errichten? Was wird sie bewirken? Der große Fehler, den einige Leute gemacht haben, als sie "Die Rückkehr der Taube" gelesen haben, ist die Idee, dass sie von Menschenhand gemacht ist. Dem ist nicht so. Die schützende Mauer aus Licht ist die Kraft Gottes. Sie hat nichts mit Willenskraft zu tun. Die Wand kann nicht um eine Person oder Personen "gebaut" oder "geformt" werden.

Tatsache ist, dass diese Wand (oder Röhre, wie manche sagen) bereits gebaut ist. Sie umgibt uns alle. Sie füllt den ganzen Raum aus, und sie muss nur als Geschenk angenommen und benutzt werden. Ihr Gebrauch hängt von einem vollkommenen Glauben an die Fähigkeit und dem Wunsch Gottes ab, all jene zu schützen, die ihn anrufen.

Tesla glaubte an diese göttliche Kraft. Dies nannte er die "LICHTWAND". Die Gedankenkraft, die das Venus-Raumschiff steuert, ist nicht mehr und nicht weniger als der vollkommene Glaube, von dem Christus sagte, er würde Berge versetzen. Aus seinem Bibelstudium kannte und glaubte Tesla an diese große Kraft, die jeder Mensch frei anwenden kann. Sie kommt nur zu denen, die Jesus Christus als den einzigen Sohn des lebendigen Gottes annehmen. Die eigentlichen Gründe, warum Teslas wissenschaftliche Methoden in unserem Schulsystem nicht gelehrt werden, sind zweifellos die Tatsache, dass er Gott ins Bild bringt. Die Hochschulen können keine Professoren finden, die die wahre Wissenschaft verstehen; die Bibel oder Tesla, denn niemand kann die wahre Wissenschaft oder Tesla verstehen, wenn er nicht im Einklang mit dem göttlichen Geist ist. Warum nicht Lehrer ausbilden?

Ein Grund dafür könnte sein, dass die Übernahme von Teslas Erfindungen und sein Glaube an die Macht Gottes den Status quo stört. Sie werden eine ganz neue Lebensweise anbieten, sie werden das Kirchentum umstürzen, sie werden die Errichtung eines weltweit freien Christentums möglich und wünschenswert machen. Sie werden hohe Zinsen und politische Hinterhältigkeit gewinnbringend in Vergessenheit geraten lassen und das gegenwärtige Wirtschaftssystem genau so aussehen lassen, wie es dumm ist.

Tesla war immer ein glücklicher Mann, und die Geschichten, die über seine letzten Jahre erzählt werden, sind nicht wahr. Er war nie in Not und starb als reicher Mann. Er erhielt ein Einkommen, das sehr viel höher war als der Betrag, den er laut einigen Berichten erhalten haben soll. Er war nie verschuldet und als Christ starb er als glücklicher Mann.

In einer Oktobernacht des Jahres 1956, als sich eine Gruppe von Freunden in New York City traf, um über U.F.O. zu sprechen, wusste keiner von ihnen etwas über Tesla oder seine Arbeit. Drüben in Paris fand ein Raumschiffkongress für interessierte Europäer statt. Arthur H. Matthews vom Lake Beauport in Quebec, Kanada, reichte ein Papier über den Tesla-Satz für interplanetare Kommunikation ein, den er gebaut hatte und der dann in Betrieb war. Ein Bericht über dieses Papier erreichte einige Wochen später New York, und der Kontakt mit Herrn Matthews wurde auf dem Korrespondenzweg hergestellt. Das war der Beginn des neuen Interesses an der Arbeit von Tesla. Stellen Sie sich das vor! Er hatte die meiste Zeit seines Lebens in Amerika gearbeitet, und nur wenige waren es, die sich an ihn oder seine Arbeit erinnerten.

Vielleicht wird jemand fragen: "Was war Teslas Werk?" Nun, zum einen hat er das 20. Jahrhundert erfunden. Fast alles, was die Welt von heute für wichtig hält, stammt von Tesla. Die Welt von heute, zumindest für die nächsten fünfhundert Jahre, wird die Welt von Tesla sein, denn es gibt fast 1.100 Tesla-Erfindungen, die der Öffentlichkeit noch nicht bekannt sind. Stellen Sie sich vor: Ein Auto, das ohne jeglichen Treibstoff betrieben wird; Ihr Haus wird von der Sonne beleuchtet und beheizt. Und zwar kostenlos. Ja, auch wenn Sie die Sonne nicht sehen. Ein sprach- und gedankengesteuertes Aufnahmegerät und eine Schreibmaschine. Ein tragbares Zwei-Wege-Telefon und ein Fernsehgerät, das über eine Entfernung von 8.000 Meilen funktioniert, von der Größe her in

Ihre Manteltasche passt und mit Hilfe der Tesla-Batterie betrieben wird, die von der Sonne aufgeladen wird. Ein Flugzeug, das keinen Motor, keinen Treibstoff, keine Flügel und keinen Lärm hat, fliegt mit einer Geschwindigkeit von weniger als einer Meile pro Stunde.

Dies sind nur einige der 1.100 Erfindungen von Tesla, ganz zu schweigen von der 10b, die heute weltweit unter verschiedenen Handelsnamen im Umlauf sind, aber ein Blick auf die Patente beweist, dass sie von Tesla stammen. Fernseher, Radio, Radar, das gesamte elektrische Licht und die gesamte elektrische Energie, alle automatischen Steuerungen, die verwendet werden, um die Mondraketen zum Laufen zu bringen, all diese neuen Energieentwicklungen, Übertragungsleitungen, die Mikrowellen, sogar Ihr modernes Auto funktioniert, weil Teslas Funkenspule es zum Laufen bringt. All diese Dinge, nur weil ein kleiner Junge Gott liebte und seinen Kopf und Körper benutzte, um Gott zu dienen, und nicht als Müllkippe für Drogen und Rauch missbrauchte. Stellen Sie sich vor, was Gutes getan werden könnte, wenn mehr Menschen ihren Körper und Geist so benutzen würden wie Tesla.

Wussten Sie, dass die hohen Türme, die für Fernseh- und Mikrowellengeräte verwendet werden, nicht erforderlich sind, wenn das Tesla-System vollständig übernommen wurde? All diese Masten, die wir in der Stadt und an anderen Orten sehen, werden nicht benötigt. Die Tesla-Anti-Kriegsmaschine folgt dem gleichen Prinzip. Es benötigt keine Masten, keine Linien oder große Reflektoren, die auf Türmen montiert sind. Es braucht auch keine Armee, um sie zu unterhalten. Sie bietet einen positiven Schutz für jede Küstenlinie oder Landesgrenze. Sie ist in keiner Weise ein Zaun. Das Ganze hängt von den "Gipfeln" ab, die natürlich für das menschliche Auge unsichtbar sind. Alle elektrischen Ströme, gleich welcher Frequenz, fließen in der Erde und können in regelmäßig gemessenen Abständen über der Erde zu "Spitzenwerten" gebracht werden oder über der Erde aufprallen.

Was die Sputniks und andere Geräte im Orbit betrifft, so könnten diese nicht so konstruiert sein, dass sie von oben Zerstörung auf uns herabfallen lassen, wenn die Tesla-Anti-Kriegsmaschine funktionieren würde. Zusätzlich zur schützenden Mauer der Macht kann die Maschine auch mit einer Decke gebaut werden. Wenn Teslas Maschine angenommen wird, gibt es nichts, was sie beeinflussen kann; nichts, was einer A-Bombe oder H-Bombe oder irgendeiner anderen Bombe im Wege steht, selbst wenn sie auf einer Rakete oder einem Sputnik transportiert wird. An erster Stelle, und das ist der wichtige Punkt, wenn Teslas Maschine einmal aufgestellt ist, kann keine Bombe oder kein Sprengstoff hergestellt werden. Mit anderen Worten, wenn irgendein Verrückter versuchen würde, eine Bombe herzustellen, und Teslas Maschine funktionstüchtig wäre, würde die Bombe genau dort explodieren, ob unter der Erde, in der Luft oder an irgendeinem anderen Ort. Mit der Übernahme der Tesla-Idee würde also keine Bombe oder hochexplosiver Sprengstoff wie die A-Bombe oder die H-Bombe weiter existieren.

In einem Brief, den Tesla 1935 an mich schrieb, sprach er von seiner Antikriegsmaschine: "Meine Entdeckung beendet die Bedrohung durch Flugzeuge, U-Boote, Raketen oder Raumfahrtmaschinen, unabhängig von ihrer Höhe oder Geschwindigkeit. In einem Jahrhundert wird sich jede Nation gegen einen Angriff durch mein Gerät immun machen."

Ich glaube, so wie ich an Gott glaube, dass die Einführung von Teslas Maschine den Krieg verhindern wird. Eigentlich habe ich dafür gekämpft, dass Tesla von der Welt Anerkennung für die vielen wunderbaren Dinge erhält, die er getan hat. Ich habe Hunderte von Briefen, Zeitungs- und Zeitschriftenartikeln über seine Erfindungen geschrieben, um der Welt zu helfen, mehr über diesen wunderbaren Mann zu erfahren.

Ja, in der Tat. Die Welt sollte mehr über Tesla wissen, aber die Hunderte von Briefen, die wir erhalten haben, zeigen deutlich, dass die meisten Menschen gerade erst herausfinden, wie man seinen Namen schreibt. Fast jeder erhaltene Brief beginnt in etwa so: "Ich habe nie von Tesla gehört, bis ich Ihre Auszüge aus 'Die Rückkehr der Taube' gelesen habe. Wo können wir mehr über diesen wunderbaren Mann herausfinden?"

Nun, niemand wird mehr über ihn herausfinden, wenn es nach der Silence-Gruppe geht. Es ist nur sehr wenig über ihn veröffentlicht, außer vielleicht die Kopien seiner Patente, die immer noch beim Patentamt erhältlich sind. Ich würde vorschlagen, dass, wenn jemand wirklich interessiert ist, er sich schriftlich an das Patentamt wendet, um eine Liste und den Preis der Tesla-Erfindungen zu erhalten. Jeder, der lesen kann und aufrichtig an der Wissenschaft interessiert ist, wird diese Patente höchst interessant und lehrreich finden. Nicht jeder Mensch wird sie verstehen können; sie müssen sehr sorgfältig studiert werden.

Vielleicht wird es interessant sein, einen kurzen Abriss über Teslas Errungenschaften zu geben. Auf dem Gebiet der Erfindungen war noch nie ein Genie so erfolgreich bei der Entwicklung weitreichender und origineller Erfindungen wie dieser große Mann, dessen Name in jedem Winkel der Welt für seine herausragenden wissenschaftlichen Leistungen bekannt sein sollte. Die meisten Schriftsteller geben an, dass Tesla 1856 in Smilijan, Lika, dem Grenzland von Österreich-Ungarn, geboren wurde, aber das ist so ziemlich alles, was sie sagen. Über seine Leistungen wird wenig gesagt oder bekannt.

Teslas praktische Karriere begann 1881 in Budapest, Ungarn, wo er seine erste elektrische Erfindung, einen Telefonverstärker, machte und die Idee des rotierenden Magnetfeldes entwickelte, die ihn später weltberühmt machte. Es mag nicht verkehrt sein, an dieser Stelle einige Momente der Art und Weise zu widmen, in der sich diese Blütezeit der Gelehrten der Idee des Drehfelds und des Induktionsmotors näherte.

Eines Tages demonstrierte einer der Professoren während seines Besuchs an der Universität ein Experiment mit einem Dynamo vom Typ des Gramm-Ankers, als dem jungen Physiker der Gedanke kam, dass die Funkenbildung des Kommutators, die er allein minutiös beobachtet hatte, beseitigt werden könnte. Der Professor leugnete sofort, dass dies möglich sei, aber mit festem Geist und Selbstüberzeugung beschloss der junge Tesla, seine Ideen auszuarbeiten. Das Ergebnis war, dass der moderne Induktionsmotor entwickelt wurde, der ausschließlich mit Wechselstrom arbeitet und keinerlei Kommutator benötigt, wodurch die lästige Funkenbildung, die den Gleichstrommaschinen früherer Bauart anhaftete, überwunden wurde. Als er den Wert seiner Erfindung erkannte, reiste er nach Frankreich, um jemanden für sein Gerät zu interessieren, aber seine Bemühungen erwiesen sich als fruchtlos. Zu dieser Zeit war er bei einem prominenten europäischen Maschinenbauunternehmen angestellt, aber als er von dem raschen Wachstum der Elektroindustrie in Amerika hörte, entschied er sich sofort, in dieses Land zu kommen, was er 1884 tat und dort ein eingebürgerter Bürger der Vereinigten Staaten wurde.

In dieses Land brachte er die verschiedenen Modelle der ersten Induktionsmotoren mit, die schließlich George Westinghouse gezeigt wurden, und es war in den Westinghouse-Werkstätten, dass der Induktionsmotor von Nikola Tesla perfektioniert wurde.

Auf diese phänomenale Antriebsmaschine wurden zahlreiche Patente angemeldet, die alle auf Teslas Namen lauten, und er war somit zweifelsohne der erste, der das Drehfeldprinzip einführte, indem er den Induktionsmotor perfektionierte, der heute universell eingesetzt wird. Tesla gab große Summen Geld aus, um seine Patente auf diese Antriebsmaschine zu schützen, und es war ihm damals nicht gestattet, sich in der Presse zu äußern oder die Geschichte seiner Erfindung zu erzählen. So wurden viele falsche Eindrücke über seine Erfindungen erweckt. Später brachte er im Zusammenhang mit seiner Arbeit auf dem Gebiet der elektrischen Energieübertragung einen weiteren Maschinentyp auf den Markt. Dieser hatte ein Feld, das durch Ströme unterschiedlicher Phasenlage erregt wurde (d.h. während ein Strom die Amplitude Null hatte, war der andere maximal usw.) und ein rotierendes Feld erzeugte, in dem Leiter verwendet wurden, und auf diese Weise wurde der hochfrequente Strom erhalten. Dieser Maschinentyp wurde später bis zur Perfektion entwickelt, und das Prinzip ist in seinem Patent von 1889 beschrieben. Sein nächstes Werk, das allgemeine Aufmerksamkeit erregte, war die Erzeugung hochfrequenter Ströme bei hohen Potentialen, gewaltigen elektrischen Entladungen. All diese Experimente wurden zuerst von diesem Genie durchgeführt und nie dupliziert. Einer der ersten von Tesla gebauten Hochspannungsapparate wurde in Europa zum ersten Mal von Lord Kelvin, dem bekannten englischen Mathematiker und Wissenschaftler, verwendet, der ihn für seine Vorlesungsvorführungen bei der Royal Society benutzte.

Das wichtigste Werk Teslas am Ende des neunzehnten Jahrhunderts war sein ursprüngliches System der drahtlosen Energieübertragung. 1900 erhielt Tesla seine beiden grundlegenden Patente auf die Übertragung echter drahtloser Energie, die sowohl Verfahren als auch Geräte abdeckten und die Verwendung von vier abgestimmten Schaltkreisen beinhalteten. Gleichzeitig erhielt er auch eine Reihe weiterer Patente, die viele andere Verbesserungen beschreiben. Darunter sind seine Anwendung der Kältetechnik und das Oszillationssystem zu nennen, mit denen er in seinem gut ausgestatteten Labor in der Houston Street in New York City bemerkenswerte Ergebnisse erzielte.

In den Jahren 1901 und 1902 wurden ihm mehrere Patente erteilt, die eine Reihe von Verbesserungen beschreiben, darunter zwei, die in der Radiokunst große Bedeutung erlangten. Eines davon war unter dem Namen "Tonrad" und das andere unter dem Namen "Tikker" bekannt. Andere Personen beanspruchten die Erfindungen, aber Tesla war der eigentliche Erfinder. Etwas später erhielt Tesla zwei Patente auf das von ihm so genannte Prinzip der Individualisierung, bei dem mehr als eine Schwingung für den Betrieb des Empfängers verwendet wird. Diese Eigenschaft ist unter dem Namen "Beat-Rezeptoren" bekannt.

In langwierigen Interferenzverfahren, die 1903 durchgeführt wurden, wurde Tesla jedoch volle und unbestrittene Priorität vor allen anderen Antragstellern eingeräumt. Das P.-Patent wurde Tesla 1914 auf eine Verbesserung von weitreichender Bedeutung in der Radio- und Fernseharbeit erteilt. Der Antrag wurde 1902 eingereicht. Er beschreibt eine neue Form eines Senders, mit dem nach Teslas Aussage von einer kleinen und kompakten Anlage eine unbegrenzte Energiemenge übertragen werden kann. Dieser Sender verfügt über die wunderbare Eigenschaft, dass durch die Schnelligkeit, mit der die Empfänger betrieben werden können, die große Belästigung des Radios, die Statik, vollständig eliminiert werden kann; es ist möglich, sie durch eine Variation von nicht mehr als einem Tausendstel Prozent der Wellenlänge ein- und auszuschalten. Tesla entwickelte auch eine statische Schutzvorrichtung, die erfolgreich getestet wurde und sich als perfekt erwies.

Dieser große Gelehrte und Philosoph widmete seine Zeit nicht nur elektrischen Geräten, sondern wandte seine Aufmerksamkeit auch vielen anderen Bereichen zu. Er entwickelte eine Dampf- und Gasturbine, die mehr Leistung entwickelte als jeder andere Motor oder jede andere Maschine, die jemals gebaut wurde. Sie entwickelte 20 Pferdestärken für jedes Pfund Motorgewicht. Diese Turbine sollte in unseren heutigen Automobilen, Flugzeugen und vielen anderen Land- und Wasserfahrzeugen eingesetzt werden.

Dieser Meistermagier, von dessen Erfindungen die Existenz dieser modernen Welt abhängt, hat viel Zeit und Geld aufgewendet, um seine Erfindungen zu perfektionieren, von denen, wie ich bereits sagte, bis zu seinem Tod im Jahre 1943 1.200 Stück auf den Markt kamen. Von der Gesamtzahl sind vielleicht nur etwas mehr als 100 im täglichen Gebrauch, und die meisten von ihnen sind unter seinem Namen nicht bekannt. Tesla hat das zwanzigste Jahrhundert erfunden. Der allgemeine Gebrauch seiner anderen Erfindungen wird eine weitere neue Welt erschaffen und alle zukünftigen Kriege verhindern, denn seine größte Erfindung (die von 1934) wurde konzipiert, um Krieg zu verhindern.

Dies ist die Idee, mit der wir zum ersten Mal am Lake Beauport in Quebec, Kanada, experimentiert haben. Sie beinhaltet in ihrem Entwurf das, was heute als Radar bekannt ist, die Idee, die Tesla vor dem Ersten Weltkrieg erfand.

Es ist interessant zu wissen, was Tesla über "Forschung" dachte. Er machte 1916 die folgenden Bemerkungen, die aus einem Brief von Nikola Tesla an Arthur Matthews vom 9. Juli 1916 zitiert wurden.

"Ich habe es materielle Forschung genannt, weil ich immaterielle Forschung ausschließen wollte. Ich unterrichte unter diesem Kopf den reinen Gedanken im Unterschied zum mit Materie vermischten Denken. Es lohnt sich, diese Unterscheidung zu treffen, denn vom jüngsten bis zum ältesten Chemiker wird sie nicht immer anerkannt. Es ist sehr natürlich, dass wir glauben, wir könnten neue Dinge ins Leben rufen. Die Chemie hat sich nur im Verhältnis zum Umgang mit chemischen Stoffen durch irgendjemanden weiterentwickelt. Als das Studium unserer Wissenschaft noch weitgehend geistige Spekulation war und die Produkte und Reagenzien weitgehend immateriell waren, wie Feuer und Phlogiston, kamen wir zwar voran, aber nur langsam. Das Zeitalter des Immateriellen, die Forschung nach dem Stein der Weisen führte nur zu Enttäuschungen. Erfolgreiche Ergebnisse in der Neuzeit kamen dadurch zustande, dass wir der Natur folgten, indem wir durch Fragen und Experimente lernten; gerade genug aus einem Stadium des erworbenen Wissens folgten, um die nächste Materialfrage zu stellen.

Wenn ich von Forschung spreche, will ich meine Gedanken nicht auf die Chemiker und ihr Wissen und ihre Literatur beschränken, sondern auf jene Wissenschaft, die hinter der Chemie steht. Wir können sie Naturwissenschaft nennen, wenn wir vorsichtig sind. Sie umfasst für meine gegenwärtigen Zwecke alle Philosophien, die auf messbaren Fakten beruhen. Psychologie und Therapeutik gehören ebenso dazu wie Elektrizität, Anatomie und Physik, Chemie und Biologie. Dies sind wissbegierige Wissenschaften, bei denen die Antworten durch das Stellen von Fragen an die Natur gegeben werden. Wenn ich bei Ihnen auch nur einen schwachen Eindruck von der

Bedeutung neuer Erkenntnisse, von der Kraft, die aus ihrer Aneignung zu gewinnen ist, und von der Freude an dem Prozess selbst hinterlassen kann, werde ich mich belohnt fühlen. Mit einer einfachen materiellen Ausstattung, gepaart mit einer guten mentalen Ausstattung, ist so viel nützliche Pionierarbeit in allen Bereichen geleistet worden, dass es fast den Anschein hat, als sei dies die Regel gewesen. Der Telegraf und das Telefon begannen mit ein paar kleinen Drahtstücken, die von Hand mit Papierisolierung gewickelt wurden. Die grundlegende Arbeit zur Vererbung wurde von einem österreichischen Mönch mit ein paar Gartenerbsen durchgeführt. Die Dampfmaschine kam aus dem Küchenfeuer. Hinter jeder dieser Entdeckungen steckte jedoch die gleiche allgemeine Art von Geist, der Geist des Bildungswilligen."

Die meisten Menschen haben noch nie von Tesla gehört, und doch war er der weltweit größte Erfinder der Geschichte. Er erhielt mehr revolutionäre Patente als jeder andere in der Geschichte. Die Wissenschaft bescheinigt ihm über fünfundsiebzig originelle Entdeckungen, nicht nur mechanische Verbesserungen. Tesla war ein Erfinder, ein Pionier, der den Weg bereitete. Abgesehen davon war er ein Entdecker von höchstem Rang. Als er 1943 starb, verließ er die Welt um mehr als tausend Erfindungen reicher, die Gott ihm erlaubt hatte, zu konzipieren. Mit seinem Tod verlor ich einen sehr alten Freund, und aufgrund meiner intensiven Bewunderung für ihn schrieb ich "Tribute to Nikola Tesla", das von verschiedenen Zeitungen veröffentlicht wurde und in diesem Werk als Kapitel 12, Teil II, enthalten ist.

KAPITEL IV

Alle elektrischen Maschinen, die Wechselstrom verwenden oder erzeugen, sind auf Tesla zurückzuführen. Die Hochspannungsstromübertragung, ohne die die moderne Welt tot wäre, ist alles dem Genie Tesla zu verdanken. Die Welt wusste nichts von Tesla, weil er das unverzeihliche Verbrechen beging, keinen ständigen Presseagenten zu haben, der seine Größe von den Dächern schrie. Auch dann sind die meisten seiner Erfindungen, zumindest für die Öffentlichkeit, mehr oder weniger nicht greifbar, da sie sehr technisch sind und daher nicht die Fantasie des Volkes ansprechen. Das Problem mit Tesla war, dass er seiner Zeit mindestens ein Jahrhundert voraus war. Selbst von gut informierten Männern wurde er oft als Träumer denunziert.

Er wurde von anderen, die es besser hätten wissen müssen, als verrückt bezeichnet. Denn Tesla sprach in einer Sprache, die die meisten Menschen nicht verstanden und bis heute nicht verstehen.

Im Jahr 1893, drei Jahre bevor jemand anders den Versuch unternahm, drahtlose Telegraphie (Radio) zu verwenden, beschrieb Tesla erstmals sein System und ließ sich eine Reihe neuartiger Geräte patentieren, die damals nur unvollkommen verstanden wurden. Sogar die elektrische Welt im Allgemeinen lachte über diese Patente. Aber die großen Drahtlosinteressen mussten ihm Tribut in Form von echtem Geld zollen, weil seine "dummen" Patente als grundlegend anerkannt wurden. Er hat tatsächlich jede wichtige Radioerfindung vorweggenommen. Tesla war ein Mann mit außergewöhnlichen Kenntnissen. Er war bemerkenswert belesen und hatte ein fotografisches Gedächtnis, wodurch es ihm möglich war, Seite für Seite fast jedes klassische Werk zu rezitieren - sei es Goethe, Voltaire oder Shakespeare. Er sprach und schrieb zwölf Sprachen. Er war ein versierter Taschenrechner, der wenig Verwendung für Tabellen und Lehrbücher hatte und den Rechenschieber verachtete. Tesla erhielt zahlreiche Ehrungen und Auszeichnungen aller Art. Er war ein Ritter mehrerer Orden, Träger vieler Titel und Diplome. Es wurden ihm viele außerordentliche Auszeichnungen angeboten, die er ablehnte. Ein Fall ist sehr interessant.

Bei der Ankündigung von Teslas hochfrequenten Entdeckungen, während der ehemalige Kaiser von Deutschland allmächtig war und große Männer auf seine Gunst erpicht waren, erhielt Tesla von ihm und der Kaiserin eine Einladung, seine gefeierten Experimente im Königsschloss in Berlin zu wiederholen. Er vergaß das alles und antwortete ein Jahr lang nicht, als er sich höflich für seine Unfähigkeit entschuldigte, diese Ehre in Anspruch nehmen zu können. Später wurde die Einladung erneuert, und es vergingen fast zwei Jahre, bis Tesla in gleicher Weise antwortete. Nach einiger Zeit jedoch, nach der Ankündigung einer weiteren wichtigen Erfindung, erhielt er die Einladung zum dritten Mal, mit der Zusicherung, dass Ihm eine ganz und gar ungewöhnliche Ehre zuteilwurde. "Nun, Jungs", sagte Tesla zu seinen Assistenten, nachdem er die Einladung beiseitegelegt hatte (die er nie beantwortet hatte), "der Kaiser muss ein großer Mann sein. Ich glaube nicht, dass ich an seiner Stelle in der Lage wäre, in dieser Weise zu handeln."

Die vielleicht bemerkenswerteste Ehrung wurde ihm zuteil, als er 1899 in Colorado seine berühmten Experimente durchführte. Es war von J. Pierpont Morgan, dem Ältesten, der $150.000,00 spendete, die es Tesla ermöglichten, künstliche Blitze zu erzeugen und nebenbei die ganze Erde zu elektrifizieren. Einige von Teslas Erfindungen waren in den beiden Weltkriegen von weitreichender Bedeutung. Die Ressourcen und Produktivkräfte der ganzen Welt wurden durch die erweiterte Nutzung seines Systems der Wechselstromübertragung und Energieumwandlung erheblich gesteigert. Millionen von Pferdestärken von Wasserfällen wurden auf diese Weise nutzbar gemacht, wodurch eine große Menge an Kohle und Öl eingespart werden konnte. Die Eisenbahnstraßen wurden durch den Einsatz seiner Ideen, wie dem Induktionsmotor und elektrischer Erfindungen vieler Art, völlig revolutioniert. Seine Ideen revolutionierten auch die Stahlindustrie und den Betrieb von Fabriken. Ohne allzu tief in die Materie einzudringen, kann man mit Fug und Recht sagen, dass wir ohne seine Erfindungen kein elektrisches Licht und keine elektrische Energie hätten, keine Ferngespräche, keine Radios oder Fernseher, keine Mondraketen, kein Radar, keine Autos, keine Geschirrspüler, keine elektrische Heizung, keine Fernbedienungen irgendwelcher Art, keine elektrischen Orgel. Es gibt weit mehr, aber mit diesen wenigen wäre die Welt um hundert Jahre zurückversetzt.

Die folgende Liste ist nur ein Teil der Begriffe, die in ehrlichen Lehrbüchern und technischen Werken übernommen und veröffentlicht wurden. Ich sage ehrlich, weil in den letzten Jahren der Name Tesla weggelassen wurde. Man muss jedoch nur das Patentamt konsultieren, um zu wissen, dass dies alles Teslas Erfindungen sind.

- Tesla Zweiphasen-, Dreiphasen-, Mehrphasen- und Mehrphasensysteme der Kraftübertragung.
- Tesla-Prinzip, Tesla-Drehmagnetfeld
- Tesla-Drehmagnetfeld-Wandler
- Tesla-Induktionsmotor, Tesla-Spaltphasenmotor
- Tesla-Verteilungssystem,
- Tesla-Drehtransformator, Tesla-System der Transformation durch Kondensatorentladungen, Tesla-Spule, Tesla-Oszillationstransformator.
- Elektrischer Tesla-Oszillator, mechanischer Tesla-Oszillator.
- Tesla-Hochfrequenzmaschinen, dynamoelektrischer Tesla-Oszillator.
- Tesla-Röhre, Tesla-Lampe, Tesla-Hochpotentialmethoden.
- Tesla-Induktivität, Tesla-Wunder, Tesla-Impedanz-Phänomene
- Tesla-Elektro-Therapie, Tesla-Elektro-Massage, Tesla-Ströme, Tesla-Übertragung, Tesla-Experimente, Tesla-Kapazität,
- Tesla-Bogenlichtsystem, Tesla-Drittbürstenregelung,
- Tesla-Geräte, Tesla-Funken, Tesla-Anordnungen, Tesla-Theorie, Tesla-Punkt, Tesla-Dampfturbine, Tesla-Gasturbine,
- Tesla-Wasserturbine, Tesla-Pumpe, Tesla-Verdichter, Tesla-Zünder, Tesla-Kondensatoren, elektrostatisches Tesla-Feld, Tesla-Effekte,
- Tesla-Funksysteme, Tesla-Methoden der drahtlosen Energieübertragung, Tesla-Vergrößerungssender, Tesla-Telautomata, Tesla-Isolierung, Tesla-Untergrundübertragung, usw., usw.

Insgesamt gibt es 1.200 originale Erfindungen, die die gesamte Welt dieses Zeitalters abdecken.

Bei einer Gelegenheit wurde Tesla eine Medaille überreicht - ein Symbol der Dankbarkeit, zusammen mit einer Paraphrase der Zeilen des Papstes über Newton.

Dies war der Mann, der sagte, er sei ein Venusianer, der Übermensch, der vielleicht auf einem Raumschiff, der X-12, als winziges Baby ankam, oder er kam vielleicht als "Gedanke", und er wuchs zur Reife, um seine große Mission zu erfüllen, die Maschinerie für die neue wissenschaftliche Zivilisation aufzubauen, die irgendwann in der Zukunft das Wassermannzeitalter zu Höhen der Herrlichkeit erheben wird. Zweitausend Jahre wachte Joseph über das Kind Jesus, während der Stern von Bethlehem über dem Stall schwebte.

Nur wenige Menschen auf diesem Planeten haben heute eine Vorstellung von den Herkulesleistungen, die Tesla im Namen der ganzen Welt vollbracht hat. Aber zweifellos sind sich die Menschen auf anderen Planeten in diesem Sonnensystem und in Systemen jenseits davon sehr wohl bewusst, dass sie uns jetzt, in diesem neuen Zeitalter, aufgrund der mächtigen Werke Teslas die Hand der Freundschaft reichen können.

Zweifellos gibt es viele Menschen auf der Erde, die selbst jetzt noch das Gefühl haben werden, dass Tesla einen Weg gefunden hätte, die Hindernisse zu überwinden, die ihm von den Mächten der Finsternis in den Weg gelegt wurden; dass er einen Showdown hätte erzwingen müssen, der der Welt seine Erfindungen aufgedrängt hätte, ungeachtet der Ignoranz und der Ambitionen einer kleinlich gesinnten Opposition. Aber wie der Weltraummann, der er war, wusste Tesla, dass er uns nur ermutigen konnte. Er konnte uns sein Licht nicht aufzwingen. Er konnte nur unseren freien Willen respektieren. Er wusste, dass die Menschheit von den Mächten der Finsternis geplagt war. Er wusste sehr wohl, dass die Menschen nicht in der Lage waren, die Bedeutung seiner Rolle als Lichtträger zu erkennen. Er war nie verbittert, nie enttäuscht, wenn die Menschen seine Bemühungen nicht zu schätzen wussten. Er lächelte nur sein langsames, süßes Lächeln als Antwort auf mitfühlende Freunde, die meinten, sie müssten sich für menschliche Arroganz entschuldigen, und dann zitierte er als Antwort eine Lieblingsstrophe aus Goethes Faust:

"Der Gott, der in meinem Schoß lebt, kann meine tiefste, innerste Seele bewegen. Er gibt all meinen Gedanken Kraft, aber außerhalb hat er keine Kontrolle."

Nun, wusste Tesla, dass jeder Einzelne sein eigenes Christus-Zentrum finden, seine eigene Quelle kontaktieren muss. Denn die Doktrin der stellvertretenden Sühne ist eine lasterhafte, ein Traum der Eskapisten.

Die Sühne ist ein bösartiger Traum, der Traum eines Aussteigers.

Jeder muss seine eigene, unqualifizierte Energie übertragen [umwandeln????]; jeder muss den messerscharfen Pfad zu dem einen Gott ausarbeiten und gehen. Teslas Erfindungen können die Reise leichter machen, ebenso wie die Erfindungen anderer großer Denker, wenn sie auf der Wahrheit beruhen. Aber nur Gott kann zu jedem Pilger auf dem Pfad sagen: "Hier ist mein Geschenk. Nehmt es an oder lehnt es ab; lernt aus euren vergangenen Fehlern; dann kommt heim zu Mir."

Es gibt diejenigen, die die Vorteile von Teslas Erfindungen und die gegenwärtigen Entwicklungen von Matthews und anderen, die in Teslas Fußstapfen treten, bestreiten werden und argumentieren, dass Maschinen nichts mit Nachfolge zu tun haben. Es gibt diejenigen, die sagen werden, dass wir bei dem Versuch, unsere Probleme zu lösen, keinen mechanistischen Ansatz wie die Anti-Kriegs-Maschine verwenden dürfen; dass wir nur Liebe und Verständnis einsetzen dürfen. Aber diese Haltung rührt von der schrecklichen Hingabe her, die unter dem missbräuchlich verwendeten Verständnis der Wahrheit, wie sie von Jesus gelehrt wurde, entsteht.

Jesus war ein praktischer Mann, der in der alltäglichen Welt lebte. Seinen Aufstieg vollzog er durch die Anwendung der Wahrheit, die das wahre wissenschaftliche Prinzip ist; das ist die einzige Methode, die jeder anwenden kann. Es ist der unpraktische Mystiker, der die Wissenschaft als ein Handicap betrachtet. Es ist völlig richtig, dass, wenn Männer und Frauen guten Willens eine ausreichende Menge an Liebe und Verständnis erzeugen könnten, wir den Lauf der Geschichte auf einmal ändern könnten, aber die Änderung würde wissenschaftlich erfolgen, denn die auf diese Weise erzeugten Energien werden einfach von Engelskräften gesammelt, die als Akkumulatoren wirken, und dann in bestimmte festgelegte Bereiche der atomaren Materie gegossen, wobei sie von niedrigen Schwingungen befreit und ihre Frequenzen erhöht werden, so dass sie mit größerer Freiheit funktionieren können. Es ist nichts Mystisches an diesem Prozess. Es ist nichts Mystisches an einem Engel. Wenn Engel mit Menschen gingen und mit ihnen sprachen, wurden sie akzeptiert und nicht als mystisch angesehen, sondern als wirkliche und notwendige Botschafter des göttlichen Wesens. Sie sind nicht mystischer als Bäume, Felsen, Erde oder Flüsse. Sie sind nicht einen Deut mystischer als die Tauben im Park. Es sind die dunklen Kräfte, die beschworen haben, diese falsche mystische Geschichte zu erzählen, damit die Leute das Gefühl hatten, sie müssten im materialistischen Sinne praktisch sein und sich auf einen Job, einen Chef, einen nationalen Herrscher, eine Militärmaschinerie verlassen, anstatt sich einfach auf Gott, sein Sohn und seine Engel zu verlassen.

Verachten wir also nicht einen mechanistischen Ansatz, der es uns erlaubt, die Waffen niederzulegen und uns die Freizeit zu geben, um das gebildete Herz der Liebe, den erleuchteten Geist des Verstehens zu entwickeln. Wie die Raumfahrer zitiert haben: "Zählt nicht die Zähne eines Kamels, das euch mit Liebe geschenkt wurde, sondern reitet es mit dem Dank in euren Herzen, dass ihr ein Fahrzeug habt, das euch sicher durch die Gefahren der Wüste tragen wird." Denken Sie auch daran, dass Teslas Antikriegsmaschine einfach eine mechanistische Version der Lichtwand ist; sie gibt nicht vor, die höchste Macht Gottes zu ersetzen. Aber Gott ist kein Diktator. Er zwingt der Menschheit seinen Willen nicht auf. Wir sind frei, Fehler zu machen, und wenn wir weise sind, müssen wir aus unseren Fehlern lernen. Ein guter Meister folgt niemals seinen Arbeitern und sagt ihnen, was sie tun und was sie nicht tun sollen. Auf der anderen Seite tut ein schlechter Meister nichts anderes. Da er sich selbst nicht vertraut, hat er keine wirkliche Liebe oder Vertrauen für andere. Dieser Typ ist ein Feigling, und er nimmt sogar die Hilfe von Lehrern, Ärzten, Zeitungen und vielen anderen Mitteln in Anspruch, um ihn bei seiner ruchlosen Praxis der Versklavung des menschlichen Geistes durch die Diktatur zu unterstützen. Diese Art von Tyrannei gibt es heute praktisch in allen Teilen der Welt, und es ist bekannt, dass die Mächte der Finsternis besonders stolz auf die Fortschritte sind, die sie bei der Zerstörung von Familienliebe und Harmonie gemacht haben. Die göttliche Liebe weist seine Jünger nicht an, bestimmten Gedankengängen zu folgen, oder weist sie auf bestimmte Ideen hin, die sie aufnehmen müssen. Der Jünger muss jederzeit sein Unterscheidungsvermögen innerhalb der durch das göttliche Gesetz gesetzten Grenzen einsetzen und muss durch seine eigenen Anstrengungen lernen, nur mit jener Art von Energie umzugehen, die sein funktionierendes Wissen über die göttlichen Kräfte erhöht; und er muss lernen, wie er diese Kraft anwenden kann, indem er sich durch den kosmischen Strahl als Linse benutzen lässt, durch die Gott seine Kraft durchleuchtet.

Im Laufe der Jahre waren viele Jünger wachsam genug, um die Ideen, die sie von Tesla gelernt hatten, anzuwenden, denn die Jünger sind auf ihrer Suche nach der Wahrheit weit und breit gefächert, sie streben danach, sie zu erkennen und begrüßen sie mit Freude, wenn sie sie finden. Der Mystiker oder der Anhänger macht gewöhnlich den Fehler, die Wahrheit nur in schönen, aber harmlosen Büchern, in einer respektablen Umgebung und in einer scheinheiligen Umgebung zu suchen. Daher ist es vielen Menschen nicht in den Sinn gekommen, sich mit den Erkenntnissen eines Elektrowissenschaftlers wie Tesla auseinanderzusetzen, um die von Christus vorgebrachten Wahrheiten zu bestätigen. Teslas wissenschaftliches Wissen war vierdimensional. Er glaubte an die geistige Natur des Universums und handelte nach dem Prinzip, dass alles von unveränderlichen Gesetzen regiert wird; dass Intelligenz an jedem Punkt im so genannten Raum vorhanden ist und durch die Kraft der Gedanken gehandelt werden kann. Er verblüffte die wissenschaftliche Welt, als er im Jahre 1934 sagte, dass eine Mauer aus Licht, unsichtbar und uneinnehmbar, um eine Nation gebaut werden könne. Ihre Kraft, jedem Aufprall zu widerstehen, sei größer als die jeder physischen Substanz, die dem Menschen bekannt sei, sagte er. Tesla benutzte das Denken dynamisch, um diese Lichtwand aus der Atmosphäre heraus zu errichten, in der wir leben, uns bewegen und unser Sein haben. Er nannte diese unsichtbare Substanz intelligente Energie, die man in die Existenz hineindenken könne. Er wusste, dass Denken kreativ ist. Der Bau dieser Mauer war keine übernatürliche Leistung, denn wir hatten es mit Energie zu tun. Ich hatte bereits gelernt, diese Lichtwand um mich herum zu zeichnen, daher war es nicht unmöglich, mir eine Lichtwand um unser Zuhause herum vorzustellen. Jeder

Mensch hat eine Atmosphäre, oder ein elektrisches Feld, und die Atmosphäre, in der wir leben, ist mit unsichtbaren Atomen gefüllt. Das Zentrum dieser Atome ist die Intelligenz, die dafür sorgt, dass die Elektronen wie die Planeten um die Sonne in geordneter Weise nach dem Gesetz um sie kreisen. Das Muster der Atome ändert sich mit wechselnden Gedanken. Mit dem obigen Verständnis visualisieren wir die Lichtwand um unsere Häuser und ihre Umgebung. Wir stellen uns vor, dass die äußere Oberfläche Ladungen elektrischer Energie aussendet, die wie ein Abstoßungsmittel wirken und dazu führen, dass das Misstrauen völlig verschwindet. Es ist alles eine Frage des Glaubens. Der erste Schritt besteht also darin, zu wissen, dass Gott existiert, dass er alle Menschen liebt und dass er die Macht hat, der elektronischen Substanz zu befehlen, Sie zu umgeben und dauerhaft unverwundbar für alles zu sein, was nicht vom Licht ist. Der Prozess der Manifestation der Lichtwand oder der Lichtröhre ist einfach. Er erfordert kein Geld, keine spezielle Ausrüstung, keinen College-Abschluss. Er erfordert jedoch ein gewisses Maß an Übung, denn man muss mit dem Göttlichen Wesen im Einklang sein. Wie bei jedem wahren Gebet muss man ungestört sein, und ohne den geringsten Zweifel ist der Zweifel das eine große Ding, das die Manifestation der Lichtwand verhindert.

Zwei oder mehr Personen sollten in der Lage sein, miteinander und mit Gott in Einklang zu sein. Denn wenn zwei oder mehr in Seinem Namen versammelt sind, ist Er ganz bei Ihnen. Dann richten Sie Ihre Aufmerksamkeit auf Ihr eigenes Inneres, die Göttliche Gegenwart in Ihrem eigenen schlagenden Herzen. Wenn Sie im Einklang mit dem Göttlichen sind, werden Sie sich eine große Röhre oder Wand aus unsichtbarem elektronischem Licht vorstellen, das sich um Sie oder Ihre Nation versammelt. Es gibt keine Grenze für die Grenzen seines Schutzes. Denke großartig, und es wird so sein, wie du denkst; beschränke niemals die Macht Gottes. Die Macht des Menschen, die von seiner eigenen begrenzten Macht abhängt, ist nicht groß, aber wenn wir die Mauer des Lichts errichten, sind wir es nicht, sondern nur das Instrument, das von der Göttlichen Kraft benutzt wird. Um wirksam zu sein, müssen wir bereit sein; und um bereit zu sein, müssen wir glauben, sonst wird es keine guten Ergebnisse geben. Es war der vollkommene Glaube im Wissen um die Macht Gottes, der Josua in die Lage versetzte, die Mauern von Jericho mit den Mitteln des "Klangs" - der Macht des "Gedankens" - zu zerstören (lesen Sie diese Geschichte in der Bibel, Buch Josua, Kapitel 6). Zweifellos wird irgendwann in der Zukunft, wenn sich die chaotischen Zustände aufgelöst haben, jedes Kind im wahren und einfachen Verständnis der Macht Gottes unterrichtet werden, anstelle der manchmal törichten, von Menschen gemachten Religionen, die unseren spirituellen Fortschritt, um nicht zu sagen, unser materielles Wesen, in Beschlag nehmen. In der Zwischenzeit sollte natürlich jede Anstrengung unternommen werden, damit es aufhört, die reinen Gedanken oder die Widerspiegelung der Göttlichen Kraft, wie sie Ihr Herz verlässt, falsch zu qualifizieren. Mit anderen Worten, seien Sie nicht wütend auf sich selbst und die Welt um Sie herum, lassen Sie alle Sorgen hinter sich, vertreiben Sie alle Angst. Wenn Ihr liebstes besorgniserregendes Thema Geldmangel ist, dann nutzen Sie die Denkkraft, die in der Sorge vergeudet wird, um zu erkennen, dass alle Versorgung vom Schöpfer geschaffen wurde.

Dies bildet einen magnetischen Brennpunkt für die Versorgung, und er wird auf natürliche Weise einströmen; aber denken Sie daran, dass Zweifel sofort zu Machtverlust führen. Gott kennt jedes Ihrer Bedürfnisse, und wenn sich das Bedürfnis lohnt - aus göttlicher Sicht wird mehr als nur das Bedürfnis gedeckt werden. Christus sagte, wir erhalten keine Antwort (Versorgung), weil wir falsch fragen. Kultivieren Sie einen beständigen Glauben an Gott, nicht einfach, weil Sie etwas wollen, sondern aus reiner Liebe, und Sie werden feststellen, dass Ihre äußere Welt in eine wunderbare neue Umlaufbahn der Harmonie schwingt. Denken Sie daran, dass Sie, wenn Sie zu irgendeinem Zeitpunkt des Tages oder der Nacht besondere Hilfe brauchen, um ein Problem zu lösen, die Kraft Gottes anrufen sollten. Sie werden eine sofortige Antwort erhalten, auch wenn Sie die Energieform, in der sie zu Ihnen kommt, vielleicht nicht erkennen.

Und wenn Sie in einer klaren Nacht in den Himmel blicken und einen scheinbaren Stern sehen, der plötzlich durch den Himmel schießt, wenn Sie wissen, dass es ein Flug von Cherubim sein könnte, die auf irgendeine kosmische Besorgung zuschlagen, würde es dann schaden, zu glauben, dass wir sie erkennen? Erkennen Sie sie an, segnen Sie sie und glauben Sie, dass wir im Gegenzug ihren Segen erhalten werden. In naher Zukunft werden mehr und mehr dieser Fahrzeuge am Himmel sichtbar werden. Denken Sie daran, dass derzeit alle Raumschiffe und Raumfahrer jederzeit die Lichtröhre benutzen können, um sich unsichtbar zu machen.

Wenn die Erdenmenschen selbst lernen, die Lichtwand zu formen und zu benutzen, werden sie ein Bewusstsein entwickeln, das sie zu geeigneten Begleitern für Weltraumbesucher macht.

ENDE

ADDENDUM
AUS DEN AKTEN VON ARTHUR H. MATTHEWS
WIR KÖNNEN OHNE AUGEN SEHEN.

Eine Antwort für Will Irwin

Ich weiß nichts über Hellsehen, Wahrsagerei oder ähnliche Dummheiten, aber ich habe positive Beweise dafür erhalten, dass Telepathie unter den richtigen Bedingungen möglich ist. Telepathie, so wie ich sie verstehe, unterscheidet sich sehr von den gewöhnlichen Träumen, die das Ergebnis eines gestörten Magens oder Gehirns sein können, aber zwei Geister können trainiert werden, in Einklang miteinander zu sein, und das Training besteht hauptsächlich in absoluter Konzentration aufeinander und Liebe füreinander. Tatsächlich ist große Liebe zwischen den Personen unabhängig vom Geschlecht die Hauptanforderung. Ich glaube nicht, dass eine öffentliche Demonstration durchgeführt werden könnte, weil jede störende Fraktion die Aufmerksamkeit des einen oder anderen Subjekts ablenken würde. Ich haben vor Jahren Telepathie praktiziert, und obwohl wir keine Tricks wie Namenskarten oder ähnliche Dinge machen konnten, konnten wir doch einen "Ruf" erkennen. Wir saßen stundenlang in getrennten Räumen, das Verständnis war, uns zu konzentrieren. Die Frau sollte mich zuerst anrufen, indem sie das einfache Wort "Hilfe" benutzte und nur an den Gedanken "Ich will dich" oder den entgegengesetzten Ruf "OK" und den Gedanken "alles in Ordnung" dachte und den Gedanken immer und immer wieder wiederholte, wobei sie sich gleichzeitig denjenigen vorstellte, für den der Gedanke bestimmt ist. Wir nahmen abwechselnd Tage in der Entsendeposition ein, bis wir jederzeit in der Lage waren, den richtigen Ruf zu erkennen, und nach einigen Monaten konnten wir beide dies tun. Dann dehnten wir unseren Verstand "drahtlos", wie wir es nannten, auf meine Arbeit zwei Meilen von zu Hause aus. Sie sollte mich jederzeit zwischen 10.00 Uhr und 16.00 Uhr anrufen, und ich bestätigte meinen Anruf, indem ich sie anrief. Das ging einige Jahre lang so weiter, bis ich eines Tages wie üblich von zu Hause weggegangen und gerade auf der Arbeit angekommen war, als ich den Hilferuf erhielt - da es erst 8 Uhr morgens war, neigte T. dazu, an meinen Sinnen zu zweifeln, aber als der Anruf weiterging, rief ich an und war erstaunt, die verzweifelte Stimme meiner Frau zu hören, die mir sagte, der Wassermantel des Herdes sei "geplatzt" und das

Wasser sei in die Küche geflossen: Seit diesem Vorfall hatten wir beide Gelegenheit, unseren "Geist drahtlos" zu benutzen, obwohl wir keine Gelegenheit hatten, uns über große Entfernungen zu trennen. Wir sind bis zu hundert Meilen in Kontakt geblieben. Ich kann eine Demonstration beweisen. Sie fand im Lager "Major H" in den Lake St. John Woods statt, etwa hundert Meilen nördlich von Quebec City. Es war kurz nach dem Abendessen, als ich den Hilferuf erhielt. Ich wandte mich an den "Major" und sagte ihm, dass ich das Gefühl hätte, dass zu Hause nicht alles in Ordnung sei und dass ich sofort "Spuren" legen würde, um den Zug um 2 Uhr morgens in die Stadt zu nehmen. Er sagte, ich sei ganz nass, aber er hatte keine Einwände dagegen, dass ich ging, und so machten wir uns mit einem Führer auf den Weg zum Bahnhof - eine neun Meilen lange Wanderung und Kanufahrt. Wir schafften den Weg, und während der Fahrt in die Stadt schickte ich den "o.k."-Ruf. Als ich ankam, fand ich die Frau, die am Bahnhof auf mich wartete. Das Baby hatte den ersten Zahn und mein Bruder, den ich seit sechsundzwanzig Jahren nicht mehr gesehen hatte, war angekommen. Und so hatten wir einen weiteren Beweis für diese wunderbare Sache Telepathie. Es mag für einige Leute sehr schwer sein, dies zu glauben, aber es wird viele Tausende geben, die es versuchen werden, und sie werden Erfolg haben, wenn sie genug Geduld und Liebe füreinander haben. Ansonsten ist es eine Zeitverschwendung, zumindest denke ich das.
A.H. Matthews.

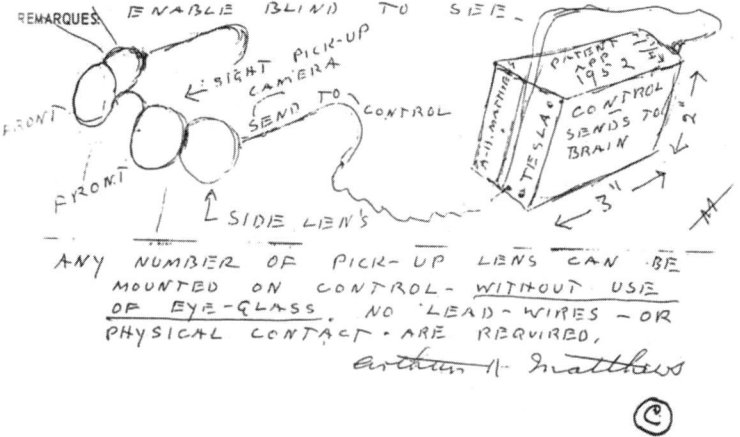

Landing of X-12 4/1941:
Addendum 199

DRAWING OF THE X-12:

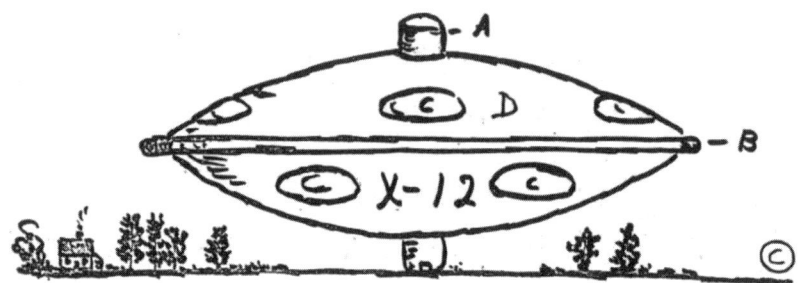

VENUS SPACE_SHIP_ THE X-12. 700 feet in diameter. 300 feet high. the body of ship "D" is 200 feet high. the center elevator and control "A" is 50 feet diameter. 300 feet high.
A._CENTRAL CONTROL 50 FT DIA. 300 FT HIGH.
B._UNSUPPORTED "GUIDE RING" SURROUNDING SHIP 20ft away FROM MAIN BODY.
C_HATCHES? 125 feet diameter, for release and return of the 24 small space-craft carried by this "mother" ship.

RAYMOND VALDEZ LETTER:

R.C. Valadez
1168 Ayala Dr.
Apt. #4
Sunnyvale, Calif. U.S.A
94086

A.H. Matthews, E.E. Bsc.
Lac Beauport. Box 7 & 98
Quebec, Canada

June 22, 1971

Dear Mr. Matthews:

I recently received a letter from Mr. Nick Basura of Los Angeles, California, and enclosed in his letter was a copy of your letter to him dated May 24, 1971. I found your letter most intriguing. But before I state why I am writing you, perhaps I should tell you something about myself.

When I was a teen-ager I became quite interested in electronics, and during my studies I came across an article on how to construct a Tesla coil, also included in the article was a brief biography of Tesla. The article aroused my curiosity to find out more about Tesla. I found the more I read about Tesla, the more intrigued I became. It was during this time that I came across Mrs. Storm's book <u>Return of the Dove</u>, where I read about you. I naturally wanted to correspond with you about Tesla, so I wrote to Mrs. Storm to try to obtain your address, but I received no reply. Time passed and I thought that I would never be able to contact you. However when I received Mr. Basura's letter I became overjoyed that he had your address and had corresponded with you.

Upon reading your letter to him I was glad to see that you have written a book about the great genius Nikola Tesla, and I hope that you do find a publisher, because I would very much like to read your book, for I think that Tesla was a fantastic individual. I am also very interested in the inteplanetary transmitter-receiver you have constructed based on Tesla's work in that area.

You mentioned in your letter to Mr. Basura that you also new the late Wilbert Smith. Is that the same Wilbert Smith who was the head of Canada's Project Magnet? If so, are you ~~interested~~ in anti-gravity? *INTERESTED*

I hope that you will answer my letter, because I feel that you do have undisclosed knowledge of Tesla and perhaps of other subjects that is not only of great interest to me, but to others as well.

Sincerly,

Raymond C Valadez
Raymond C. Valadez

TIME TRANSPORT:
ADDENDUM 201

TIME MACHINE:

"THE SILVER BALL" TIME MACHINE

PATENT ATTORNNEY LETTER:

JAMES McCUTCHEON & CO.

600 FIFTH AVENUE
NEW YORK 17, N.Y.

TELEPHONE
ELDORADO 5-1000

Mr. Arthur Matthews,
Lake Beauport,
P. Q. Canada.

Dear Mr. Matthews:-

Thank you for your fine letter of September 9th. I have been delayed in answering it because I have been away filling some speaking engagements.

I am happy indeed that you thought so well of our little article in the Reader's Digest. You might be interested in what has been happening to it since it was published.

The reaction to it was enormous. It gave me the chance to try out an idea. I call it "spiritual commandos" - having people spotted all over the country who have a practical knowledge and experience in the spiritual approach to real problems like strikes, community tensions or personal difficulties -, people whom you could send to places where problems arose.

Most of the letters we have received are from people in some kind of trouble. Lacking money to help I wrote to people, some friends, some strangers saying "As a result of the article we have received the enclosed letter. This person seems to be having more than his fair share of trouble. I can't ask you to be responsible. But sometimes just a friendly pat on the back and someone to talk things over with is enormously helpful. Do you think you can do something to help this person?"

Perfectly splendid things have happened. People in jail have been called on and helped. People out of work have been found jobs. Sick and crippled people have been aided - all because the human soul was touched and reacted from a warm heart. It is one of the most hopeful and inspiring experience it has been my good fortune to be connected with. It makes one think of the good Lord's statement

Mr. Arthur Matthews   - 2 -   September 18, 1952

"Inasmuch as ye have done it unto the least of these my little ones ye have done it unto me."

Even at a time when strife and discord seem to be overwhelming the world, there still are wonderful things that people are doing for each other. Indeed they seem to be tickled to death to be given the opportunity. I believe that is enormously significant.

Again many thanks for your fine letter.

All the best to you.

Very sincerely yours,

Wallace C. Speers, Chairman
The Laymen's Movement for a
Christian World

(I am a member since it started -)

TESLA SCOPE:

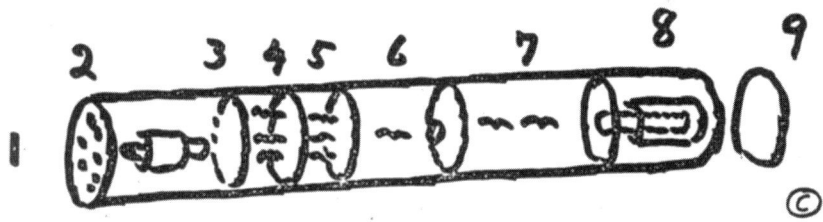

THE TESLA SCOPE FOR SPACE COMMUNICATION. BY ARTHUR MATTHEWS
CONCEIVED BY NIKOLA TESLA IN 1898. to communicate with planet VENUS.
First model built 1918, Second model built by Arthur Matthews
with Tesla 1938. Re-Built the 1938 model in 1947.
Third completly new design model .built by Arthur Matthews 1967.
Adapting the microminiature parts, Thus reducing size to six feet
long and four inches in diameter. see sketch of the 1967 model.

--------oooo---------

"Q"GLASS VACUUM TUBE ENCLOSED IN WOODEN BOX 9ft long,5 in diameter.
LEGEND

1-AUDIO OUTPUT

2_PICK _UP

3-CONVERTER

4-AUTOMATIC CONTROL CHAMBER.

5-GAS CHAMBER.

6-CONVERTER.

7-RECEIVED ENERGY CONTROL.

8-DARK ROOM.

9-HEAD(Q_GLASS FILTER).

Tesla Turbine:

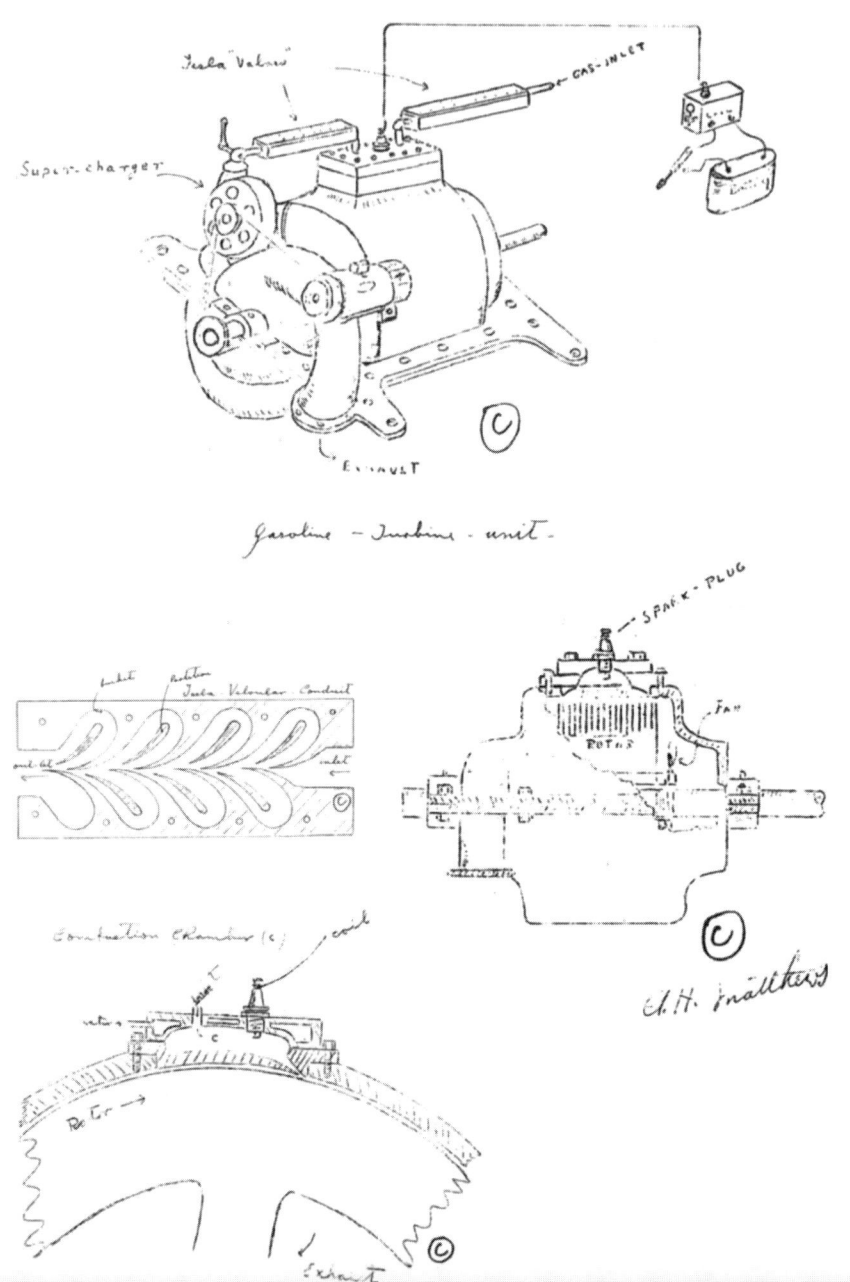

Phylos der Tibeter
Hier teilt sich der Weg

Phylos der Tibeter ist eine fantastische Reise durch die Zeit und den Raum. Zum einen eine Zeitgeschichte und zugleich spirituelle Heldensage. Der Reisende durchquert die Jahrtausende und Zivilisationen im Laufe seiner Wiedergeburten – von der mysteriösen Zeit auf Atlantis bis hin zur heutigen Zeit..

Eine außergewöhnliche Geschichte, die dem neugierigen Leser den Weg zeigt, der zum einen sehr wissenschaftlich ist und zum anderen die verborgenen Wege der Seele erklärt. Das mysteriöse Buch von Phylos gegeistert seit über einem Jahrhundert mehrere Generationen von Lesern, so auch Albert Einstein, John F. Kennedy, John Lennon, Linda + Paul McCartney, Shirley McLaine, Admiral Byrd, Erich von Däniken, Elisabeth Haich und viele andere. Edgar Cayce überprüfte die Angaben von Phylos und bestätigte sie.

Gibt es ein Leben nach dem Tod?
Was ist Karma?
Besitzen wir alle eine Schwesterseele?
Gibt es einen Himmel?
Was ist das Nirvana?
Gab es Atlantis?
Wo lag es?
Welche Technologie besaßen die Atlanter?

Dieses Buch beantwortet auf zeitlose Weise die Fragen nach dem Sein und dem Sinn des Lebens. Phylos beschreibt sein Leben auf Atlantis, die hochentwickelte Technologie der Atlanter, ihr politisches System und ihre Handelsgeschäfte. Doch er begeht einen schwerwiegenden Fehler. Später, wiedergeboren im 19. Jahrhundert, muss er seinen alten Fehler begleichen …

Doch lesen Sie selbst die spannende Geschichte von Phylos dem Tibeter!

Bestellungen unter: www.hesper-verlag.de · Tel. 06 81 / 83 19 043

Autor: Phylos der **Tibeter**
Verlag: Hesper-Verlag
Übersetzung: Sabine Glocker

Seiten: 368, Softcover
ISBN: 978-3-943413-31-1
Preis: 19,90 Euro